4G_LTE 移动通信设备开通与维护

刘雪燕　著

北京工业大学出版社

图书在版编目（CIP）数据

4G-LTE 移动通信设备开通与维护 / 刘雪燕著 . — 北
京 ： 北京工业大学出版社，2018.12（2021.5 重印）
ISBN 978-7-5639-6557-1

Ⅰ . ① 4… Ⅱ . ①刘… Ⅲ . ①第四代移动通信系统
Ⅳ . ① TN929.537

中国版本图书馆 CIP 数据核字（2019）第 010365 号

4G-LTE 移动通信设备开通与维护

著　　者：刘雪燕

责任编辑：张　娇

封面设计：点墨轩阁

出版发行：北京工业大学出版社

　　　　　　（北京市朝阳区平乐园 100 号　邮编：100124）

　　　　　　010-67391722（传真）　　bgdcbs@sina.com

经销单位：全国各地新华书店

承印单位：三河市明华印务有限公司

开　　本：787 毫米 ×1092 毫米　1/16

印　　张：22.25

字　　数：445 千字

版　　次：2018 年 12 月第 1 版

印　　次：2021 年 5 月第 2 次印刷

标准书号：ISBN 978-7-5639-6557-1

定　　价：98.00 元

前　言

工业和信息化部发布的《2017 年通信业统计公报》表示，2017 年我国通信业积极推进网络强国战略，加强信息网络建设。全国净增移动通信基站 59.3 万个，总数达 619 万个，是 2012 年的 3 倍。其中 4G 基站净增 65.2 万个，总数达到 328 万个。艰巨的网络建设需要大量的信息类人才，特别是通信工程建设、通信网络维护、移动网络优化和信息化服务等方面的人才需求还将进一步扩大。通信行业的这种转型升级，对通信网络建设及信息类人才提出了新的要求。

为满足市场的需要，针对 4G 移动通信的初学和入门者，我们与深圳市讯方技术股份有限公司合作，以华为技术有限公司的 4G 商用设备为基础，以企业实际工程项目为主线，采用理论在前，实践在后，理论与实践相结合，融入现代化教学手段，撰写了本书。

本书内容规划如下：

前三章为 4G_LTE 的理论部分，主要包括移动通信基础知识、4G_LTE 系统关键技术、4G_LTE 网络结构和信道。

第四章为 4G_LTE 典型设备，让初学者对 4G 设备有初步的了解。

第五章至第七章为 4G_LTE 的基站配置，从仿真平台到实际商用环境进行单站的配置及故障排查，让初学者了解基站配置流程、故障解决方法。

第八章和第九章为 4G_LTE 网络优化及典型流程部分，让初学者了解移动网络优化概念及流程。

本书由中山火炬职业技术学院和深圳市讯方技术股份有限公司联合开发，由中山火炬职业技术学院的教学团队牵头，深圳市讯方技术股份有限公司培训讲师配合，共同撰写。第一章、第六章、第七章由刘雪燕撰写，第二章、

第三章由深圳市讯方技术股份有限公司张俊豪撰写，第四章、第九章由袁宝玲撰写，第八章及附录部分由李逵撰写，第五章由肖良辉撰写。

　　由于作者水平有限，加之时间仓促，书中难免有疏漏和欠妥之处，恳请广大读者批评指正。

目 录

1

第一章　移动通信基础知识

知识简介

- 移动通信基本概念、工作频段、工作方式
- 移动通信信道
- 移动通信标准化组织
- 2G、3G 网络结构
- 4G_LTE 标准的发展演进史
- LTE 发展驱动力及设计目标
- TD-LTE 和 FDD-LTE 的异同点

1.1　移动通信概述

1.1.1 移动通信基本概念

无线通信：利用电磁波的辐射和传播，经过空间传送信息的通信方式称为无线电通信，简称无线通信。

移动通信：指通信双方至少有一方处于移动状态下（包括一方或双方，或者临时停留在某一非预定的位置上）的通信，包括移动用户与固定用户之间的通信，移动用户之间的通信等。

1.1.2 移动通信的工作频段

（1）GSM 900 频段

上行信道：890 ~ 915 MHz（移动台发，基站收）。下行信道： 935 ~ 960 MHz（基站发，移动台收）。

总带宽（单向）：25 MHz。

双工间隔：45 MHz。

（2）DCS 1800 频段

上行信道：1710 ~ 1785 MHz。下行信道：1805 ~ 1880 MHz。

总带宽（单向）：75 MHz。

双工间隔：95 MHz。

（3）IS-95（CDMA）工作频段

上行信道：825 ~ 835 MHz。下行信道：870 ~ 880 MHz。

总带宽（单向）：10 MHz。

双工间隔：45 MHz。

（4）TD-SCDMA（中国移动）的频带

1880 ~ 1920 MHz，2010 ~ 2025 MHz，2300 ~ 2400 MHz，共 155 MHz。

（5）WCDMA（中国联通）的频带

上行信道：1940 ~ 1955 MHz。下行信道：2130 ~ 2145 MHz。

总带宽（单向）：15 MHz。

双工间隔：190 MHz。

（6）CDMA2000（中国电信）的频带

上行信道：1920 ~ 1935 MHz。下行信道：2110 ~ 2125 MHz。

总带宽（单向）：15 MHz。

双工间隔：190 MHz。

1.1.3 移动通信的工作方式

移动通信的工作方式可以分为单工方式、半双工方式和全双工方式。

单工方式，是指通信双方在某一时刻只能处于一种工作状态，或接收或发送，而不能同时进行收发，通信双方需要交替进行收发信息。

半双工方式，是指通信中有一方（常指基站）可以同时收发信息，而另一方（移动台）则以单工方式工作。

全双工方式，是指通信双方均可同时进行接收和发送信息。这种方式适用于公用移动通信系统，是广泛应用的一种方式。有频分双工（FDD）和时分双工（TDD）两种模式。

频分双工指利用两个不同的频率来区分收发信道。即对于发送和接收两种信号，采用不同的频率。

时分双工指利用同一频率但两个不同的时间段来区分收发信道。即对于发送和接收两种信号，采用不同的时间。

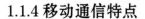

1.1.4 移动通信特点

①移动通信是有线、无线相结合的通信方式。

②电波传播条件恶劣，存在严重的多径衰落。

③强干扰条件下工作。

④具有多普勒效应，即当运动的物体达到一定速度时，固定点接收到的载波频段将随相对运动速度的不同产生不同的频率偏移，通常把这种现象称为多普勒效应。

⑤存在阴影区（盲区）。

⑥用户经常移动，与基站无固定联系。

1.1.5 移动通信信道

信号必须依靠传输介质传输，所以传输介质被定义为狭义信道，另外，信号还必须经过很多设备进行各种处理，这些设备显然也是信号经过的途径，因此，把传输介质和信号必须经过的各种通信设备统称为广义信道，本书后续的信道，主要讲述的是狭义的信道。

1. 有线信道

有线信道以能够看得见的媒介为传输媒质，信号沿媒介进行传输，信号的能量集中在导线附近，因此传输效率高，但是部署不够灵活。

有线信道主要有四类，即明线（Open Wire）、对称电缆（Symmetrical Cable）、同轴电缆（Coaxial Cable）和光纤。

（1）明线

明线是指平行架设在电线杆上的架空线路。它本身是导电裸线或带绝缘层的导线。虽然它的传输损耗低，但是由于易受天气和环境的影响，对外界噪声干扰比较敏感，已经逐渐被电缆取代。

（2）对称电缆

电缆有两类，即对称电缆和同轴电缆。对称电缆是由若干对叫作芯线的双导线放在一根保护套内制成的，为了减少每对导线之间的干扰，每一对导线都做成扭绞形状，称为双绞线，同一根电缆中的各对线之间也按照一定的规律扭绞在一起，在电信网中，通常一根对称电缆中有 25 对双绞线，对称电缆的芯线直径在 0.4~1.4 mm，损耗比较大，但是性能比较稳定。对称电缆在有线电话网中广泛应用于用户接入电路，每个用户电话都是通过一对双绞线连接到电话交换机，通常采用的是 22~26 号线规的双绞线。双绞线在计算机局域网中也得到了广泛的应用，以太网（Ethernet）中使用的超五类线就是由四对双绞线组成的。

（3）同轴电缆

同轴电缆是由内外两层同心圆柱体构成的，在这两根导体之间用绝缘体隔离开。内导体多为实心导线，外导体是一根空心导电管或金属编织网，在外导体外面有一层绝缘保护层，在内外导体之间可以填充实心介质材料绝缘支架，起支撑和绝缘的作用。由于外导体通常接地，因此能够起到很好的屏蔽作用。随着光纤的广泛应用，远距离传输信号的干线线路多采用光纤替代同轴电缆，在有线电视广播中还广泛地采用同轴电缆为用户提供电视信号，另外在很多程控电话交换机中 PCM 群路信号仍然采用同轴电缆传输信号，同轴电缆也作为通信设备内部中频和射频部分经常使用传输的介质，如连接无线通信收发设备和天线之间的馈线。

（4）光纤

传输光信号的有线信道是光导纤维，简称光纤。光纤中光信号的传输基于全反射原理，光纤可以分为多模光纤（Multi-Mode Fiber，MMF）和单模光纤（Single Mode Fiber，SMF），多模光纤中光信号具有多种传播模式，而单模光纤中只有一种传播模式。光纤的信号光源可以有发光二极管（Light Emitted Dioxide，LED）和激光。实际应用中使用的光波长主要在 $1.31\,\mu\mathrm{m}$ 和 $1.55\,\mu\mathrm{m}$ 两个低损耗的波长窗口内，如以太网中的 1000Base-LX 物理接口采用 $1.31\,\mu\mathrm{m}$ 波长的光信号。计算机局域网中也出现了 850 nm 波长的信号光源，如以太网中的 1000Base-SX 物理接口就采用这样的光源。

2. 无线信道

无线通信以电磁波为传输媒质。电磁波是以天线感应电流而产生的电磁振荡，对于不同频段的无线电波，其传播方式和特点是不相同的。在陆地移动系统中，移动台处于城市建筑群之中或处于地形复杂的区域，其天线将接收从多条路径传来的信号，再加上移动台本身的运动，使得移动台和基站之间的无线信道越发多变而且难以控制。

电磁波最基本的传播为直射、反射、绕射和散射。

①直射：无线信号在自由空间中的传播。

②反射：当电磁波遇到比波长大得多的物体时，发生反射，反射一般在地球表面，建筑物、墙壁表面发生。

③绕射：当接收机和发射机之间的无线路径被尖锐的物体边缘阻挡时发生绕射。

④散射：当无线路径中存在小于波长的物体并且单位体积内这种障碍物体的数量较多的时候发生散射。散射发生在粗糙表面、小物体或其他不规则物体上，一般树叶、灯柱等会引起散射。

1.1.6 移动通信系统的分类

移动通信系统类型有很多，可按不同方法进行分类。

按使用对象分为军用、民用移动通信系统；

按用途和区域分为陆上、海上、空中移动通信系统；

按经营方式分为专用、公用移动通信系统；

按信号性质分为模拟制、数字制移动通信系统；

按无限频段工作方式分为单工、半双工、双工制移动通信系统；

按网络形式分为单区制、多区制、蜂窝制移动通信系统；

按多址方式分为频分多址、时分多址、码分多址移动通信系统。

1.1.7 移动通信的发展历程

移动通信系统的发展过程如图 1-1 所示。

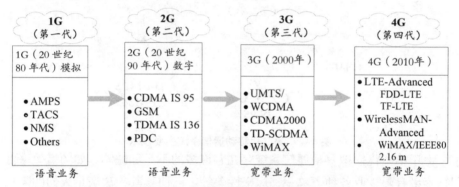

图 1-1　移动通信系统的发展过程

1. 第一代移动通信系统（1G）

第一代移动通信技术（1G）是指采用蜂窝技术组网、仅支持模拟语音通信的移动电话标准，其制定于 20 世纪 80 年代，主要采用的是模拟技术和频分多址（Frequency Division Multiple Access，FDMA）技术。以美国的高级移动电话系统（Advanced Mobile Phone System，AMPS）、英国的全接入移动通信系统（Total Access Communications System，TACS）以及北欧移动电话（Nordic Mobile Telephone，NMT）为代表。当然其他国家分别也有各自的技术标准，但这些标准彼此不兼容，无法互通；由于受到传输带宽的限制，不能支持移动通信的长途漫游，只能是一种区域性的移动通信系统。

第一代移动通信系统的主要特点如下。

①频率复用的蜂窝小区组网方式和越区切换，有利于解决大容量需求与有限频谱资源的矛盾。

②模拟系统：模拟语音信号直接调频。

③FM传输。

④多信道共用和FDMA接入方式。

其主要缺点如下。

①无法与固定电信网络迅速向数字化推进相适应，数据业务很难开展。

②各系统间没有公共接口，彼此不兼容。

③频率利用率低，无法适应大容量的要求。

④保密性差，易于被窃听。

⑤价格昂贵。

2.第二代移动通信系统（2G）

第二代移动通信系统主要技术如图1-2所示。

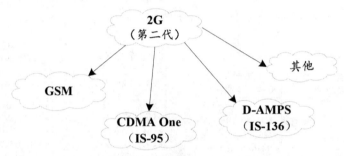

图1-2 第二代移动通信系统主要技术

由于第一代模拟移动通信系统存在着许多的不足和缺陷，如频谱效率低、网络容量有限、业务种类单一、保密性差等，已使得其无法满足人们的需求。因此，人们开始探索更新的移动通信技术。进入20世纪80年代后期，大规模集成电路、微型计算机、微处理器和数字信号处理技术的大量应用，为开发数字移动通信系统提供了技术保障，从此，移动通信技术进入了其发展的第二个时期——2G时代。

第二代移动通信系统是引入数字无线电技术组成的数字蜂窝移动通信系统，它主要采用码分多址（Code Division Multiple Access，CDMA）技术制式和时分多址（Time Division Multiple Access，TDMA）技术制式。采用CDMA制式的为美国的IS-95CDMA，而采用TDMA制式的主要有欧洲的全球移动通信系统（Global System of Mobile Communications，GSM）、美国的数字高级移动电话系统（Digital-Advanced Mobile Phone System，D-AMPS）和日本的个人数字蜂窝系统（Personal Digital Cellular，PDC）三种。移动电话已由模拟转向数字发展，最具代表性的GSM和CDMA制式的数字移动电话正在世界范围内高速发展，这两大系统在目前世界移动通信市场占据着主要的份额。

GSM 是由欧洲提出的第二代移动通信标准，较其他以前标准最大的不同是其信令和语音信道都是数字式的。CDMA 移动通信技术是由美国提出的第二代移动通信系统标准，其最早是被军用通信采用，直接扩频和抗干扰性是其突出的特点。

第二代通信系统的核心网仍然以电路交换为基础，因此，语音业务仍然是其主要承载的业务，随着各种增值业务的不断增长，第二代通信系统也可以传输低速的数据业务。

引入数字无线电技术组成的数字蜂窝移动通信系统，提供更高的网络容量，改善了话音质量和保密性，并为用户提供无缝的国际漫游。

（1）GSM

GSM 业务是指利用工作在 900/1800 MHz 频段的 GSM 网络提供的语音和数据业务。GSM 的无线接口采用 TDMA 技术，核心网移动性管理协议采用 MAP 协议。900/1800 MHz GSM 第二代数字蜂窝移动通信业务的经营者必须自己组建 GSM 网络，所提供的移动通信业务类型可以是一部分或全部。提供一次移动通信业务经过的网络可以是同一个运营商的网络，也可以由不同运营商的网络共同完成。提供移动网国际通信业务，必须经过国家批准设立的国际通信出入口。其主要业务类型如下。

①端到端的双向话音业务。

②移动消息业务，利用 GSM 网络和消息平台提供的移动台发起、移动台接收的消息业务。

③移动承载业务及其上移动数据业务。

④移动补充业务，如主叫号码显示、呼叫前转业务等。

⑤经过 GSM 网络与智能网共同提供的移动智能网业务，如预付费业务等。

⑥国内漫游和国际漫游业务。

（2）CDMA

800 MHz CDMA 第二代数字蜂窝移动通信（简称"CDMA 移动通信"）业务是指利用工作在 800 MHz 频段上的 CDMA 移动通信网络提供的话音和数据业务。CDMA 移动通信的无线接口采用 CDMA 技术，核心网移动性管理协议采用 IS-41 协议。CDMA 移动通信的经营者必须自己组建 CDMA 移动通信网络，所提供的移动通信业务类型可以是一部分或全部。提供一次移动通信业务经过的网络，可以是同一个运营商的网络，也可以由不同运营商的网络共同完成。其主要业务类型如下。

①端到端的双向话音业务。

②移动消息业务，利用 CDMA 网络和消息平台提供的移动台发起、移动台接收的消息业务。

③移动承载业务及其上移动数据业务。

④移动补充业务，如主叫号码显示、呼叫前转业务等。

⑤经过 CDMA 网络与智能网共同提供的移动智能网业务，如预付费业务等。

⑥国内漫游和国际漫游业务。

第二代数字移动通信有下述特征。

①有效利用频谱：数字方式比模拟方式能更有效地利用有限的频谱资源。随着更好的语音信号压缩算法的推出，每信道所需的传输带宽越来越窄。

②高保密性：模拟系统使用调频技术，很难进行加密，而数字调制是在信息本身编码后再进行调制，故容易引入数字加密技术；可灵活地进行信息变换及存储。

3. 第三代移动通信系统（3G）

第三代移动通信系统主要技术如图 1-3 所示。

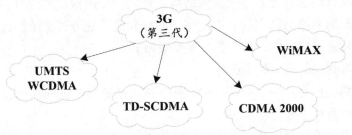

图 1-3　第三代移动通信系统主要技术

尽管基于话音业务的移动通信网已经足以满足人们对话音移动通信的需求，但是随着社会经济的发展，人们对数据通信业务的需求日益增高，已不再满足以话音业务为主的移动通信网所提供的服务。第三代移动通信系统（3G）是在第二代移动通信技术基础上的进一步演进，以宽带 CDMA 技术为主，并能同时提供话音和数据业务。

3G 与 2G 的主要区别是在传输语音和数据的速率上的提升，它能够在全球范围内更好地实现无线漫游，并处理图像、音乐、视频流等多种媒体形式，提供包括网页浏览、电话会议、电子商务等多种信息服务，同时也要考虑与已有第二代系统的良好兼容性。目前国内支持国际电联制定的三个无线接口标准，分别是中国电信运营的 CDMA 2000（Code Division Multiple Access 2000），中国联通运营的 WCDMA（Wideband Code Division Multiple

Access）和中国移动运营的 TD-SCDMA（Time Division-Synchronous Code Division Multiple Access）。

CDMA 2000 由高通公司为主导提出，是在 IS-95 基础上的进一步发展。分两个阶段：CDMA 2000 1xEV-DO（Data Optimized）和 CDMA 2000 1xEV-DV（Data and Voice）。CDMA 2000 的空中接口保持了许多 IS-95 空中接口设计的特征，为了支持高速数据业务，还提出了许多新技术，如前向发射分集，前向快速功率控制，增加了快速寻呼信道、上行导频信道等。

WCDMA 源于欧洲，同时与日本几种技术相融合，是一个宽带直扩码分多址（DS-CDMA）系统。其核心网是基于演进的 GSM/GPRS 网络技术，载波带宽为 5 MHz，可支持 384 Kbps ~2 Mbps 不等的数据传输速率。在同一传输信道中，WCDMA 可以同时提供电路交换和分组交换的服务，提高了无线资源的使用效率。WCDMA 支持同步 / 异步基站运行模式，采用上下行快速功率控制、下行发射分集等技术。

TD-SCDMA 由我国信息产业部（现为工业和信息化部）电信科学技术研究院提出，采用不需配对频谱的时分双工（Time Division Duplexing，TDD）工作方式，以及 FDMA/TDMA/CDMA 相结合的多址接入方式，载波带宽为 1.6 MHz，对支持上下行不对称业务有优势。TD-SCDMA 系统还采用了智能天线、同步 CDMA、自适应功率控制、联合检测及接力切换等技术，使其具有频谱利用率高、抗干扰能力强、系统容量大等特点。

3G 的基本特征如下。

①具有全球范围设计，与固定网络业务及用户互连，无线接口的类型尽可能少，高度兼容。

②具有与固定通信网络相比拟的高话音质量和高安全性。

③具有在本地采用 2 Mbps 高速率接入和在广域网采用 384 Kbps 接入速率的数据率分段使用功能。

④具有在 2 GHz 左右的高效频谱利用率，且能最大程度地利用有限带宽。

⑤移动终端可连接地面网和卫星网，可移动使用和固定使用，可与卫星业务共存和互连。

⑥能够处理包括国际互联网和视频会议、高数据率通信和非对称数据传输的分组与电路交换业务。

3G 标准及演进如下。

3G 系统的三大主流标准分别是 WCDMA（宽带 CDMA）、CDMA 2000 和 TD-SCDMA（时分双工同步 CDMA）。这三种标准的基础技术参数比较如表 1-1 所示。

表 1-1　三种标准的基础技术参数比较

制式	WCDMA	CDMA 2000	TD-SCDMA
采用国家和地区	欧洲、美国、中国、日本、韩国等	美国、韩国、中国等	中国
继承基础	GSM	窄带 CDMA（IS-95）	GSM
双工方式	FDD	FDD	TDD
同步方式	异步 / 同步	同步	同步
码片速率	3.84 Mchip/s	1.2288 Mchip/s	1.28 Mchip/s
信号带宽	10 MHz	2.5 MHz	1.6 MHz
峰值速率	384 Kbps	153 Kbps	384 Kbps
核心网	GSM MAP	ANSI-41	GSM MAP
标准化组织	3GPP	3GPP2	3GPP

从表 1-1 中可以看出，WCDMA 和 CDMA 2000 属于频分双工方式（Frequency Division Duplexing，FDD），而 TD-SCDMA 属于 TDD。WCDMA 和 CDMA 2000 是上下行独享相应的带宽，上下行之间需要频率间隔以避免干扰；TD-SCDMA 是上下行采用同一频谱，上下行之间需要时间间隔以避免干扰。

2007 年 10 月，国际电信联盟（ITU）已批准 WiMAX 无线宽带接入技术为移动设备的全球标准。WiMAX 继 WCDMA、CDMA 2000、TD-SCDMA 后为全球第四个 3G 标准。

WiMAX 全称为 Worldwide Interoperability for Microwave Access，即全球互通微波访问。WiMAX 的另一个名字是 IEEE 802.16。它是由美国电气和电子工程师协会（IEEE）制定的协议标准。它是一项无线城域网（WMAN）技术，是针对微波和毫米波频段提出的一种新的空中接口标准。它用于将 IEEE 802.11a 无线接入热点连接到互联网，也可连接公司与家庭等环境至有线骨干线路。它可作为线缆和 DSL 的无线扩展技术，从而实现无线宽带接入。

WiMAX 是一项新兴的无线通信技术，能提供面向互联网的高速连接，据称该技术能提供覆盖 30 Mile（1 Mile=1609.3 m）范围的高速互联网连接。它也是一种功能强大的无线技术，将是固定电话运营商还击移动通信的有力武器。长期以来，移动通信一直在蚕食固定电话业务。英特尔已经花费数亿美元推广 Wi-Fi 无线技术，并将 WiMAX 视为一种能对偏远地区和发展中国家提供互联网连接的新方式。还得到了手机制造商诺基亚的支持。使用这种技术，用户可以在 50 km 以内的范围以非常快的速度进行数据通信。尽管与当前的技术相比，3G 网络的速度已经有了大幅提高，但是相对于 WiMAX 来说，3G 就是小巫见大巫了，3G 网络的速度是 WiMAX 的 1/31，3G 发射塔的覆盖面积是 WiMAX 的 1/11。

4. 第四代移动通信系统（4G）

第四代移动通信系统主要技术如图 1-4 所示。

图 1-4　第四代移动通信系统主要技术

尽管目前 3G 的各种标准和规范早已冻结并被通过，但 3G 系统仍存在很多不足，如采用电路交换，而不是纯 IP 方式；由于采用 CDMA 技术，3G 难以达到很高的通信速率，无法满足用户对高速率多媒体业务的需求；多种标准难以实现全球漫游等。正是由于 3G 的局限性推动了人们对下一代移动通信系统——4G 的研究和期待。

2012 年 1 月 18 日，长期演进升级版（LTE-Advanced）和 WiMAX 升级版（Wireless MAN-Advanced）（IEEE 802.16m）技术规范通过了国际电信联盟无线电通信部门（ITU-R）的审议，正式被确立为高级国际移动通信（IMT-Advanced）（也称 4G）国际标准。我国主导制定的 TD-LTE-Advanced 同时成为 IMT-Advanced 国际标准。

这里需要说明的一点是，我们所说的 LTE 技术并不是人们普遍误解的 4G 技术，而是 3G 向 4G 技术发展过程中的一个过渡技术，它通常被称为 3.9G，或者叫"准 4G"。它通过采用正交频分复用（Orthogonal Frequency Division Multiplexing，OFDM）和多输入多输出（Multiple-Input Multiple-Output，MIMO）作为无线网络演进的标准，改进并且增强了 3G 的空中接入技术。

LTE 包括 LTE-TDD 和 LTE-FDD 两种制式。其中 LTE-TDD 在国内称为 TD-LTE，即 TDD 版本的 LTE，我国引领 TD-LTE 的发展。而 LTE-FDD 则是 FDD 版本的 LTE。

第四代移动通信系统可称为宽带接入和分布式网络，其网络结构将是一个采用全 IP 的网络结构。它包括宽带无线固定接入、宽带无线局域网、移动宽带系统与交互式广播网络。第四代移动通信系统超越标准可以在不同的固定无线平台和不同的频带的网络中提供无线服务，可以在任何地方用宽带接入互联网（包括卫星通信和平流层通信），能够提供定位定时、数据采集、远程控制等综合功能。

LTE-Advanced 4G 网络采用许多关键技术来支撑，包括 OFDM 技术、多载波调制技术、自适应调制编码（Adaptive Modulation and Coding，AMC）技术、MIMO 和智能天线技术、载波聚合技术、多点协同技术、中继技术、基于 IP 的核心网技术、软件无线电技术等。另外，为了与传统的网络互联需要用网关建立网络的互联，所以 LTE-Advanced 将是一个复杂的多协议网络。

第四代移动通信系统具有如下特征。

①传输速率更快：下行峰值速率可以达到 1Gbps 以上，上行峰值速率则可以达到 500 Mbps 以上。

②频谱利用效率更高：4G 在开发和研制过程中使用和引入许多功能强大的突破性技术，无线频谱得到充分利用，其利用率比第二代和第三代系统高得多，下行峰值频谱效率达到 30 bps/Hz 及以上，上行峰值频谱效率可以达到 15 bps/Hz 及以上。

③网络频谱更宽：每个 4G 信道将会占用 100 MHz 或是更多的带宽，而 3G 网络的带宽则为 5~20 MHz。

④容量更大：4G 将采用新的网络技术（如空分多址技术等）来极大地提高系统容量，以满足未来大信息量的需求。

⑤灵活性更强：4G 系统采用智能技术，可自适应地进行资源分配，采用智能信号处理技术对信道条件不同的各种复杂环境进行信号的正常收发。另外，用户将使用各式各样的设备接入 4G 系统。

⑥实现更高质量的多媒体通信：4G 网络的无线多媒体通信服务将包括语音、数据、影像等，大量信息透过宽频信道传送出去，让用户可以在任何时间、任何地点接入系统中，因此 4G 也是一种实时的宽带的以及无缝覆盖的多媒体移动通信。

⑦兼容性更平滑：4G 系统应具备全球漫游，接口开放，能与多种网络互联，终端多样化以及能从第二代平稳过渡等特点。

⑧通信费用更加便宜。

4G 的另一个技术标准——WiMAX 802.16m，于 2006 年 12 月立项，正式启动 IEEE 802.16m 标准的制定工作。它是从 3G WiMAX 技术演进过来的。

为了满足 IMT-Advanced 所提出的 4G 技术要求，IEEE 802.16m 的速度将会大大超过其前身，能够提供高速移动、广域覆盖场景下传输速率达到 100 Mbps 的下行速率，低速移动、热点覆盖场景下传输速率达到 1Gbps 以上的下行速率。除了速率提升之外，IEEE 802.16m 单个接入点的平均覆盖范围也将增加至 31 km^2，这将大大降低网络的建设成本。IEEE 802.16m 也将向后兼容 IEEE 802.16e 标准，这意味着目前现有的网络系统将会平滑升级至新标准，并不需要大量的更新成本。在移动性方面，IEEE 802.16m 从低速条件下向高速移动的方向发展，且考虑了和其他多种接入技术的切换与互通关系，能够现实 IMT-Advanced 的要求，相比"准移动"的 IEEE 802.16e 有很大的进步，真正迈入了移动的行列。

此外，相比之前版本，IEEE 802.16m 在功耗、时延、频谱利用率和服务质量（QoS）保障方面也有非常大改进。

1.2 移动通信标准化组织

在过去的几十年里，通信网络使社会发生了翻天覆地的变化，给世界各国人民的生活以及机构和部门的运行带来了巨大的影响。移动通信已经成为现代通信手段中一种不可缺少且发展最快的通信手段之一。从第一代移动通信系统到现在的第四代移动通信系统，通信标准也在日新月异地变化着，而制定这些标准的组织主要有国际电信联盟、第三代合作伙伴计划、第三代合作伙伴计划 2、中国通信标准化协会、美国电气和电子工程师协会。下面将一一做详细的介绍。

1.2.1 国际电信联盟

国际电信联盟标志如图 1-5 所示。

图 1-5　国际电信联盟标志

国际电信联盟的历史可以追溯到 1865 年。为了顺利实现国际电报通信，1865 年 5 月 17 日，法国、德国、意大利、奥地利等 20 个欧洲国家的代表在巴黎签订了《国际电报公约》，国际电信联盟也宣告成立。随着电话与无线电的应用与发展，国际电信联盟的职权不断扩大。经联合国同意，1947 年 10 月 15 日国际电信联盟成为联合国的 15 个专门机构之一，但在法律上不是联合国附属机构，它的决议和活动不需联合国批准，但每年要向联合国提出工作报告。

国际电信联盟的组织结构主要分为电信标准化部门（ITU-T）、无线电通信部门（ITU-R）和电信发展部门（ITU-D）。国际电信联盟每年召开一次理事会，每4年召开一次全权代表大会、世界电信标准大会和世界电信发展大会，每2年召开一次世界无线电通信大会。国际电信联盟的组织结构如图1-6所示。

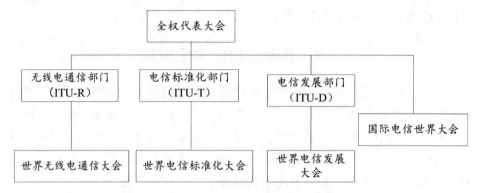

图1-6　国际电信联盟的组织结构简图

1.电信标准化部门

国际电信联盟因标准制定工作而享有盛名。标准制定是其最早开始从事的工作。身处全球发展最为迅猛的行业，电信标准化部门坚持走不断发展的道路，简化工作方法，采用更为灵活的协作方式，满足日趋复杂的市场需求。来自世界各地的行业、公共部门和研发实体的专家定期会面，共同制定错综复杂的技术规范，以确保各类通信系统可与构成当今繁复的信息通信技术（ICT）网络与业务的多种网元实现无缝的互操作。

展望未来，电信标准化部门面临的主要挑战之一是不同产业类型的融合。

2.无线电通信部门

管理国际无线电频谱和卫星轨道资源是国际电信联盟无线电通信部门的核心工作。无线电通信部门的主要任务也包括制定无线电通信系统标准，确保有效使用无线电频谱，并开展有关无线电通信系统发展的研究。此外，无线电通信部门从事有关减灾和救灾工作所需无线电通信系统发展的研究，具体内容由无线电通信研究组的工作计划予以涵盖。与灾害相关的无线电通信服务内容包括灾害预测、发现、预警和救灾。在"有线"通信基础设施遭受严重或彻底破坏的情况下，无线电通信服务是开展救灾工作的最为有效的手段。

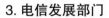

3. 电信发展部门

电信发展部门由原来的电信发展局（BDT）和电信发展中心（CDT）合并而成。其职责是鼓励发展中国家参与电联的研究工作，组织召开技术研讨会，使发展中国家了解国际电信联盟的工作，尽快应用国际电信联盟的研究成果；鼓励国际合作，为发展中国家提供技术援助，在发展中国家建设和完善通信网。

电信发展部门成立的目的在于帮助普及以公平、可持续和支付得起的方式获取信息通信技术，将此作为促进和加深社会与经济发展的手段。

1.2.2 第三代合作伙伴计划和第三代合作伙伴计划 2

1. 第三代合作伙伴计划

第三代合作伙伴计划（3rd Generation Partnership Project，3GPP）是一个标准化机构，成立于 1998 年 12 月，由欧洲电信标准化协会（ETSI）、日本的无线工业及商贸联合会（ARIB）、日本的电信技术委员会（TTC）、韩国的电信技术协会（TTA）和美国的 T1 标准委员会五个标准化组织发起成立，主要制定以 GSM 核心网为基础、UTRA 为无线接口的第三代技术规范。中国无线通信标准研究组（CWTS）于 1999 年 6 月在韩国正式签字加入3GPP，目前 3GPP 共有 6 个组织伙伴。

3GPP 的目标是实现由 2G 网络到 3G 网络的平滑过渡，保证未来技术的后向兼容性，支持轻松建网及系统间的漫游和兼容性。随后 3GPP 的工作范围得到了改进，增加了对 UTRA 长期演进系统的研究和标准制定。

3GPP 的组织结构如图 1-7 所示，最上面是项目协调组（PCG），由ETSI、TIA、TTC、ARIB、TTA 和 CCSA 组成，对技术规范组（TSG）进行管理和协调。3GPP 共分为 4 个 TSG，分别为 TSG GERAN（GSM/EDGE 无线接入网）、TSG RAN（无线接入网）、TSG SA（业务与系统）、TSG CT（核心网与终端）。每一个 TSG 下面又分为多个工作组。如负责 LTE 标准化的TSG RAN 分为 RAN WG1（无线物理层）、RAN WG2（无线层 2 和层 3）、RAN WG3（无线网络架构和接口）、RAN WG4（射频性能）和 RAN WG5（终端一致性测试）5 个工作组。

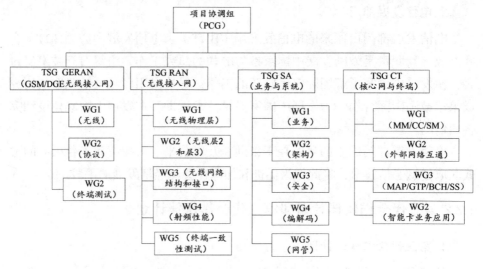

图 1-7 3GPP 组织结构图

为了满足新的市场需求，3GPP 规范不断增添新特性来增强自身能力。为了向开发商提供稳定的实施平台并添加新特性，3GPP 使用并行版本体制，目前的协议版本如图 1-8 所示。

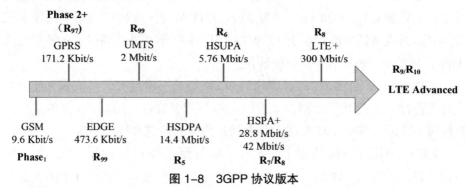

图 1-8 3GPP 协议版本

2. 第三代合作伙伴计划 2

第三代合作伙伴计划 2（3rd Generation Partnership Project 2，3GPP2）成立于 1999 年 1 月，由美国 TIA、日本的 ARIB、日本的 TTC、韩国的 TTA 四个标准化组织发起，中国无线通信标准研究组于 1999 年 6 月在韩国正式签字加入 3GPP2。

3GPP2 声称其致力于使国际电信联盟的 IMT-2000 计划中的（3G）移动电话系统规范在全球的发展，实际上它是从 2G 的 CDMA One 或者 IS-95 发展而来的 CDMA 2000 标准体系的标准化机构，它受到拥有多项 CDMA 关键技术专利的高通公司的较多支持。与之对应的 3GPP 致力于从 GSM 向 WCDMA（UMTS）过渡，因此两个机构存在一定的竞争。

3GPP2 下设四个技术规范工作组：TSG-A、TSG-C、TSG-S、TSG-X。这些工作组向项目指导委员会（SC）报告本工作组的工作进展情况。项目指导委员会负责管理项目的进展情况，并进行一些协调管理工作。

3GPP2 的四个技术工作组分别负责发布各自领域的标准，以及各个领域的标准独立编号。

TSG-A 发布的标准有两种类型：技术报告和技术规范，已经发布的技术报告一般会表示为 A.R××××；已经发布的技术规范一般表示为 A.S××××，其中 ×××× 为具体的数字号，这个号码没有特别的规定，一般按照顺序排列。没有发布的标准一般会分配一个项目号 A.P××××，其中 ×××× 为具体的数字号，这个号码也没有特别的规定，一般按照项目顺序排列。

TSG-C 发布的标准也有两种类型：技术要求和技术规范，已经发布的技术要求一般表示为 C.R××××；已经发布的技术规范一般表示为 C.S××××，其中 ×××× 为具体的数字号，这个号码一般按照顺序排列。没有发布的标准一般会分配一个项目号 C.P××××，其中 ×××× 为具体的数字号，这个号码一般按照项目顺序排列。

TSG-S 发布的标准也有两种类型：技术要求和技术规范，已经发布的技术要求一般表示为 S.R××××；已经发布的技术规范一般表示为 S.S××××，其中 ×××× 为具体的数字号，这个号码一般按照顺序排列。没有发布的标准一般会分配一个项目号 S.P××××，其中 ×××× 为具体的数字号，这个号码一般按照项目顺序排列。此外，3GPP2 的一些管理规程性质的文件也用 S.R×××× 进行编号。

TSG-X 发布的标准只有一种类型：技术规范，已经发布的技术规范一般表示为 X.S××××，其中 ×××× 为具体的数字号，这个号码一般按照顺序排列。没有发布的标准一般会分配一个项目号 X.P××××，其中 ×××× 为具体的数字号，这个号码一般按照项目顺序排列。

3GPP2 与 3GPP 的对比如表 1-2 所示。

表 1-2 3GPP2 与 3GPP 的对比

	3GPP	3GPP2
成立时间	1998 年 12 月成立	1999 年 1 月成立
发起组织	欧洲的 ETSI、日本的 ARIB 和 TTC、韩国的 TTA 和美国的 T1	美国的 TIA、日本的 ARIB 和 TTC、韩国的 TTA
主要工作	以 GSM 核心网为基础，UTRA 为无线接口的第三代技术规范	以 ANSI-41 核心网为基础，CDMA 2000 为无线接口的第三代技术规范

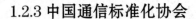

1.2.3 中国通信标准化协会

中国通信标准化协会（China Communications Standards Association，CCSA）于 2002 年 12 月 18 日在北京正式成立。该协会是国内企事业单位自愿联合组织起来，经业务主管部门批准，国家社团登记管理机关登记，开展通信技术领域标准化活动的非营利性法人社会团体。协会采用单位会员制，广泛吸收科研单位、技术开发单位、设计单位、产品制造企业、通信运营企业、高等院校、社团组织等参加。

中国通信标准化协会的主要任务是更好地开展通信标准研究工作，把通信运营企业、制造企业、研究单位、大学等关心标准的企事业单位组织起来，按照公平、公正、公开的原则制定标准，进行标准的协调、把关，把高技术、高水平、高质量的标准推荐给政府，把具有我国自主知识产权的标准推向世界，支撑我国的通信产业，为世界通信做出贡献。

该协会遵循公开、公平、公正和协商一致原则组织开展通信标准化研究活动。通过研究通信标准、开展技术业务咨询等工作，为国家通信产业的发展做出贡献。该协会授业务主管部门委托，在通信技术领域组织开展标准化工作，其主要业务范围如下。

①宣传国家标准化法律、法规和方针政策，向主管部门反映会员单位对信息通信标准工作的意见和要求，促进主管部门与会员之间的交流和沟通。

②开展信息通信标准体系研究和技术调查，提出制订、修订信息通信标准项目建议；组织会员开展标准草案的起草、征求意见、协调、审查、标准符合性试验和互连互通试验等标准研究活动。

③组织开展信息通信标准的宣讲、咨询、服务及培训，推动标准的实施。

④组织国内外信息通信技术与标准化的交流合作，积极参与国标标准化组织的活动和国际标准的制定；搜集、整理国内外信息通信标准相关信息和资料，支撑信息通信标准研究活动。

⑤承担主管部门、会员单位或其他社会团体委托的与信息通信标准化有关的工作。

1.2.4 美国电气和电子工程师协会

美国电气和电子工程师协会（Institute of Electrical and Electronics Engineers，IEEE，IEEE）是一个国际性的电子技术与信息科学工程师的协会，是目前全球最大的非营利性专业技术学会，其会员人数超过 40 万人，遍布 160 多个国家。美国电气和电子工程师协会致力于电气、电子、计算机工程和与科学有关的领域的开发和研究，在太空、计算机、电信、生物医学、电力及消费性电子产品等领域已制定了 900 多个行业标准，现已发展成为具有较大影响力的国际学术组织。

美国电气和电子工程师协会现有 42 个主持标准化工作的专业学会或者委员会。为了获得主持标准化工作的资格，每个专业学会必须向 IEEE 标准协会（IEEE-SA）提交一份文件，描述该学会选择候选建议提交给 IEEE-SA 的过程和用来监督工作组的方法。当前有 25 个专业学会正在积极参与制定标准，每个学会又会根据自身领域设立若干个委员会进行实际标准的制定。例如，我们熟悉的 IEEE 802.11、802.16、802.20 等系列标准，就是美国电气和电子工程师协会计算机专业学会下设的 802 委员会负责主持的。IEEE 802 又称为局域网 / 城域网标准委员会（LAN /MAN Standards Committee，LMSC），致力于研究局域网和城域网的物理层（PHY）和媒体接入控制层（MAC）规范。

WiMAX 制式就是美国电气和电子工程师协会组织制定的 802.16 系列协议。但是美国电气和电子工程师协会组织只是针对宽带无线制式的物理层和媒体接入控制层制定了标准，并没有对高层进行规范。

1.3 移动通信网络架构

移动通信网络架构是指移动通信系统的整体设计，包括网络构成要素的定义、网络功能间的组网。移动性管理技术是移动通信网络中的关键技术之一，是保证移动用户业务体验的必要手段。不同的移动性管理技术适用于不同的移动通信网络架构。

移动通信网络架构对无线移动通信的性能和效率有着重要的影响。在基于蜂窝理论的商用移动通信网络中，2G、3G 和 4G LTE 系统分别用于满足不同的移动通信需求，如 2G 系统主要用于提供低速率的语音通信，3G 系统不仅提供语音业务，还提供分组域数据业务，而 LTE 系统实现了纯 IP 网络，仅提供数据业务。因此，不同系统分别采用了不同特征的网络架构。然而随着无线技术的发展和计算机技术的发展，未来移动通信网络朝着通信技术（Communication Technology，CT）与信息技术（Information Technology，IT）融合的趋势发展，因此未来移动通信网络必然是一纯分组域的网络。本节将分别介绍现有的 2G / 3G 网络的基本架构。

1.3.1 2G 网络的基本架构

GSM 网络是全球最成功的第二代（2G）移动通信网络，由欧洲电信标准化协会提出，主要用于满足人类对话音业务的无线通信需求，因此，GSM 网络中数据传输的速率较低，但实时性和可靠性较高。GSM 网络的架构比较简单，如图 1-9 所示，主要由基站子系统、移动交换中心（Mobile Switching Center，MSC）、访问位置寄存器（Visitor Location Register，VLR）、原地位置寄存器（Home Location Register，HLR）等组成。基站子系统主要提供无线收发功能。MSC 是 GSM 的核心网元，主要负责对基站的控制管理以及对移动终端的呼叫控制和移动性管理。VLR 和 HLR 主要用于对用户信息以及终端位置信息进行管理。

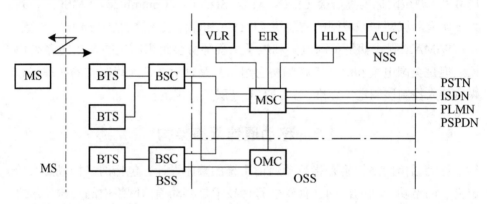

图 1-9　GSM 网络架构

①移动台（MS）：移动用户设备部分，分为移动终端和用户识别卡。移动终端就是"机"，完成话音编码、信道编码、信息加密、信息的调制和解调、信息的发射和接收等功能。SIM 卡就是"身份卡"，存有认证用户身份所需要的所有信息，并能执行一些与保密安全有关的重要信息，防止非法用户接入网络，SIM 卡还存有与网络和用户有关的管理数据，只有插入 SIM 卡后才能接入网络。

②基站子系统：无线资源的有效管理，完成无线发送、接收和无线资源管理等功能。功能实体可分为基站控制器（BSC）和基站收发信台（BTS）。通常，网络子系统（NSS）中的一个 MSC 控制一个或多个 BSC，每个 BSC 控制多个 BTS。

③操作维护子系统（OSS）：包括三部分的功能，即对电信设备的网络操作与维护、注册管理和计费、移动设备管理；完成的任务都需要 BSS 或 NSS 中的一些或全部基础设施以及提供业务公司之间的相互作用；通过网络管理中心、安全性管理中心、SIM 卡管理个人化中心等功能实体，以实现对

移动用户注册管理、收费和记账管理、移动设备管理与网络操作和维护。

④ BTS：包括无线传输所需要的各种硬件和软件，如发射机、接收机、支持各种上小区结构（如全向、扇形、星状和链状）所需要的天线、连接基站控制器的接口电路以及收发信台本身所需要的检测和控制装置等。

⑤ BSC：BTS 和 MSC 之间的连接点，也为 BTS 和操作维修中心之间交换信息提供接口。一个 BSC 通常控制几个 BTS，其主要功能是进行无线信道管理、实施呼叫和通信链路的建立与拆除，并为本控制区内移动台的过区切换进行控制等。

⑥ MSC：MSC 是整个 GSM 网络的核心，控制所有 BSC 的业务，提供交换功能及和系统内其他功能的连接，MSC 可以直接提供或通过移动网关GMSC 提供和公共交换电话网（PSTN）、综合业务数字网（ISDN）、公共数据网（PDN）等固定网的接口功能，把移动用户与移动用户、移动用户与固定网用户互相连接起来。

⑦ HLR：一种用来存储本地用户位置信息的数据库。每个用户都必须在其归属位置寄存器中注册。登记的内容分为两类：一类是永久性的信息参数，如用户类别、业务限制、国际移动用户识别码（IMSI），接入的优先等级以及保密参数等；另一类是有关用户当前位置的暂时性参数，如移动台漫游号码（MSRN），用于建立呼叫路由。

⑧ VLR：存储 MSC 管辖区域中 MS 的来话、去话呼叫所需检索的信息，如客户的号码，所处位置区域的识别，向客户提供的服务等参数，一个 VLR通常为一个 MSC 控制区服务，也可为几个相邻 MSC 控制区服务。当移动用户漫游到新的 MSC 控制区时，它必须向该地区的 VLR 申请登记。VLR 要从该用户的 HLR 查询有关的参数，要给该用户分配一个新的 MSRN，并通知其 HLR 修改该用户的位置信息，准备为其他用户呼叫此移动用户时提供路由信息。如果移动用户由一个 VLR 服务区移动到另一个 VLR 服务区，则 HLR在修改该用户的位置信息后，通知原来的 VLR，删除此移动用户的位置信息。

⑨鉴权中心（AUC）：存储鉴权算法和密钥，保证各种保密参数的安全性，向 HLR 提供鉴权参数。存储用以保护移动用户通信不受侵犯的必要信息。鉴权参数包括三组：随机数（Random Number，RAND），符号响应（Sign Response，SRES），加密密钥（Ciphering Key，KC）。其中，SRES 由 RAND和 KI（鉴权密钥）通过 A3 算法计算得到，KC 由 RAND 和 KI 通过 A8 算法计算得到。

⑩设备标志寄存器（EIR）：存储 MS 设备参数的数据库，将用户的移动终端设备划分为白名单、灰名单、黑名单。将通信的手机号码划分到相应

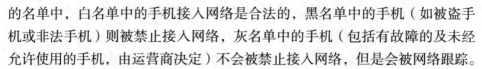
的名单中，白名单中的手机接入网络是合法的，黑名单中的手机（如被盗手机或非法手机）则被禁止接入网络，灰名单中的手机（包括有故障的及未经允许使用的手机，由运营商决定）不会被禁止接入网络，但是会被网络跟踪。

⑪操作维护中心（OMC）：对全网进行监控和操作，包括网络配置、告警监控、性能管理、设备操作等功能。

1.3.2 3G 网络的基本架构

UMTS 网络是 3GPP 定义的第三代（3G）移动通信网络，如图 1-10 所示。UMTS 网络提供 2G 话音业务和数据业务，因此 UMTS 网络分为 CS 域和 PS 域。CS 域由支持语音业务的 MSC、VLR 等传统网元构成，PS 域由支持 IP 数据包传输的 SGSN 和 GGSN 等新增网元构成。UE 是用户终端，主要包括射频处理单元、基带处理单元、协议栈模块及应用层软件模块等。UTRAN 负责处理所有与无线通信有关的功能，包括 Node B 和 RNC 两部分。

CN 负责对语音及数据业务进行交换和路由查找，以便将业务连接至外部网络，包括 MSC/VLR、GMSC、SGSN、GGSN、HLR 等网络单元。

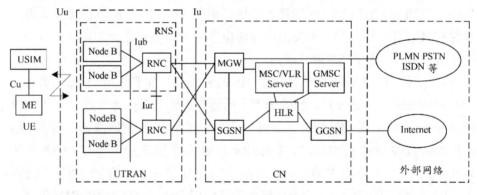

图 1-10　UMTS 网络架构

无线网络控制器（Radio Network Controller，RNC）：主要负责接入网无线资源的管理，包括接纳控制、功率控制、负载控制、切换和包调度等方面。通过无线资源管理（RRC）协议执行的相应进程来完成这些功能。

SRNC：服务 RNC，主要针对一个移动用户而言，SRNC 负责启动 / 终止用户数据的传送、控制和 CN 的 Iu 连接以及通过无线接口协议和 UE 进行信令交互。SRNC 执行基本的无线资源管理操作，如将无线接入承载（RAB）参数转化成 Uu 接口的信道参数、切换判决和外环功控等。

DRNC：漂移 RNC，是指除 SRNC 之外的其他 RNC；控制 UE 使用的小区资源，可以进行宏分集合并、分裂。和 SRNC 不同的是，DRNC 不对用户平面的数据进行数据链路层的处理，而在 Iub 和 Iur 接口间进行透明的数据传输；一个 UE 可以有一个或多个 DRNC。

CRNC：控制 RNC，管理整个小区的资源；用户专用信道的数据调度由 SRNC 完成，而公共信道上的数据调度在 CRNC 中进行。

1.3.3 移动网络位置编号

从地理位置范围来看，GSM 分为 GSM 服务区、公用陆地移动网（PLMN）业务区、MSC 业务区、位置区（LA）、基站区和小区。

1. GSM 服务区

GSM 服务区由连网的 GSM 全部成员国组成，移动用户只要在服务区内，就能得到系统的各种服务，包括完成国际漫游。

2. PLMN 业务区

由 GSM 构成的 GSM/PLMN 处于国际或国内汇接交换机的级别上，该区域为 PLMN 业务区，它可以与公用交换电信网（PSTN）、综合业务数字网（ISDN）和公用数据网（PDNN）互联，在该区域内，有共同的编号方法及路由规划。一个 PLMN 业务区包括多个 MSC 业务区，甚至可扩展全国。

3. MSC 业务区

在该区域内，有共同的编号方法及路由规划。一个 MSC 控制区域称为 MSC 业务区。一个 MSC 业务区可以由一个或多个位置区组成。

4. 位置区

每一个 MSC 业务区分成若干位置区，位置区由若干基站区组成，它与一个或若干个 BSC 有关。在位置区内 MS 移动时，不需要做位置更新。当寻呼移动用户时，位置区内全部基站可以同时发寻呼信号。系统中，以位置区识别码（LAI）来区分 MSC 业务区的不同位置区。

LAI=MCC+MNC+LAC

其中，MCC 为移动国家号，识别一个国家；MNC 为移动网号，识别国内的 GSM 网格；LAC 为位置区号码，识别一个 GSM 网络中的位置。

5. 基站区

一般指一个基站控制器所控制若干个小区的区域称为基站区。每个基站都分配有一个本地色码，称为基站识别码（BSIC）。

BSIC = NCC + BCC

其中，NCC 为国家色码，用于识别 GSM 移动网（3bit）；BCC 为基站色码，用于识别基站（3bit）。

6. 小区

小区也叫蜂窝区，理想形状是正六边形，一个小区包含一个基站，每个基站包含若干套收发信台，其有效覆盖范围决定于发射功率、天线高度等因素，一般为几千米。基站可位于正六边形中心，采用全向天线，称为中心激励；也可位于正六边形顶点（相隔设置），采用 120° 或 60° 定向天线，称为顶点激励。若小区内业务量激增时，小区可以缩小（一分为四），新的小区俗称"小小区"，在蜂窝网中称为小区分裂。

全球小区识别码（Cell Global Identifier，CGI）是用来识别一个小区（基站／一个扇形小区）所覆盖的区域，CGI 是在 LAI 的基础上再加小区识别码（CID）构成的。

CGI=MCC+MNC+LAC+CI

其中，MCC 为移动国家号，识别一个国家；MNC 为移动网号，识别国内的 GSM 网络；LAC 为位置区号码，识别一个 GSM 网络中的位置；CID 为小区识别码。

1.3.4 移动通信号码

MS 的号码类似于 PSTN 中的电话号码，其编号规则应与各国的编号规则相一致。

1. 移动台国际号码（MSISDN）

其为呼叫 GSM 中的某个移动用户所需拨的号码。一个 MS 可分配一个或几个 MSISDN。其组成格式为

MSISDN=CC+NDC+SN

其中，CC 为国家码，中国的国家码为 86；NDC 为国内地区码；SN 为用户码。

由 NDC 和 SN 两部分组成国内 ISDN 号码，其长度不超过 13 位数。MSISDN 号码长度不超过 15 位数字。

2. 移动台漫游号码（MSRN）

当 MS 漫游到一个新的服务区时，由 VLR 给它分配一个临时性的漫游号码，并通知该移动台的 HLR，用于建立通信路由。一旦 MS 离开该服务区，此漫游号码即被收回，并可分配给其他来访的 MS 使用。其组成格式为

MSRN=CC+NSC+SN

其中，CC 为国家码；NDC 为国内地区码（用于识别 MSC/VLR）；SN 为用户码。

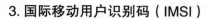

3. 国际移动用户识别码（IMSI）

在 GSM 中，每个用户均分配一个唯一的 IMSI。此码在所有位置（包括在漫游区）都是有效的。通常在呼叫建立和位置更新时，需要使用 IMSI。IMSI 的组成格式为

IMSI=MCC+MNC+MSIN

MCC：移动用户所属国家代号，占 3 位数字，中国为 460。

MNC：移动网号码，最多由 2 位数字组成。用于识别移动用户所归属的移动通信网。中国移动为 00、联通为 01。

MSIN：移动用户识别码，用于识别某一移动通信网（PLMN）中的移动用户。

由 MNC 和 MSIN 两部分组成为国内移动用户识别码（NMSI）。

4. 国际移动设备识别码（IMEI）

其是区别移动设备的标志，可用于监控被窃或无效的移动设备。其组成格式为

IMEI=TAC+FAC+SNR+SP

其中，TAC 为型号批准编码，由欧洲型号标准中心分配；FAC 为装配厂家号码；SNR 为产品序号；SP 为备用。

5. 临时移动用户识别码（TMSI）

其用于保护 IMSI，GSM 能提供安全保密措施，即空中接口无线传输的识别码采用 TMSI 代替 IMSI。两者之间可按一定的算法互相转换。VLR 可给来访的移动用户分配一个 TMSI（只限于在该访问服务区使用）。

总之，IMSI 只在起始入网登记时使用，在后续的呼叫中使用 TMSI，以避免通过无线信道发送其 IMSI，从而防止窃听者检测用户的通信内容，或者非法盗用合法用户的 IMSI。

TMSI 由各电信部门选择，长度不超过 4 个字节。

1.4　4G 移动通信技术

4G_LTE 即 TD-SCDMA Long Term Evolution，是 TDD 版本的 LTE 的技术。TDD 和 FDD 的差别就是 TDD 采用的是不对称频率，它是用时间进行双工的；而 FDD 采用的是上下行对称频率，它是用频率来进行双工的。TDD 的双工技术、基于 OFDM 的多址接入技术、基于 MIMO 的多天线技术是 4G_LTE 标准的三个主要的关键技术。关于 LTE 的关键技术，我们将会在以后的章节具体学习。

1.4.1 技术特点

①通信速率有了提高，在 20 MHz 带宽内实现下行峰值速率为 100 Mbps，上行峰值速率为 50 Mbps。

②提高了频谱效率，下行链路 5 bit/s/Hz（3 ～ 4 倍于 R6 HSDPA）；上行链路 2.5 bit/s/Hz（2 ～ 3 倍于 R6 HSUPA）。

③简单的网络架构和软件架构，以信道共用为基础，处理分组域业务，系统在整体架构上将基于 IP 分组交换。

④服务质量保证，通过系统设计和严格的服务质量机制，保证实时业务（如 VoIP）的服务质量。

⑤系统部署灵活，能够支持 1.4 ～ 20 MHz 的多种系统带宽，保证了将来在系统部署上的灵活性。

⑥非常低的网络时延。控制面低于 100 ms，用户面低于 10 ms。

⑦增加了小区边界比特速率。在保持目前基站位置不变的情况下增加小区边界比特速率，OFDM 支持的单频率网络技术可提供高效率的多播服务。如多媒体广播和组播业务（MBMS）在小区边界可提供 1 bit/s/Hz 的数据速率。

⑧强调后向兼容，支持已有的 3G 系统和非 3GPP 规范系统的协同运作。

⑨覆盖范围广，在 0 ～ 5 km 满足吞吐量和移动性目标；5 ～ 30 km 轻微降低；最大覆盖范围可达 100 km。

概括来说，与 3G 相比，LTE 更具技术优势，可以用先进、高速、高效、低价、即时、融合这六个关键词来形容，也可以概括为五个"更"：更高的带宽、更大的容量、更高的速率、更低的时延、更低的成本。

1.4.2 TDD 与 FDD 系统区别

TD-LTE 是 TDD 版本的 LTE 的技术，FDD-LTE 的技术是 FDD 版本的 LTE 技术。这两种 LTE 技术的最大区别就在于空口双工方式的不同。但由于无线技术的差异、使用频段的不同以及各个厂家的利益等因素，FDD-LTE 的标准化与产业发展都领先于 TD-LTE。FDD-LTE 已成为当前世界上采用的国家及地区最广泛的、终端种类最丰富的一种准 4G 标准。

在原有的模拟和数字蜂窝系统中，均采用了时分双工 / 半双工方式。在 3G 的三大国际标准中，WCDMA 和 CDMA 2000 系统也采用了 FDD 方式，而 TD-SCDMA 系统采用的是 TDD 方式。FDD 采用成对频谱（Paired Spectrum）资源配置，上下行传输信号分布在不同频带内，并设置一定的频率保护间隔，以免产生相互间干扰。而 TDD 方式采用非成对频谱（Unpaired

Spectrum）资源配置，可灵活配置于不对称业务中，以充分利用有限的频谱资源，具有更高的频谱效率，在未来的第四代移动通信系统 IMT-Advanced 中，将得到更广泛的应用，满足更高系统带宽的要求。

TD-LTE 系统与 FDD-LTE 系统在空口协议栈设计方面绝大部分是相同的，只有物理层实现方面有些区别，如帧结构、时分设计、同步、多天线等。具体这两种系统的对比，通过下面的表格统计可以比较直观、清楚地展示出来。

TD-LTE 和 FDD-LTE 对比（相同点）见表 1-3。

表 1-3　TD-LTE 和 FDD-LTE 的相同点

名称	TD-LTE 和 FDD-LTE
带宽	1.4 MHz、3 MHz、5 MHz、10 MHz、 15 MHz 和 20 MHz
多址接入	下行：OFDMA；上行：SC-FDMA
调制方式	正交相移键控（Quadrature Phase Shift Keying, QPSK）、16 正交幅度调制（Quadrature Amplitude Modulation, QAM）、64QAM
功控	开环功控和闭环功控的组合
AMC（自适应调制和编码）	支持
移动性	支持最大速率达 450 km/h， 支持 RAT 内／间的切换
语音解决方案	语音回落（Circuit Switching Fall Back, CSFB）、单一无线语音通话连续性（Single Radio Voice Call Continuity, SRVCC）

TD-LTE 和 FDD-LTE 对比（不同点）见表 1-4。

表 1-4　TD-LTE 和 FDD-LTE 的不同点

名称	TD-LTE	FDD-LTE
频段	频带号：33-43。目前国内主要使用 BAND38/39/40	频带号：1-14,17-31。目前国内主用 BAND1/3
双工模式	TDD	FDD
帧结构	Type 2	Type 1
上下行子帧配置	根据不同的上下行子帧配置，分配给上行和下行的子帧个数可以灵活调整	所有子帧只能分配给上行或者下行
同步	TDD 系统要求时间同步，主同步信号和辅同步信号符号的位置与 FDD 不同	FDD 在支持 eMBMS 时才需考虑时间同步

RRU	需要 T/R 转换器，该转换器将带来 2～2.5 dB 的插损和新增延迟	需要双工器，该双工器将带来 1 dB 的插损
波束赋形（Beam Forming）	支持	不支持
MIMO 模式	支持模式 1～8	支持模式 1～6
网络干扰	整网要求严格同步	当使用不同频谱时，保护带就能够避免干扰；当相邻小区使用相同频谱时，同步要求不严格

TD-LTE 和 FDD-LTE 对比——峰值速率，见图 1-11。

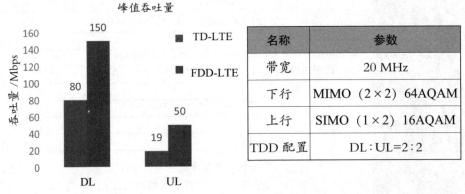

峰值吞吐量

名称	参数
带宽	20 MHz
下行	MIMO（2×2）64AQAM
上行	SIMO（1×2）16AQAM
TDD 配置	DL∶UL=2∶2

表 1-11　TD-LTE 和 FDD-LTE 峰值速率对比

注意此峰值速率的实现是 FDD 上下行各使用 20 MHz 频谱带宽，TDD 上下行共用 20 MHz 频谱带宽。从图中很容易看出，FDD-LTE 系统峰值速率高于 TD-LTE 系统峰值速率。

1.4.3 TDD 和 FDD 的频段分配

LTE 支持多种带宽配置，也支持多种频段。根据协议规定，LTE 系统定义的工作频段有 40 多个，使用的频段考虑了对现有无线制式频段的再利用。每个频段都有一个编号和一定的范围，部分工作频段之间会有重叠。TDD 常用的频段为编号 33～40，如表 1-5 所示，FDD 常用的频段为编号 1～32，FDD 的一些编号如 15、16、18 到 32，还没有分配具体的频点如表 1-6 所示。

表 1-5　TD-LTE 频段分配

TD-LTE 频段	上行（UL）	下行（DL）
33	1900 ～ 1920 MHz	1900 ～ 1920 MHz
34	2010 ～ 2025 MHz	2010 ～ 2025 MHz
35	1850 ～ 1910 MHz	1850 ～ 1910 MHz
36	1930 ～ 1990 MHz	1930 ～ 1990 MHz
37	1910 ～ 1930 MHz	1910 ～ 1930 MHz
38	2570 ～ 2620 MHz	2570 ～ 2620 MHz
39	1880 ～ 1920 MHz	1880 ～ 1920 MHz
40	2300 ～ 2400 MHz	2300 ～ 2400 MHz

表 1-6　FDD-LTE 频段分配

FDD-LTE 频段	上行（UL）	下行（DL）
1	1920 ～ 1980 MHz	2110 ～ 2170 MHz
2	1850 ～ 1910 MHz	1930 ～ 1990 MHz
3	1710 ～ 1785 MHz	1805 ～ 1880 MHz
4	1710 ～ 1755 MHz	2110 ～ 2155 MHz
5	824 ～ 849 MHz	869 ～ 894 MHz
6	830 ～ 840 MHz	875 ～ 885 MHz
7	2500 ～ 2570 MHz	2620 ～ 2690 MHz
8	880 ～ 915 MHz	925 ～ 960 MHz
9	1749.59 ～ 1784.9 MHz	1844.9 ～ 1879.9 MHz
10	1710 ～ 1770 MHz	1710 ～ 1770 MHz
11	1427.9 ～ 1452.9 MHz	1475.9 ～ 1500.9 MHz
12	698 ～ 716 MHz	728 ～ 746 MHz
13	777 ～ 787 MHz	746 ～ 756 MHz
14	788 ～ 798 MHz	758 ～ 768 MHz
……	……	……
17	704 ～ 716 MHz	734 ～ 746 MHz
……	……	……

1.4.4 4G_LTE 的发展趋势

4G_LTE 是中国主导的具有国际化特征的标准。TD-LTE 的技术优势体现在速率、时延和频谱利用率等多个方面，使得运营商能够在有限的频谱带宽资源上具备更强大的业务提供动力，这正是全球移动通信产业孜孜以求的目标所在。基于 TDD 技术的网络部署不需要成对频谱，并且通过日益发展的宽带功放技术，可以把零散的频谱聚合起来提供业务，更提高了运营商的频

29

谱资源利用效率和网络部署效率。可以预见，TD-LTE必将成为移动宽带时代的主力军，为运营商提升ARPU、提升用户体验、拓宽行业应用前景提供重要的动力。

2008年3月，在LTE标准化终于接近完成之时，一个在LTE基础上继续演进的项目——LTE-Advanced项目又在3GPP拉开了序幕。3GPP R10版本完整定义了LTE-Advanced的关键技术特性，它是在LTE R8/R9版本的基础上进一步演进和增强的标准，它的一个主要目标是满足国际电信联盟无线电通信部门关于IMT-Advanced（4G）标准的需求，因此3GPP R10版本也被称为真正4G技术的第一个标准版本。同时，为了维持3GPP标准的竞争力，3GPP制定的LTE技术需求指标要高于IMT-Advanced的指标。

LTE相对于3G技术，名为"演进"，实为"革命"，但是LTE-Advanced将不会成为再一次的"革命"，而是作为LTE基础上的平滑演进。LTE-Advanced系统支持原LTE的全部功能，并支持与LTE的前后向兼容性，即LTE R8的终端可以介入未来的LTE-Advanced系统，LTE-Advanced系统也可以接入R8 LTE系统。

在LTE基础上，LTE-Advanced的技术发展更多地集中在RRM技术和网络层的优化方面，主要使用了如下一些新技术。

①载波聚合：其核心思想是把连续频谱或若干离散频谱划分为多个成员载波（Component Carrier, CC），允许终端在多个子频带上同时进行数据收发。通过载波聚合，LTE-Advanced系统可以支持最大100 MHz带宽，最大峰值速率可达1 Gbps。

②增强上下行MIMO：LTE R8/R9下行支持最多4数据流的单用户MIMO，上行只支持多用户MIMO。LTE-Advanced为提高吞吐量和峰值速率，在下行支持最高8数据流单用户MIMO，上行支持最高4数据流单用户MIMO。

③中继（Relay）技术：基站不直接将信号发送给UE，而是先发给一个中继站（Relay Station, RS），然后再由RS将信号转发给UE。无线中继很好地解决了传统直放站的干扰问题，不但可以为蜂窝网络带来容量的提升、覆盖扩展性能的增强，更可以提供灵活、快速的部署，弥补回传链路缺失的问题。

④协作多点传输技术（Coordinative Multiple Point, CoMP）：LTE-Advanced中为了实现干扰规避和干扰利用而进行的一项重要研究。其包括两类：小区间干扰协调技术，也称为"干扰避免"；协作式MIMO技术，也称为"干

扰利用"。两种方式通过不同的技术降低小区间干扰，提高小区边缘用户的服务质量和系统的吞吐量。

⑤针对室内和热点场景进行优化：未来移动网络中除了传统的宏蜂窝、微蜂窝，还有微微蜂窝以及家庭基站，这些新节点的引入使得网络拓扑结构更加复杂，形成了多种类型节点共同竞争相同无线资源的全新干扰环境。

第二章 4G_LTE 系统关键技术

知识简介

● LTE 的多址技术

● MIMO 概念及工作原理

● 高阶调制概念及作用

● AMC 的基本原理

● 小区间干扰协调

● 常用的 SON 应用

LTE TDD 作为 R8 标准的一部分，是 TD-SCDMA 的后续演进标准，国内习惯称其为 TD-LTE。随着移动互联网业务的迅猛增长，TD-LTE 系统将得到广泛的使用，因此有必要对 TD-LTE 系统的结构以及关键技术进行讨论研究。

2.1 4G_LTE 通信工作方式

LTE 系统同时定义了两种双工模式：FDD 和 TDD。于是，LTE 对应地定义了两种帧结构：FDD 帧结构（Frame Structure Type 1）和 TDD 帧结构（Frame Structure Type 2）。关于这两种帧结构，我们会在后面的章节详细介绍。

但由于无线技术的差异、使用的频段的不同、分配的频谱带宽大小的不同，以及各厂家利益的不同、产业链成熟状况不同等，导致两种双工技术的发展有所不同，FDD-LTE 支持的阵营更加强大，标准化和产业发展都要领先于 TD-LTE。

对于移动通信而言，通俗地讲，双工即双向通信，就是可以同时区分用户的上行 / 下行信号。FDD 的关键词是"共同的时间，不同的频率"。FDD 在两个分离的、对称的频率信道上分别进行接收和发送。其必须采用成对的频率区分上行（如 MS 发送数据到基站）和下行（如基站发送数据到 MS），上下行频率间须有保护带宽。而上下行在时间上是连续的，可以同时接收和发送数据。而 TDD 的关键词是"共同的频率，不同的时间"。TDD 的接收和发送是使用同一频率的不同时隙来区分上、下行信道的，在时间上是不连续的。因此 TDD 对时间同步要求比较严格。

两种双工方式的区别，如图 2-1 所示。

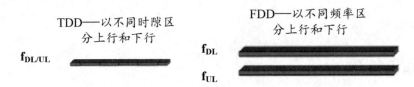

图 2-1　两种双工方式的区别

TD-LTE 系统支持 TDD 这种方式。TDD 方式的蜂窝系统，上下行传输信号在同一频带内，通过将信号调度到不同时间段，采用非连续方式发送，并设置一定的时间间隔以避免上下行信号间的干扰。

由于 TDD 系统具有频谱利用率高等众多优势，国际电信联盟为 TDD 系统分配了更多的非对称频谱，使得 TDD 方式在未来的移动蜂窝系统中必将得到更为广泛的应用，并日益成为主流的双工应用方式。

TDD 方式具有如下优势。

（1）频谱配置灵活，利用率高

TDD 采用非对称频谱，能够灵活地利用一些零碎的频谱，更容易获得连续的大带宽频谱。而 FDD 要求的成对频谱资源越来越稀缺，特别是大带宽成为频谱更加难以获得。尽管 FDD 可以采用非连续的载波聚合方式来实现大带宽配置，但这为射频器件带来更多严格的要求。

灵活的上下行资源比例配置，更加有效地支持非对称的 IP 分组业务。

（2）利用信道对称特点，提升系统性能

在 TD-LTE 中，多天线技术应用成为系统提升频谱效率的重要基石。闭环信道状态信息反馈方式的预编码 MIMO 和波束赋形技术成为多天线的主要应用形式。由于上下行信号在相同的频带内发送，可以充分利用信道的对称性来获取发送方向的信道信息。通过对信道对称性的利用，不但可以更有效地获得信道的状态信息，提升发送端的性能，而且可以减少反馈信道的开销，利用信道对称性的优势，对于小区间多点协作等先进的多天线技术在未来的应用以及方案简化实现都将起到重要作用。

（3）TDD 具有天然优势

由于 TDD 系统要求全网同步，因此小区间干扰协调、多点协作等技术应用更为容易。同时，由于只需要一个双工器件，相对于 FDD 系统，在中继等设备实现上，具有实现复杂度小、设备成本低和尺寸小等方面的优势，特别是在多跳场景下优势更加明显。在未来可能应用到的点对点等多跳端对端的通信方面，也有明显的实现优势。

尽管 TDD 有一些优点，但是也存在不足之处。

（1）系统内干扰更为复杂

TDD 除了具有 FDD 的上行信号对上行信号和下行信号对下行信号的干扰外，还包括上行信号对下行信号的干扰和下行信号对上行信号的干扰。为了避免 TDD 系统上下行信号间的干扰，可以通过全网同步，在相邻小区间尽可能采用相同上下行时隙比例配置，加大上下行时隙保护间隔，以及采用一些工程手段等方式来解决。

（2）TDD 系统对系统同步要求更为严格

为了避免上下行信号间的干扰，相对于 FDD 系统，TDD 系统要求更为严格的上下行信号的时隙对齐。因此对系统设备的时间同步实现要求更高。

（3）TDD 系统中，信号传输有一定时延

由于上下行信号发送通过时分方式进行区分，在信号传输过程中，相对于 FDD 系统，存在一定的时延。传输时延包括：功率控制，自适应编码调制，多天线信道状态的反馈，测量反馈，用户平面和控制平面传输时延等。这些时延对系统性能带来一定影响。时延长短取决于上下行切换点的周期。对 TD-LTE，由于采用 1 ms 的传输间隔，上下行信号切换周期最短为 5 ms，因此造成时延的时间很短，对系统性能影响不大。

2.2　4G_LTE 多址技术

多址技术又称为多址接入技术，是指把处于不同地点的多个用户接入一个公共传输媒质，实现各用户之间通信的技术。多址技术多用于无线通信。

蜂窝系统中是以信道来区分通信对象的，一个信道只容纳一个用户进行通信，许多同时进行通信的用户，互相以信道来区分，这就是多址。

2.2.1 多址技术

移动通信系统中常见的多址技术包括 FDMA、TDMA、CDMA、空分多

址（Space Division Multiple Access，SDMA）。FDMA 以不同的频率信道实现通信。TDMA 以不同的时隙实现通信。CDMA 以不同的代码序列来实现通信。SDMA 以不同方位信息实现多址通信。各种多址技术如图 2-2～2-5 所示。

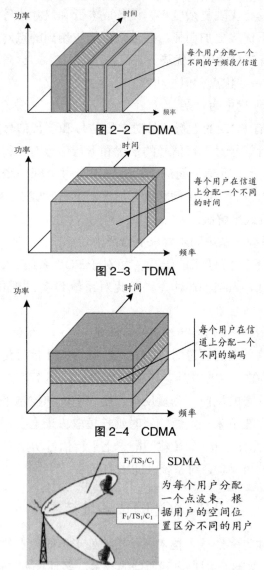

图 2-2　FDMA

图 2-3　TDMA

图 2-4　CDMA

图 2-5　SDMA

　　假如聚会上的交流基于 FDMA 技术，则每个一对一的谈话都将在一个独立的房间内进行，这个房间就代表了分配的频段。和朋友在一个房间内谈话，彼此可以互相清晰地听到对方说话。假如一个大厦内只有 20 个房间，那么一次就能供 20 对人会谈，假如来了几百人，那么其他人就没有相应的频段可供使用了。

为了解决这个缺陷，可以引用 TDMA 技术，把时间分成不同的时隙。同样几百个人赴宴，每对客人可以进入房间一对一会谈，但是不能谈太久就得让给其他客人，这样对时间资源进行规划，可以提高容量。

而 CDMA 更像是大家参加"鸡尾酒宴会"，大家都可以在一个大房间内进行交谈，但是如果都用中文说话，相互之间就会有干扰。但是如果大家使用不同的语言，就可以有效地避免干扰。不同的语种在 CDMA 系统中就是扩频码，应该注意的是扩频码之间必须正交。

而图 2-5 中的 SDMA，更多时候是和波束赋形配合使用。

2.2.2 OFDM 技术

OFDM 技术应用已有近 40 年的历史，最初用于军事无线通信系统。

20 世纪 50 年代，美国军方建立了第一个多载波调制系统。

20 世纪 70 年代，采用大规模子载波的 OFDM 系统出现，但由于系统复杂度和成本过高，并没有大规模应用。

20 世纪 90 年代，随着数字通信技术的发展，OFDM 系统在发射端和接收端分别由 IFFT 与 FFT 来实现，系统复杂度大大降低，使得该技术开始被广泛应用。OFDM 系统原理如图 2-6 所示。

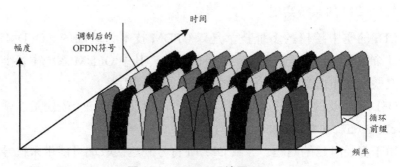

图 2-6 OFDM 系统原理

OFDM 的基本思想是把高速数据流分散到多个正交的子载波上传输，从而使单个子载波上的符号速率大大降低，符号持续时间大大加长，对因多径效应产生的时延扩展有较强的抵抗力，减少了符号间干扰（Inter Symbol Interference，ISI）的影响。通常在 OFDM 符号前加入保护间隔，只要保护间隔大于信道的时延扩展则可以完全消除符号间干扰。OFDM 的由来如图 2-7 所示。

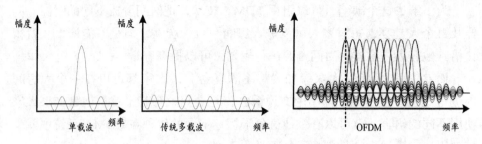

图 2-7　OFDM 的由来

OFDM 本质上是一个频分复用系统，对于该系统我们并不陌生，收音机就是一个典型的频分复用系统，传统的频分复用系统如图 2-8 所示。

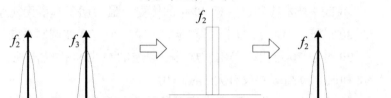

图 2-8　OFDM 的本质（传统的频分复用）

1. OFDM 的系统实现

LTE 的空中接口的多址技术是以 OFDM 技术为基础的。OFDM 主要是采用几个频率并行发送，以实现宽带的传输。其中 OFDM 系统中各个子载波相互交叠，互相正交，从而极大地提高了频谱利用率。

OFDM 涉及的功能模块有很多，其中较为重要的一个模块是加循环前缀（Cyclic Prefix，CP）模块。

由于多径时延的问题，导致 OFDM 符号到达接收端可能带来符号间干扰（ISI），以及使不同子载波到达接收端后，不再保持绝对的正交性，为此引入了多载波间干扰（ICI），如图 2-9 所示。

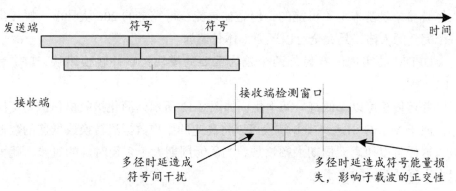

图 2-9　多径时延引起的干扰问题

　　为了消除符号间干扰和多载波间干扰，在 OFDM 符号发送前，可以在码元间插入空闲包含时段，如图 2-10 所示。

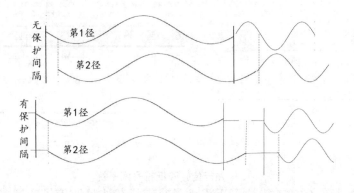

图 2-10　空闲时间段加入对比图

　　但实际上加入的是 CP，所谓 CP 就是将每一个 OFDM 符号的尾部一段复制到符号之前，增加冗余符号信息，更有利于克服干扰，如图 2-11 所示。

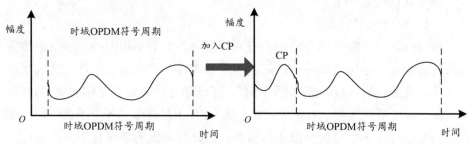

图 2-11　加入 CP

　　因多经时延引起的信号丢失，加入 CP 可以使得丢失的部分信息在 CP 中找到，得到完整的信息，使得信息可以完整解调出来。就像我们拼接骨骼一样，如果因某种原因，没有给你完整的 206 块人体骨骼，想要拼接出一个完整的人体骨骼，是基本上不可能的，但是如果能获得完整的 206 块骨骼，拼接出一个完整的人体，是完全可以还原人体骨骼的。

OFDM 的实现还有另外两个较为重要的模块：串并转换模块；FFT 和 IFFT 模块。

并行传输可以降低符号间干扰，如图 2-12 所示，简化接收机信道均衡操作，便于 MIMO 引入。串并转换可以将高速的用户数据流转换成低速的数据流，这样可以使码元周期大幅增加，当码元周期大于多径时延的时候，就可以大大降低系统的自干扰。

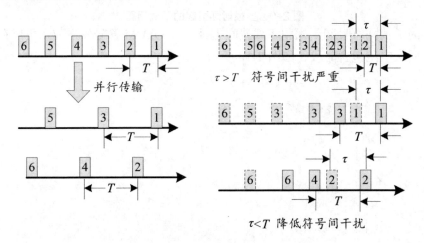

图 2-12　并行传输降低符号间干扰

在发射端经过 IFFT 模块可以将大量窄带子载波频域信号变换成时域信号。OFDM 系统在调制时，使用 IFFT；解调时，使用 FFT。

2. OFDM 的优缺点

OFDM 的优点如下。

（1）频谱利用率高

传统的频分多路传输方法中，将频带分为若干个不相关的子频带来传输并行的数据流，在接收端用一组滤波器来分离各个子信道。这种方法的优点是简单和直接；缺点是频谱的利用率低，子信道之间要留有足够的保护频带，而且多个滤波器的实现也有不少困难。而 OFDM 系统由于各个子载波之间存在正交性，允许子信道的频谱相互重叠，因此与常规的频率复用系统相比，OFDM 系统可以最大程度地利用频谱资源，如图 2-13 所示。

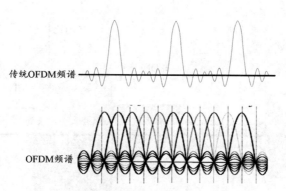

图 2-13　OFDM 的高频谱利用率

（2）对抗频率选择性衰落

由于无线信道存在频率选择性，不可能所有的子载波都同时处于比较深的衰落情况中，因此可以通过动态比特分配以及动态子信道分配的方法，充分利用信噪比较高的子信道，从而提高系统的性能。而且对于多用户系统来说，对一个用户不适用的子信道对其他用户来说，可能是性能比较好的子信道，因此除非一个子信道对所有用户来说都不适用，该子信道才会被关闭，但发生这种情况的概率非常小，如图 2-14 所示。

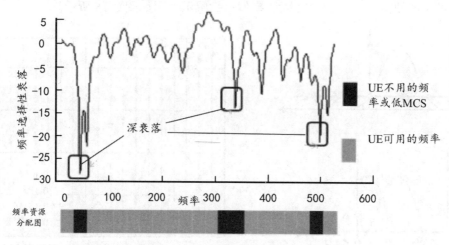

图 2-14　对抗频率选择性衰落

OFDM 存在以下不足：

（1）峰均比高

峰值平均功率比（Peak to Average Power Ratio，PAPR）简称峰均比，OFDM 的峰均比过高，所要求的系统线性范围宽，对放大器的线性范围要求提高，也就是说过高的峰均比会降低放大器的功效，增加 A/D 转换和 D/A 转换的复杂性，也增加了传送信号失真的可能性。峰均比过高示意图如图 2-15 所示。

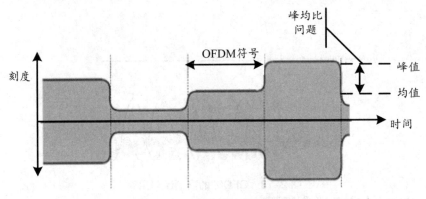

图 2-15 峰均比过高示意图

（2）对频率偏移敏感

由于子信道的频谱相互覆盖，这就对正交性提出了严格的要求。然而由于无线信道存在时变性，在传输过程中会出现无线信号的频率偏移，如多普勒频移，或者由于发射机载波频率与接收机本地振荡器之间存在的频率偏差，都会使得 OFDM 系统子载波之间的正交性遭到破坏，从而导致子信道间的信号相互干扰，使得系统的误码率性能恶化。这种对频率偏移敏感是 OFDM 系统的主要缺点之一。OFDM 对频率偏移敏感示意图如图 2-16 所示。

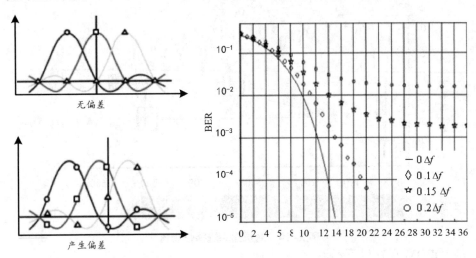

图 2-16 OFDM 对频率偏移敏感示意图

3. OFDM 的相关参数

（1）CP 长度的确定

CP 长度的考虑因素包括频谱效率 / 符号间干扰和子载波间干扰。CP 长度的确定有以下两种情况。

①越短越好：越长，CP 开销越大，系统频谱效率越低。

②越长越好：可以避免符号间干扰和子载波间干扰。

CP 长度示例如图 2-17 所示。

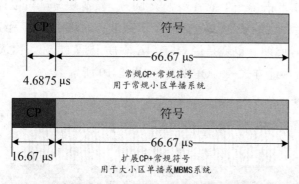

图 2-17　CP 长度示例

（2）子载波间隔确定

子载波间隔确定考虑因素包括频谱效率和抗频偏能力。子载波间隔越小，调度精度越高，系统频谱效率越高。但子载波间隔越小，对多普勒频移和相位噪声过于敏感。当子载波间隔在 10 kHz 以上，相位噪声的影响相对较低。采用 IFFT 产生 OFDM 信号决定了子载波间隔 $\Delta f = 1/T$（T 为 OFDM 符号周期），如图 2-18 所示。

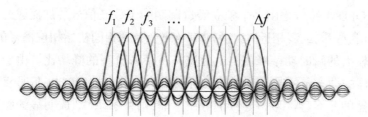

图 2-18　子载波的间隔

当子载波间隔在 15 kHz 时，EUTRA 系统和 UTRA 系统具有相同的码片速率，因此确定单播系统中采用 15 kHz 的子载波间隔。

独立载波 MBMS 应用场景为低速移动，应用更小的子载波间隔，以降低 CP 开销，提高频谱效率，故采用 7.5 kHz 子载波间隔。

2.2.3 LTE 的下行多址

OFDMA 的主要思想是从时域和频域两个维度将系统的无线资源划分为资源块（RB），每个用户占用一个或者多个资源块，资源块分配可以连续也可以非连续。频域上看，无线资源块包括多个子载波；时域上说，无线资源块包括多个 OFDM 符号周期。也就是说 OFDMA 本质上是 TDMA+FDMA 的多址方式。LTE 的下行多址方式——OFDMA 如图 2-19 所示。

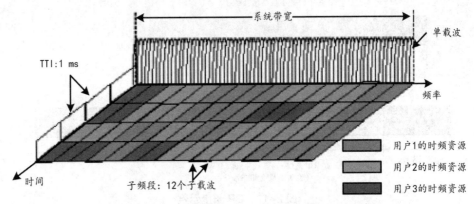

图 2-19　LTE 的下行多址方式——OFDMA

LTE 的空中接口资源分配的基本单位是物理资源块（PRB）。一个物理资源块在频域上包括 12 个连续的子载波，在时域上包括 7 个连续的常规 OFDM 符号周期。LTE 的一个物理资源块对应的是带宽为 180 kHz、时长为 0.5 ms 的无线资源。

OFDMA 在同一个时隙，不同的子载波上，可以支持多个用户接入；同样的子载波，在不同的时隙里，可以服务不同的用户。

由于 OFDM 符号是由多个独立经过调制的子载波信号叠加而成的，当各个子载波相位相同或者相近时，叠加信号便会受到相同初始相位信号的调制，从而产生较大的瞬时功率峰值，由此进一步带来较高的峰均比。由于一般的功率放大器的动态范围都是有限的，所以峰均比较大的 OFDM 信号极易进入功率放大器的非线性区域，导致信号产生非线性失真，造成明显的频谱扩展干扰以及带内信号畸变，导致整个系统性能严重下降。

2.2.4 LTE 的上行多址

下行发送信号的是基站，基站功率放大器的能力较强，所以下行的 OFDMA 峰均比虽然较高，但不会影响系统性能。在上行方向上，由于终端的成本和耗电量受限等问题，使用具有单载波特性的发送信号，也就是有较低信号峰均比，因此下行采用了单载波 FDMA 技术，也就是 SC-FDMA 技术。

SC-FDMA 技术与传统单载波技术相比，用户之间无须保护带宽，不同用户占用的是相互正交的子载波，具有较高的频率利用效率。SC-FDMA 系统的峰均比远低于 OFDMA。但是相对于 OFDMA，SC-FDMA 的频谱利用率要低一些。

相对于 OFDMA，SC-FDMA 具有如下特性。

①具有更低的峰均比，便于 UE 功放的设计。

②相对传统的单载波频率复用，能实现用户间完全正交的频率复用，同时保证频谱效率。

③用户复用可以通过 DFT 变换、正交子载波映射等过程方便地实现。

④支持频率维度的链路自适应和多用户调度。

LTE 的上行多址方式——SC-FDMA 如图 2-20 所示。

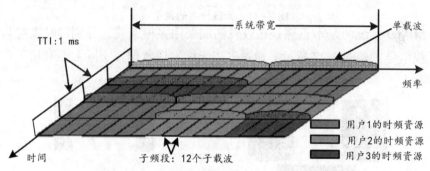

图 2-20　LTE 的上行多址方式——SC-FDMA

2.3　MIMO 技术

2.3.1 MIMO 概念

MIMO 技术是指利用多发射、多接收天线进行空间分集的技术。无线通信系统可以利用的资源包括时间、频率、功率、空间。

多天线技术通过在收发两端同时使用多根天线，扩展了空间域，充分利用了空间扩展所提供的特征，从而提高系统容量。LTE 系统中，使用 MIMO 技术充分利用空间资源和频率资源，大大提高了系统性能。

MIMO 技术采用的是分立式多天线，能够有效地将通信链路分解成许多并行的子信道，从而大大提高容量。在下行链路，多天线发送方式主要包括发送分集、波束赋形、空时预编码以及多用户 MIMO 等；而在上行链路，多用户组成的虚拟 MIMO 也可以提高系统的上行容量。天线技术的发展如图 2-21 所示。

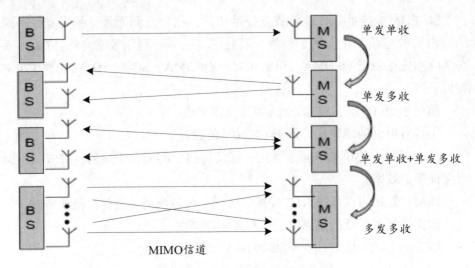

图 2-21　天线技术的发展

　　MIMO 系统的基本思想是在收发两端采用多根天线，分别同时发射与接收无线信号，如图 2-22 所示。通过多根天线发送数据，实际上是利用了多径效应。

图 2-22　多天线的 MIMO 技术

　　MIMO 技术引入的优势如下。

　　① MIMO 为无线资源增加了空间维的自由度。

　　② MIMO 通过空时处理技术，充分利用空间资源，在无须增加频谱资源和发射功率的情况下，成倍地提升了通信系统的容量与可靠性，提高了频谱利用率。

　　③ MIMO 能够获得比单发单收（SISO）、单发多收（SIMO）和多发单收（MISO）更高的信道容量和更好的分集增益。

2.3.2 MIMO 的工作原理

MIMO 系统的多入多出实际上就是多个数据流在空中的并行传输。多个信号流可以是不同的数据流，也可以是一个数据流的不同版本。

不同的天线发射不同的数据流，可以提高传送效率的工作模式，就是 MIMO 的空间复用模式，如图 2-23 所示。

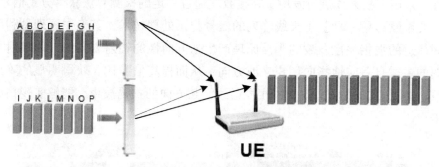

图 2-23　MIMO 的空间复用模式

不同天线发射不同的数据，可以直接增加容量。空间复用利用较大间距的天线阵元之间或者波束赋形之间的不相关性，向一个终端／基站并行发送多个数据流，以提高链路容量。就如同听音乐会中的二重唱或者是多重唱。

根据干扰抑制的处理机制的不同，空间复用可以分为开环空间复用（TM3）、闭环空间复用（TM4），其中闭环空间复用又分为码本预编码和非码本预编码。

开环的空间复用不需要接收反馈信息，较少的反馈开销，设计用于高速场景的 UE。

不同的天线发射相同的数据，可以提高数据传送的可靠性的工作模式，就是 MIMO 的空间分集模式，如图 2-24 所示。

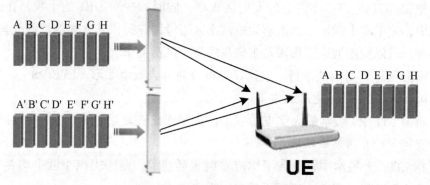

图 2-24　MIMO 的空间分集模式

不同天线发射相同的数据，在弱信号条件下提高用户的速率、提高链路的可靠性。

在无线通信系统中，分集技术主要用于对抗衰落、提高链路可靠性。传输分集的主要原理是，利用空间信道的弱相关性，结合时间/频率上的选择性，为信号的传递提供更多的副本，提高信号传输的可靠性，从而改善接收信号的信噪比。

空间分集利用了分集增益的原理，在基站发射端，对发射的信号进行预处理，采用多根天线进行发射，在接收端通过一定的检测算法获得分集信号。

波束赋形是一种基于天线阵列的信号与预处理技术，其工作原理是利用空间信道的强相关性及波的干涉原理产生强方向性的辐射方向图，使辐射方向图的主瓣自适应地指向用户来波方向，从而提高信噪比，获得明显的阵列增益，如图 2-25 所示。就如同相控雷达，某方向的扫描波束，能够实现精确打击。

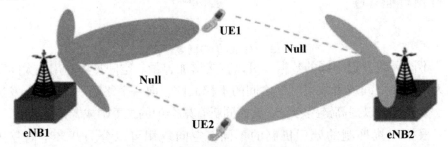

图 2-25　波束赋形工作原理

图 2-25 中为两个相邻的蜂窝小区，每个蜂窝小区都与位于两个蜂窝小区之间边界上的单独用户设备进行通信。此图显示，eNB1 正在与目标设备 UE1 通信，eNB1 发射使用波束赋形来最大程度地提高 UE1 方位方向中的信号功率。同时，我们还可看到，eNB1 正尝试通过控制 UE2 方向中的功率零点位置，最大程度地减少对 UE2 的干扰。同样，eNB2 正使用波束赋形最大程度地提高其在 UE2 方向上的发射接收率，同时减少对 UE1 的干扰。在此情景中，使用波束赋形显然能够为蜂窝小区边缘用户提供非常大的性能改善。必要时，可以使用波束赋形增益来提高蜂窝小区覆盖率。

根据发送数据流的数目，波速赋形可分为单流波束赋形（LTE R8）、多流波束赋形（LTE R8 之后版本）。

目前 LTE R9 版本最大能支持双流波束赋形，在之后的 R10 版本则可以最大支持下行 8 流波束赋形。

在 LTE R8 版本中，引入了单流波束赋形技术，对于提高小区平均吞吐量及边缘吞吐量、降低小区间干扰有着重要作用。

根据调度用户的情况，双流波束赋形可分为单用户双流波束赋形、多用户双流波束赋形。

单用户双流波束赋形技术，由基站测量上行信道，得到上行信道状态信息后，基站根据上行信道信息计算两个赋形矢量，利用该赋形矢量对要发射的两个数据流进行下行赋形。

多用户双流波束赋形技术，基站根据上行信道信息或者 UE 反馈的结果进行多用户匹配，多用户匹配完成后，按照一定的准则生成波束赋形矢量，利用得到的波束赋形矢量为每一个 UE、每一个流进行赋形。

智能天线不但可以有效改善小区内用户间的干扰，还可以大大抑制小区间用户的干扰，极大地提高了系统性能，如图 2-26 所示。

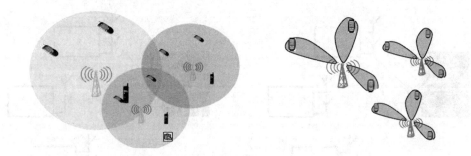

图 2-26 智能天线抑制小区间用户干扰

MIMO 的工作模式有 9 种，其中 TM2、TM3、TM4、TM7、TM8 现网中应用较多，其余模式暂未使用应用在现网，如图 2-27 所示。

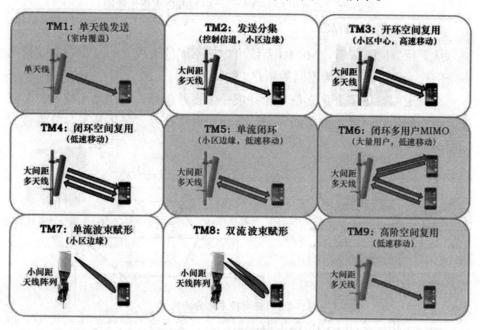

图 2-27 MIMO 的模式及应用场景

2.3.3 多用户 MIMO 技术

MIMO 技术利用多径衰落，在不增加带宽和天线发送功率的情况下，达到提高信道容量、频谱利用率及下行数据的传输质量的目的。MIMO 系统需要将多个用户的数据安排在合适的时隙、合适的频率、合适的天线上，这就是多用户 MIMO（Multiple-User MIMO，MU-MIMO）技术。

当基站将占用相同时频资源的多个数据流发送给同一个用户时，即为单用户 MIMO（Single-User MIMO，SU-MIMO）；当基站将占用相同时频资源的多个数据流发送给不同的用户时，即为多用户 MIMO，其原理如图 2-28 所示。

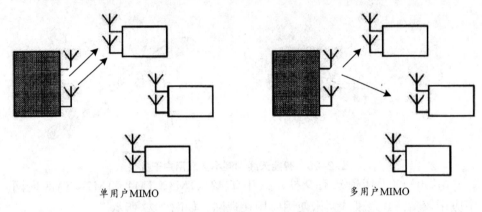

单用户MIMO　　　　　　　　　　　多用户MIMO

图 2-28　单用户 MIMO 和多用户 MIMO 原理示意图

1. 下行多用户 MIMO

从下行方向上来看，MIMO 系统可以把不同的天线上的时隙资源安排给一个用户，也可以安排给不同的用户。

在发送端，将多个独立信号合并成一个多径信号，叫作复用技术；多路彼此独立的传输路径上传送同一个信号叫作分集技术。复用技术与分集技术如图 2-29 所示。

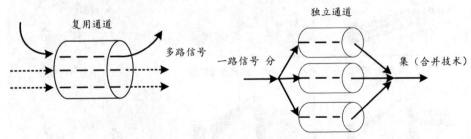

图 2-29　复用技术与分集技术

同一个用户使用不同天线的时隙资源，享受着多个天线的无线资源，提高了该用户的数据传输速率，提高了频率利用效率，对于这个用户来说，得到了空间复用的效果，这是单用户 MIMO 模式，但是单用户 MIMO 挤占了其他用户的资源。

将 MIMO 系统中不同天线的时隙资源安排给多个用户，多个用户享受空间复用的好处，提高了整体的调度效率，这就是多用户 MIMO 模式。

不同的用户可以占用不同天线的相同时间、相同频率的单元，也就是说，空间上的拓展带来不同用户可以占用同样时隙资源的好处。多个用户占用不同的天线端口，不同的用户经历了相对独立的空间信道，起到了多用户分集的效果。

无论是单用户 MIMO，还是多用户 MIMO，都是可以自适应的 MIMO。用户反馈在自适应中是必不可少的。通过用户反馈的预编码矩阵标识（PMI），来动态地调整预编码矩阵，从而降低空间复用数据流之间的干扰，改善 MIMO 技术的性能。

2. 上行多用户 MIMO

在 LTE 中应用 MIMO 技术的上行基本天线配置为 1×2，即一根发送天线和两根接收天线。与下行多用户 MIMO 不同，上行多用户 MIMO 是一个虚拟的 MIMO 系统，即每一个终端均发送一个数据流，两个或者更多的数据流占用相同的时频资源，这样从接收机来看，这些来自不同终端的数据流可以看作来自同一终端不同天线上的数据流，从而构成一个 MIMO 系统。

虚拟 MIMO 的本质是利用了来自不同终端的多个天线提高了空间的自由度，充分利用了潜在的信道容量。由于上行虚拟 MIMO 是多用户 MIMO 传输方式，每个终端的导频信号需要采用不同的正交导频序列以利于估计上行信道信息。对单个终端而言，并不需要知道其他终端是否采用 MIMO 方式，只要根据下行控制信令的指示，在所分配的时频资源里发送导频和数据信号，在基站侧，由于知道所有终端的资源分配和导频信号序列，因此可以检测出多个终端发送的信号。上行 MIMO 技术并不会增加终端发送的复杂度。

2.4　高阶调制和 AMC

相对于在多址方式上的重大修改，LTE 在调制方面基本沿用了原来的技术，没有增加新的选项。

由于移动通信的无线传输信道是一个多径衰落、随机时变的信道，使得通信过程存在不确定性。AMC 技术是一种自适应技术，其能够根据信道状态自适应地调节传输参数，系统根据当前的信道条件，在保证一定系统性能的前提下（如保证 BLER 小于某个门限值）来确定发射端各路数据流应使用的调制编码方式，从而提高系统的吞吐率。

2.4.1 高阶调制

调制就是对信号源的信息进行处理，加到载波上，使其变为适合于信道传输的形式的过程。其是使载波随信号而改变的技术。

数字信号三种最基本的调制方法是调幅（ASK）、调频（FSK）和调相（PSK），其他各种调制方法都是这几种方法的改进或组合，如正交振幅调制（QAM）就是 ASK 和 PSK 的组合；MSK 是 FSK 的改进；GMSK 又是 MSK 的一种改进。

调制的用途包括：把需要传递的信息送上射频信道；提高空中接口数据业务能力。

TD-LTE 制订了多种调制方案，其下行主要采用 QPSK、16QAM 和 64QAM 三种调制方式，上行主要采用位移 BPSK、QPSK、16QAM 和 64QAM 四种调制方式。各物理信道所选用的调制方式列于表 2-1 中。

表 2-1　LTE 各物理信道所选用的调制方式

上行		下行	
信道类型	调制方式	信道类型	调制方式
PUSCH	QPSK、16QAM 和 64QAM	PDSCH	QPSK、16QAM 和 64QAM
PUCH	QPSK、BPSK	PDCCH、PCFICH、PBCH	QPSK

和其他技术一样，调制方式的选择也受很多条件的限制，其中最重要的限制是，越是高性能（速率高）的调制方式，其对信号质量的要求也越苛刻。这意味着，如果某个用户离基站远了，或者所处位置信号变弱，那么就不能用高性能的调制方式了，其得到的数据速率就会急剧下降。

在 TD-LTE 系统中主要的调制方式是 QPSK、16QAM 和 64QAM，图 2-30 为这三种调制方式的"星座图"。每种调制方式都有它特定的"星座图"，一种调制方式的"星座点"越多，每个点代表的 bit 数就越多，在同样的频带宽度下提供的数据传输速率就快。

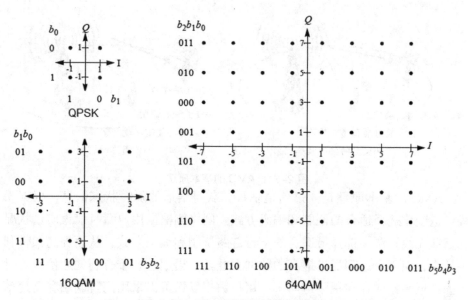

图 2-30 TD-LTE 系统的调制方式

高阶调制的优点：LTE 可以采用 64QAM 调制方式，比 TD-SCDMA 采用的 16QAM 速率提升 50%。

高阶调制的缺点：越是高性能（速率高）的调制方式，其对信号质量（信噪比）的要求也越高。

与以往通信系统一样，由于这种信道编码具有不同的特性，TD-LTE 根据数据类型的不同而采用了不同的信道编码方式。广播信道和控制信道这些较低数据率的信道采用的编码技术比较明确，即用咬尾卷积码进行编码。对于数据信道，采用 R6 Turbo 码作为母码，在此基础上进行一系列的改进，包括使用无冲突的内交织器，对较大的码块进行分段译码。

2.4.2 AMC

AMC 技术的基本原理是在发送功率恒定的情况下，动态地选择适当的调制和编码方式（Modulation and Coding Scheme，MCS），确保链路的传输质量。当信道条件较差时，降低调制等级以及信道编码速率；当信道条件较好时，提高调制等级以及编码速率。AMC 技术实质上是一种变速率传输控制方法，能适应无线信道衰落的变化，具有抗多径传播能力强、频率利用率高等优点，但其对测量误差和测量时延敏感。

UE 测量信道质量，并报告（每 1 ms 或者是更长的周期）给基站，基站基于信道质量的信息反馈（Channel Quality Indicator，CQI）来选择调制方式、数据块的大小和数据速率。AMC 的基本原理如图 2-31 所示。

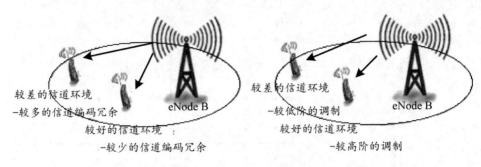

图 2-31 AMC 的基本原理

　　AMC 的基本原理是通过信道估计，获得信道的瞬时状态信息，根据无线信道变化选择适合的调制和编码方式。网络侧根据用户瞬时信道质量状况和目前无线资源，选择最适合的下行链路调制和编码方式，从而提高频带利用效率，使用户达到尽量最高的数据吞吐量。当用户处于有利的通信地点时（如靠近基站或存在视距链路），用户数据发送可以采用高阶调制和高速率的信道编码方式，如 16QAM 和 3/4 编码速率，从而得到高的峰值速率；而当用户处于不利的通信地点时（如位于小区边缘或者信道深衰落），网络侧则选取低阶调制方式和低速率的信道编码方案，如 QPSK 和 1/2 编码速率，来保证通信质量。编码自适应示例如图 2-32 所示。

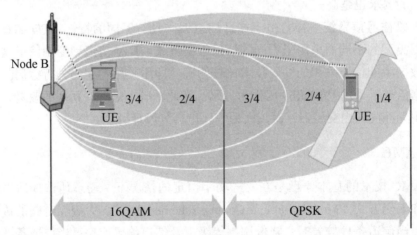

图 2-32 编码自适应示例

　　TD-LTE 系统在进行 AMC 的控制过程中，对上下行采取了不同的实现方法，具体如下。

　　①下行 AMC 过程：通过反馈的方式获得信道状态信息，终端检测下行公共参考信号，进行下行信道质量测量，并将测量的信息通过反馈信息反馈到基站侧，基站根据反馈信息进行相应的下行传输（调制编码方式）格式的调整。

②上行 AMC 过程：与下行 AMC 过程不同，上行过程不再采用反馈方式获得信道质量信息。基站侧通过对终端发送的上行参考信号的测量，进行上行信道质量测量。基站根据所测得的信息进行上行传输格式的调整并通过控制信令通知 UE。

2.5 自组织网络

运营商传统维护系统面临很大挑战，表现在以下一些方面。

①移动带宽提升，并不能够带来运营商效益的同步提升，总拥有成本能否有效降低将成为决定移动宽带商务模式是否可行的重要因素。

②基站形态的多样化，同等覆盖区域基站数量增多，给传统的运营维护方式带来更大挑战。

③网络复杂度提升，网络和业务部署需要传统人工为主的网络优化方式向网络自主优化方式演进。

自组织网络（Self-Organizing Network，SON）功能引入是一个循序渐进的过程，初期的人工辅助决策必不可少。SON 的部署可以分为以下四个阶段.

①自规划：自动网络参数的生成。

②自部署：自配置，自动软件更新。

③自优化：自动邻区发现（ANR），负荷均衡。

④易维护：UE 跟踪，告警管理，KPI 实时上报。

传统 OSS 向 SON 转换示意图如图 2-33 所示。

图 2-33 传统 OSS 向 SON 转换

2.5.1 SON 应用一——基站自启动

基站自启动流程如下。

① M2000 上存放了基站的可用目标版本包以及配置信息。

② M2000 上启动开站后，PNP 就开始检测 OM 通道，OM 通道连通后，即触发自动配置过程，识别当前版本和目标版本的一致性，版本一致，则跳过升级过程（此功能点称为支持同版本开站功能）。

③完成版本和配置的下载和升级。

④基站复位，使相关版本和配置生效。

基站可以同时采用 U 盘的方式加载版本，基站自身要处理 U 盘加载和 M2000 加载的协调：在远端执行版本加载和近端 U 盘同时插入时要做互斥协调处理。

基站自启动流程如图 2-34 所示。

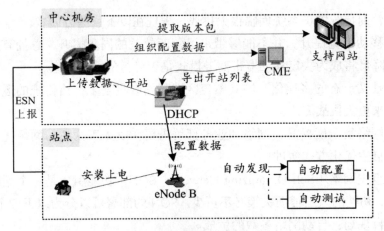

图 2-34　基站自启动流程

2.5.2 SON 应用二——自动邻区关系 ANR 功能

ANR 功能的作用：ANR 为 SON 的重要功能之一，通过邻区关系的自动添加和邻区关系表的自动维护，一方面可减少复杂繁难的邻区配置工作，另一方面可提高切换成功率和网络性能。ANR 功能的应用场景如图 2-35 所示。

图 2-35　ANR 功能的应用场景

ANR 功能的实现机制：通过 UE 对相邻小区 PCI 和 CGI 的测量与上报，基站能够自行判决将相应小区加为邻区、更新邻区关系表，并根据需要与邻区所属基站建立 X2 连接。

ANR功能原理：两个基站通过 UE 的测量上报，检索对方的 PCI 是否在自己的邻区关系表中，如果没有，基站会指示 UE 进一步读取对方小区的 CGI。通过此过程添加邻区关系，建立 X2 连接，详细过程如图 2-36 所示。

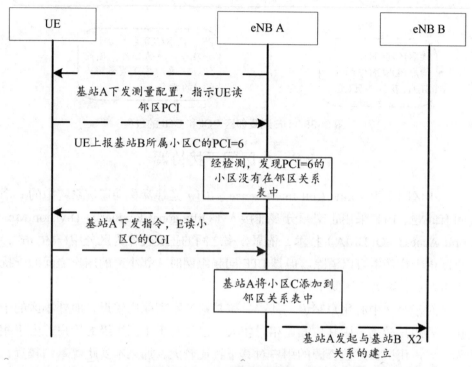

图 2-36　ANR 功能的测量流程图

PCI 标识小区 PSS 和 SSS（主／辅同步）信号的形态，CGI 是小区在全网唯一的标识（MNC+MCC+Cell Id），PCI 和 CGI 的区别如图 2-37 所示。

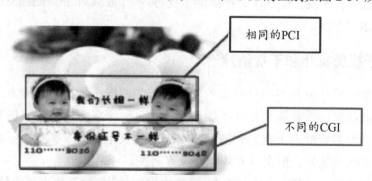

图 2-37　PCI 和 CGI 的区别

UE 测量邻区 PCI 和 CGI 的过程如图 2-38 所示。

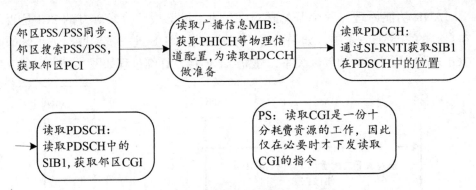

图2-38 UE测量邻区PCI和CGI的过程

2.6 小区间干扰协调

小区间干扰（Inter-Cell Interference，ICI）是蜂窝移动通信系统中的一个固有问题。LTE采用正交频分多址接入（Orthogonal Frequency Division Multiple Access，OFDMA）技术，依靠频率之间的正交性作为区分用户的方式，小区内干扰基本可以消除。但是LTE同频组网时，邻小区的用户之间的干扰不可避免，称为小区间干扰。

对于小区中心用户来说，其本身离基站的距离就比较近，而外小区的干扰信号距离较远，则其信噪比相对较大；但是对于小区边缘的用户，由于相邻小区占用同样载波资源的用户对其干扰比较大，加之本身距离基站较远，其信噪比相对就较小，导致小区边缘的用户服务质量较差。因此，在LTE中，引入小区间干扰控制技术十分必要，常用的干扰控制技术主要有：干扰随机化技术；干扰消除技术；小区间干扰协调（Inter-Cell Interference Coordination，ICIC）技术。

2.6.1 干扰随机化和干扰消除

干扰随机化就是将窄带的有色干扰等效为白噪声干扰，这种方式不能降低干扰的能量。干扰随机化并不能消除干扰，而是将干扰弱化，做到处处无强干扰，但是处处有干扰。如同教室里有一堆灰尘，同学拿扫帚一扫，让灰尘分布在教室各处，但实际上灰尘并没有消失。

干扰消除技术最初是在CDMA系统中提出的，是对干扰小区的信号解调、解码，然后利用接收端的处理增益从接收信号中消除干扰信号分量。干扰消除就类似一堆花生和一堆瓜子混在一起，学生A只吃瓜子，把花生拣出来放到一边；学生B只吃花生，把瓜子拣出来放到一边。

干扰随机化和干扰消除技术在 LTE 现网中均有应用，但实际应用最广的还是小区间干扰协调技术，这种技术的实现较简单，效果较好。

2.6.2 小区间干扰协调的实现方式

干扰协调的基本思想是，为小区间按照一定的规则和方法，协调资源的调度和分配，以减少本小区对相邻小区的干扰，提高相邻小区在这些资源上的信噪比以及小区边缘的数据速率和覆盖。小区中心的用户可以使用全部带宽，对于边缘用户使用的频率资源需要进行协调和回避，如图 2-39 所示。

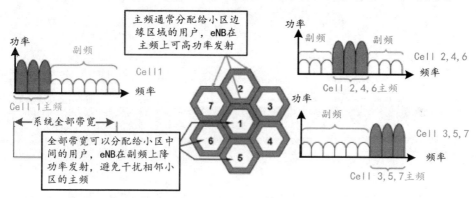

图 2-39　小区间干扰协调

小区间干扰协调技术的优点：降低邻区干扰；提升小区边缘数据吞吐量，改善小区边缘用户体验；

小区间干扰协调技术的缺点：干扰水平的降低，以牺牲系统容量为代价。

小区间干扰协调的实现有三种方式：静态的小区间干扰协调；动态的小区间干扰协调；自适应小区间干扰协调。

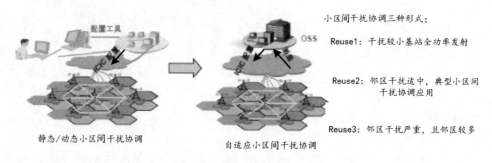

图 2-40　小区间干扰协调的三种实现方式

静态小区间干扰协调：每个模式固定 1/3 边缘用户频带，每个小区的边缘频带模式由用户手工配置确定。

动态小区间干扰协调：每个小区的边缘频带模式由用户手工配置确定，

实际占用的边缘用户频带由小区负载和邻区干扰水平动态决定（可动态收缩和扩张）。

自适应小区间干扰协调：通过测量判断信道环境调整小区间干扰协调形式。小区的边缘频带模式无须用户手工配置，而由系统根据网络的总干扰水平和负载情况动态决定和调整。

自适应小区间干扰协调的优势：解决同频干扰，改善小区边缘用户体验（特别是密集城区）。同频组网导致小区边缘用户因同频干扰感知下降，通过小区间干扰协调可以将邻区边缘用户频点错开，降低同频干扰影响。

第三章 4G_LTE 网络结构和信道

知识简介

- LTE 系统结构
- 各网元功能
- Uu 接口、接口协议及其主要功能
- LTE 无线帧结构
- LTE 无线信道

3.1 LTE 系统结构

TD-LTE 对 TD-SCDMA 的网络架构进行了优化，即采用扁平化的网络结构。取消 RNC 节点，强化了 eNode B 功能，接入侧只有 eNode B 网元，简化了网络设计，降低建网成本，降低后期维护的难度，实现网络全 IP 路由，网络结构接近于宽带 IP 网络，如图 3-1 所示。

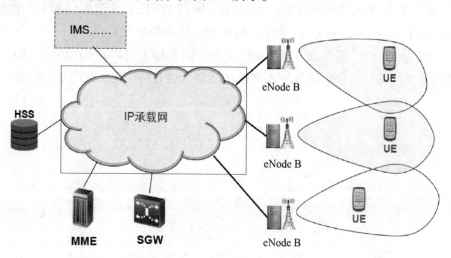

图 3-1 LTE 的系统结构

整个 4G_LTE 系统由 UE、LTE、SAE 三部分组成，如图 3-2 所示。其中，UE 是移动用户设备，可以通过空中接口发起、接收呼叫；LTE 为无线接入网部分，又称为演进的通用陆地无线接入网（Evolved Universal Terrestrial Radio Access Network，EUTRAN），处理所有与无线接入有关的功能；SAE 为核心网部分，主要包括 MME、SGW、PGW、HSS 等网元，连接互联网等外部分组数据网（Packet Data Network，PDN），MME 和 SGW 功能类似 UMTS 或者 EDGE 中 SGSN 的控制面和用户面，PGW 功能类似 GGSN。

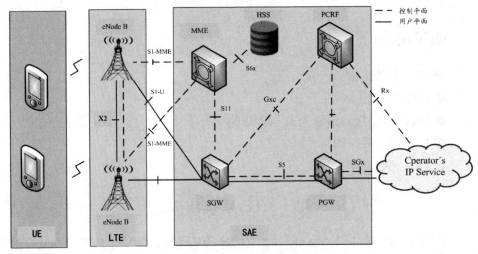

图 3-2　LTE 网络架构

如图 3-2 所示，eNode B 与 SAE/EPC 通过 S1 接口连接；eNode B 之间通过 X2 接口连接；eNode B 与 UE 之间通过 Uu 接口连接。与 UMTS 相比，由于 Node B 和 RNC 融合为网元 eNode B，所以 TD-LTE 少了 Iub 接口。X2 接口类似于 Iur 接口，S1 接口类似于 Iu 接口，但都有较大简化。

因为 TD-LTE 系统在 TD-SCDMA 系统的基础上对网络架构做了较大的调整。相应的，其核心网和接入网的功能划分也有所变化，如图 3-3 所示。

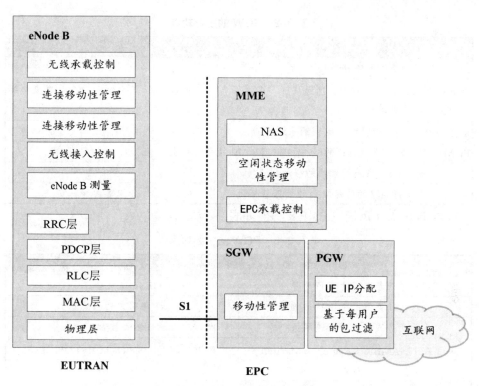

图 3-3 接入网和核心网功能

撤销 RNC 的功能，将其大部分功能让原来的 Node B 完成，从而增加 Node B 功能。LTE 的 eNB 功能包括物理层功能、媒体访问控制层功能（包括 HARQ）、RLC 层功能（包括 ARQ 功能）、分组数据汇聚协议（Packet Data Convergence Protocol，PDCP）功能、无线资源控制（Radio Resource Control，RRC）功能，调度、无线接入许可控制、接入移动性管理以及小区间的无线资源管理功能等。

MME 的主要功能如表 3-1 所示。

表 3-1 MME 的主要功能

功能	
非接入层信令	非接入层信令安全
切换到 2G 或 3G 系统的 SGSN 选择	发生改变切换时的 MME 选择
3GPP 接入网间切换时，CN 节点间的信令交互	漫游
IDLE 模式下 UE 用户可达	鉴权
跟踪区列表管理	承载管理功能
PGW 和 SGW 的选择	信令业务的合法监听

SGW 的主要功能如表 3-2 所示。

表 3-2　SGW 的主要功能

功能	
eNode B 间切换的本地移动锚点	
在 eNode B 间切换过程中，通过发送一条或多条"end marker"报文给源 eNode B 来帮助 eNode B 进行重排序	
基于用户和 QCI 粒度的跨运营商系统计费	
ECM-IDLE 模式下数据包的缓存和 EUTRAN 的寻呼触发	
3GPP 系统间切换的移动锚点	合法监听
上下行链路的传输级别的数据包标记	分组路由和转发

PDN 网关（PGW）的主要功能如表 3-3 所示。

表 3-3　PGW 的主要功能

功能	
基于业务流的上下行计费	UE IP 地址分配
基于业务流的上下行门控	基于每用户的包过滤
基于业务流的上下行速率执行	合法监听
基于 APN-AMBR（Aggregate Maximum Bit Rate）的上下行速率执行	DHCPv4（server/client）和 DHCPv6（server）功能
基于 GBR（Guaranteed Bit Rate）的下行速率执行	上下行链路上传输级别的数据包标记

HSS 的主要功能如表 3-4 所示。

表 3-4　HSS 的主要功能

功能
EPC 用户注册、鉴权以及下载用户数据到 MME
非 3GPP 用户注册、鉴权以及下载用户数据到 AAA
用户的漫游限制功能
用户的闭锁业务功能
用户接入网络类型限制
实现 IPv4/IPv6 的双栈
支持 diameter 的 IP 组网方式

3.2　Uu 接口

空中接口是指终端与接入网之间的接口，简称 Uu 接口，通常也称为无线接口。在 LTE 中，Uu 接口是终端和 eNode B 之间的接口。Uu 接口是一个完全开放的接口，只要遵守接口规范，不同制造商生产的设备就能够互相通信。

Uu 接口是 UE 与 eNode B 之间的接口，也被称为演进的通用陆地无线接入网（Evolved Universal Terrestrial Radio Access，EUTRA），大写字母"U"表示"用户网络接口"（User to Network Interface），小写字母"u"表示通用的（Universal），支持 1.4 ～ 20 MHz 等多种频谱带宽配置。Uu 接口在网络中的位置如图 3-4 所示。

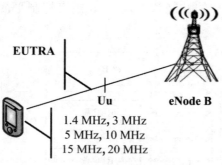

图 3-4　Uu 接口在网络中的位置

3.2.1 Uu 接口协议

UE 和 EUTRAN 进行通信，它们之间交互的数据可分为用户的业务数据和信令信息。

用户的业务数据即用户平面数据，如上网数据流，语音、视频等多媒体数据包；信令信息即控制平面消息，如接入、切换等过程的控制数据包。通过控制面的 RRC 消息，无线网络可以实现对 UE 的有效控制。

Uu 接口协议主要分为三层两面，三层指物理层、数据链路层、网络层，两面指控制平面和用户平面。从用户平面看，主要包括物理层、MAC 层、RLC 层、PDCP 层；从控制平面看，除了以上几层外，还包括 RRC 层、非接入层（Non-access Stratum，NAS）。Uu 接口协议栈结构如图 3-5 所示。

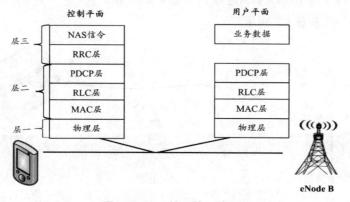

图 3-5　Uu 接口协议栈结构

①层三：Uu 接口服务的使用者，即 RRC 信令及用户平面数。

②层二：对不同的层三数据进行区分标示，并提供不同的服务。

③层一：物理层，为高层的数据提供无线资源及物理层的处理。

控制平面层三的 RRC 协议实体位于 UE 和 ENB 网络实体内，主要负责对接入层的控制和管理。NAS 控制协议位于 UE 和移动管理实体 MME 内，主要负责对非接入层的控制和管理。Uu 接口控制平面协议栈结构如图 3-6 所示。

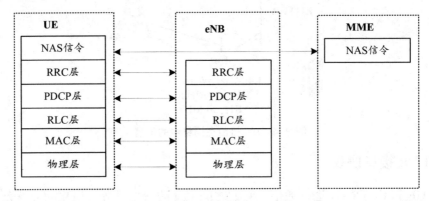

图 3-6 Uu 接口控制平面协议栈结构

（1）NAS

NAS 信令，指的是接入层的上层。NAS 信令是在 UE 和 MME 之间传送的消息。NAS 信令可以分为以下两类。

EPS 移动性管理（EPS Mobility Management，EMM），如 UE 的 attach、Detach、TAU，GUTI 重分配过程，鉴权过程，安全模式命令过程，标识过程等。

EPS 会话管理（EPS Session Management，ESM），建立和维护 UE 与 PDN GW 之间的 IP 连接，包括：网络侧激活、去激活和修改 EPS 承载上下文；UE 请求资源（与 PDN 的 IP 连接，专业承载资源）。

NAS 功能如图 3-7 所示。

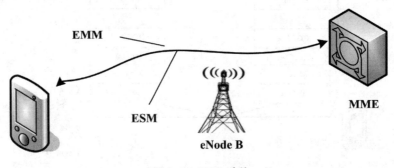

图 3-7 NAS 功能

NAS信令消息一般包含在RRC信令消息里，eNode B不对其做任何处理，直接透彻到MME。

（2）RRC层

RRC层用来处理UE和EUTRAN之间的所有信令。

RRC层实现功能包括广播由NAS提供的信息，广播与接入层相关的信息，建立、维持及释放UE和UTRAN之间的一个RRC连接，建立重配置及释放无线承载，分配、重配置及释放用于RRC连接的无线资源，RRC连接移动功能管理，为高层PDU选路由，请求服务质量控制，UE测量上报和报告控制，外环功率控制、加密控制，慢速动态信道分配、寻呼，空闲模式下初始小区选择和重选，上行链路DCH上无线资源的仲裁，RRC消息完整性保护和CBS控制。RRC层功能如图3-8所示。

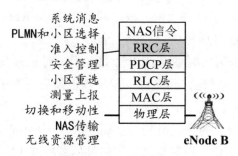

图3-8　RRC层功能

（3）PDCP层

PDCP层在控制平面，负责对RRC和NAS信令消息进行加/解密与完整性校验。而在用户平面上，PDCP的功能略有不同，它只进行加/解密，而不进行完整性校验。此外，为了提高Uu接口的效率，PDCP层可以对用户平面的IP数据报文进行压缩。PDCP层功能如图3-9所示。

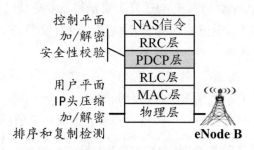

图3-9　PDCP层功能

（4）RLC层

RLC主要提供无线链路控制功能。RLC对高层数据包进行大小适配，并通过确认的方式保证可靠传送，其包含透明模式（TM）、非确认模式（UM）

和确认模式（AM）三种传输模式，主要提供纠错、分段、级联、重组等功能。RLC层功能如图3-10所示。

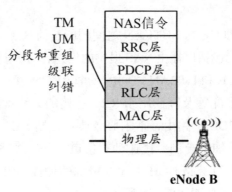

图3-10　RLC层功能

在现阶段，RLC层能够支持三种模式：TM/UM/AM。究竟选择哪种模式取决于无线承载的服务质量。

TM/UM主要是为实时业务而设计的。因为对于某些实时业务来说，主要的目标是要求最小时延，而允许一定的数据损失。为了满足这样的要求，RLC必须支持立即递交。如果在实时业务中采用RLC重传，则由于无线接口和Iub接口存在较长的往返时延，从而在RLC中引起较大的时延，将会严重降低业务的服务质量，同时也增加了额外的缓冲器（buffer）开销。

AM主要是为非实时业务而设计的，其特性与TM/UM不同。非实时业务能够容忍一定程度的时延，但要求更高的传输质量。因此在AM模式中利用ARQ重传机制是至关重要的。于是AM RLC需要一些额外的功能和参数来实现重传，以提供非实时业务所要求的服务质量。RLC重传的代价是增加了时延。一次重传的时延不超过150 ms。

总之，对TM/UM/AM模式的选择主要是根据业务特性决定的。

TM/UM：对时延敏感，对错误不敏感，没有反馈消息，无须重传，所以其常常用于实时业务（如会话业务、流业务）。

AM：对时延不敏感，对错误敏感，有反馈消息，需要重传，所以其常常用于非实时业务（如交互业务、后台业务）。

但是，对于某些业务却有一些特殊要求，如对时延敏感、要求立即递交、出错时不必重传但却需要反馈报告，以便了解状态信息。又如，基于ROHC的实时IP分组业务，它虽然是实时性业务，但同时需要反馈信息来调整压缩算法。目前TM/UM/AM都不能满足这样的业务特性要求。因此，现在也有很多关于是否需再增加一种新的RLC传输模式来支持这样的业务的研究。

（5）MAC 层

MAC 层主要功能包含：映射、复用、HARQ 和无线资源分配调度。MAC 最重要的功能就是协调有限的无线资源。MAC 要根据上层（RLC）的需求以及下层（物理层）的可用资源，动态决定（以 1 ms 为单位）资源的分配。MAC 层功能如图 3-11 所示。

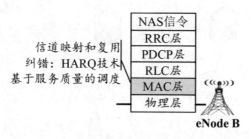

图 3-11　MAC 层功能

（6）物理层

物理层（Physical Layer），物理层按照 MAC 层的调度，执行物理层处理。其最终按照上层的配置，实现数据的最终处理（主要是 MAC 层的动态配置），如编码、MIMO、调制等。物理层功能如图 3-12 所示。

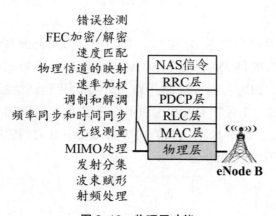

图 3-12　物理层功能

3.2.2 Uu 接口协议主要功能

①确保无线发送的可靠性，重要技术有重传、编码等。

②灵活的适配业务活动性及信道的多变性。MAC 动态决定编码率、调制方式；RLC 分段、级联，适配 MAC 调度。

③实现差异化的服务质量。对不同业务应用不同的 RLC 工作模式；对不同业务应用不同 PDCP 的头压缩功能；在 MAC 实现灵活的基于优先级的调度等。

3.3 S1 接口

S1 接口是 MME/SGW 网关与 eNB 之间的接口，S1 接口与 3G UMTS 系统 Iu 接口的不同之处在于，Iu 接口连接包括 3G 核心网的 PS 域和 CS 域，S1 接口只支持 PS 域。S1 及 X2 接口示意图如图 3-13 所示。

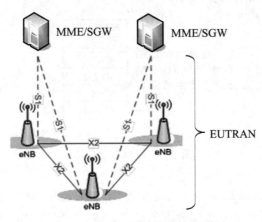

图 3-13 S1 及 X2 接口示意图

3.3.1 S1-U 接口

S1 用户平面接口即 S1-U 接口，是指连接在 eNode B 和 SGW 之间的接口。S1-U 接口提供 eNode B 和 SGW 之间用户平面协议数据单元（Protocol Date Unite，PDU）的非保障传输。S1-U 的传输网络层建立在 IP 层之上，UDP/IP 协议之上采用 GPRS 用户平面隧道协议（GPRS Tunneling Protocol for User Plane，GTP-U）来传输 SGW 和 eNode B 之间的用户平面 PDU。S1 接口用户平面协议栈如图 3-14 所示。

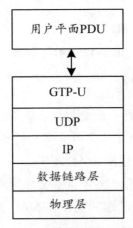

图 3-14 S1 接口用户平面协议栈

3.3.2 S1-MME 接口

S1 控制平面接口即 S1-MME 接口，是指连接在 eNode B 和 MME 之间的接口。S1-U 接口如图 3-15 所示。与用户平面类似，传输网络层建立在 IP 层传输基础上，不同之处在于 IP 层之上采用 SCTP 层来实现信令消息的可靠传输。应用层协议栈可参考 S1-AP（S1 应用协议）。在 IP 传输层， PDU 的传输采用点对点方式。每个 S1-MME 接口实例都关联一个单独的 SCTP，与一对流指示标记作用于 S1-MME 公共处理流程中；只有很少的流指示标记作用于 S1-MME 专用处理流程中。

图 3-15　S1-U 接口协议栈

MME 分配的针对 S1-MME 专用处理流程的 MME 通信上下文指示标记，以及 eNode B 分配的针对 S1-MME 专用处理流程的 eNode B 通信上下文指示标记，都应当对特定 UE 的 S1-MME 信令传输承载进行区分。通信上下文指示标记在各自的 S1-AP 消息中单独传送。

3.3.3 S1 接口主要功能

S1 接口主要具备以下功能。

① EPS 承载服务管理功能，包括 EPS 承载的建立、修改和释放。

② UE 上下文管理功能。

③ EMM-Connected 状态下针对 UE 的移动性管理功能，包括 Intra-LTE 切换、Inter-3GPP-RAT 切换。

④ 寻呼功能。寻呼功能支持向 UE 注册的所有跟踪区域内的小区发送寻呼请求。基于服务 MME 中 UE 的移动性管理内容中所包含的移动信息，寻呼请求将被发送到相关 eNode B。

⑤ NAS 信令传输功能。提供 UE 与核心网之间 NAS 信令的透明传输。

⑥ S1 接口管理功能。如错误指示、S1 接口建立等。

⑦网络共享功能。

⑧漫游与区域限制支持功能。

⑨ NAS 节点选择功能。

⑩初始上下文建立功能。

3.4 X2 接口

X2接口定义为各个eNB之间的接口，包含用户平面接口和控制平面接口。下面将做详细介绍。

3.4.1 X2 用户平面接口

X2 用户平面接口提供 eNode B 之间的用户数据传输。X2 用户平面接口协议栈如图 3-16 所示，与 S1-U 接口协议栈类似，X2 用户平面接口的传输网络层基于 IP 传输，UDP/IP 之上采用 GTP-U 来传输 eNode B 之间的用户平面 PDU。

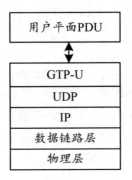

图 3-16　X2 用户平面接口协议栈

3.4.2 X2 控制平面接口

X2 控制平面接口定义为连接 eNB 之间的接口。X2 控制平面接口协议栈如图 3-17 所示，传输网络层是建立在 SCTP 上，SCTP 在 IP 上。应用层的信令协议表示为 X2-AP（X2 应用协议）。

具有多对流指示标记仅应用于 X2 控制平面接口的特定流程。源 eNB 为 X2 控制平面接口的特定流程分配源 eNB 通信的上下文指示标记，目标 eNB 为 X2 控制平面接口的特定流程分配目标 eNB 通信的上下文指示标记。这些上下文指示标记用来区别 UE 特定的 X2 控制平面接口信令传输承载。通信上下文指示标记通过各自的 X2-AP 消息传输。

图 3-17　X2 控制平面接口协议栈

3.5　LTE 无线帧结构及资源单元

3.5.1 LTE 无线帧结构

在 Uu 接口上，LTE 系统定义了无线帧来进行信号的传输，一个无线帧的长度为 10 ms。LTE 无线帧是时域上的重要概念。LTE 无线帧结构分为两类：无线帧结构 1（LTE-FDD）和无线帧结构 2（TD-LTE），如图 3-18 所示。

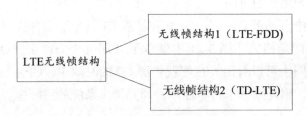

图 3-18　LTE 无线帧结构分类

（1）LTE 无线帧结构 1

LTE 无线帧结构 1 用于 FDD 制式，该无线帧包含 20 个时隙，时长为 10 ms，其中每个时隙的时长为 0.5 ms。相邻的两个时隙组成一个子帧（1 ms），一个子帧为 LTE 调度的周期。LTE 无线帧结构 1 组成如图 3-19 所示。

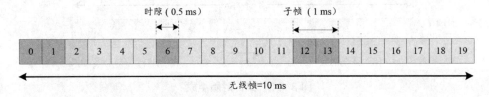

图 3-19　LTE 无线帧结构 1 组成

（2）LTE 无线帧结构 2

LTE 无线帧结构 2 用于 TDD 制式，该无线帧的时长为 10 ms，共 10 个子帧，每个子帧时长为 1 ms，但与无线帧结构 1 不同的是，其 10 个子帧是可配置的。子帧类型有：上行子帧、下行子帧和特殊子帧。LTE 无线帧结构 2 组成如图 3-20 所示。

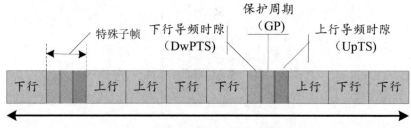

图 3-20 LTE 无线帧结构 2 组成

特殊子帧中包括下行导频时隙（Downlink Pilot Time Slot，DwPTS）、保护周期（Guard Period，GP）和上行导频时隙（Uplink Pilot Time Slot，UpPTS）。特殊子帧各部分的长度可以配置，但总时长固定为 1 ms。

特殊子帧中的 DwPTS 和 UpPTS 可以携带上下行的信息，GP 用于避免下行信号（延迟到达）对上行信号（提前发送）造成的干扰。DwPTS 可以包含调度信息，UpPTS 可以通过配置用以随机接入前导。

LTE 的时隙（0.5 ms）由 6 或 7 个 OFDM 符号组成，中间由 CP 隔开。LTE 时隙组成如图 3-21 所示。

LTE 系统中有两种 CP：普通 CP 和扩展 CP。为了区分这两种 CP，它们有各自不同的时隙格式。图 3-21 中展示了分别由 7 个和 6 个 OFDM 符号组成的时隙。从图中可以看出，在配置扩展 CP 的时隙中，CP 扩大了，而符号的数量减少了，因此降低了符号速率，即降低了系统的吞吐率。

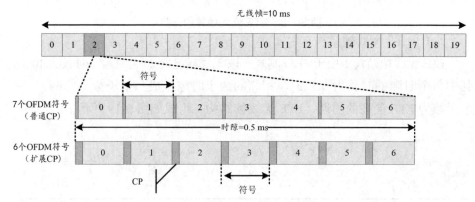

图 3-21 LTE 时隙组成

由于多径衰落的存在，使得同一个帧由于路径不同，到达用户端的时延有先有后。在相关的频域上会造成子载波之间的相互干扰，影响性能。另外，有了 CP，使得 IFFT /FFT 操作把原来的线性卷积变成循环卷积，大大简化了相应的信号处理复杂度。

一般情况下我们配置为普通 CP 即可，但对于广覆盖等小区半径较大的场景可配置为扩展 CP。

无线帧结构 2 支持多种子帧分配方案，如表 3-5 子帧配置所列。其共有 7 种子帧配置方案，其中方案 0、1、2 和 6 中，子帧在上下行切换的时间间隔为 5 ms，因此需要配置两个特殊子帧。其他方案中的切换时间间隔都为 10 ms。表格中字母 D 表示用于下行传输的子帧，U 表示用于上行传输的子帧，S 表示特殊子帧。一个特殊子帧中包含 DwPTS、GP 和 UpPTS 三个字段。

表 3-5　子帧配置

配置	切换时间间隔 /ms	子帧编号									
		0	1	2	3	4	5	6	7	8	9
0	5	D	S	U	U	U	D	S	U	U	U
1	5	D	S	U	U	D	D	S	U	U	D
2	5	D	S	U	D	D	D	S	U	D	D
3	10	D	S	U	U	U	D	D	D	D	D
4	10	D	S	U	U	D	D	D	D	D	D
5	10	D	S	U	D	D	D	D	D	D	D
6	5	D	S	U	U	U	D	S	U	U	D

一般现网中 D 频段选择子帧配比为 2：2，即配置无线帧结构 1，其含义为在一个无线帧中下行子帧与上行子帧的比例为 2：2。F 频段和 E 频段选择子帧配比为 3：1，即配置无线帧结构 2，其含义为一个无线帧中下行子帧与上行子帧的比例为 3：1。

特殊子帧的时隙配置在普通 CP 条件下有 9 种，而在扩展 CP 条件下有 7 种，具体如表 3-6 所示。

表 3-6　特殊子帧时隙配置

配置	普通 CP			扩展 CP		
	DwPTS	GP	UpPTS	DwPTS	GP	UpPTS
0	3	10	1	3	8	1
1	9	4	1	8	3	1
2	10	3	1	9	2	1
3	11	2	1	10	1	1
4	12	1	1	8	7	2
5	3	9	2	8	2	2
6	9	3	2	9	1	2
7	10	2	2	—	—	—
8	11	1	2			

根据覆盖距离的不同，所需要的 GP 大小也是不同的。配比不同，上下行导频时隙的大小也不同，直接影响上下行的吞吐率及用户数容量。因此在实际使用规划中，要综合多方面的因素考虑选用特殊子帧时隙配比。

3.5.2 LTE 频域上的资源单元

在频域上，LTE 信号由成百上千的子载波合并而成，每个子载波的带宽为 15 kHz，每 12 个连续的子载波成为一个资源块（Resource Block，RB）。资源块是 LTE 调度的基本单位，即不能以子载波为粒度进行调度。资源块资源划分如图 3-22 所示。

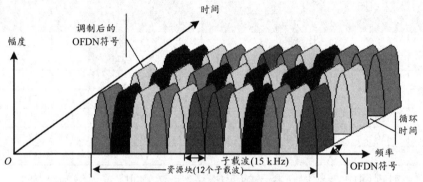

图 3-22 资源块资源划分

不同的载波带宽下，子载波的个数也不同。针对 LTE 工作载波带宽的不同，具体包含的子载波个数如下：

① 20 MB 带宽包含 1200 个子载波；

② 15 MB 带宽包含 900 个子载波；

③ 10 MB 带宽包含 600 个子载波；

④ 5 MB 带宽包含 300 个子载波；

⑤ 3 MB 带宽包含 120 个子载波；

⑥ 1.4 MB 带宽包含 72 个子载波。

我们会发现不同带宽的子载波个数为什么不是直接由载波带宽 / 子载波带宽 15 kHZ 而得到的呢？这主要是因为为了避免与其他系统的干扰，在载波的两端都适当保留了带宽作为隔离。

LTE 的物理资源是从时间、频率两个维度进行定义的，即时域和频域，因此有了物理资源块（Physical Resource Block，PRB）的概念：物理资源块由 12 个连续的子载波组成，并占用一个时隙，即 0.5 ms。物理资源块资源划分如图 3-23 所示。

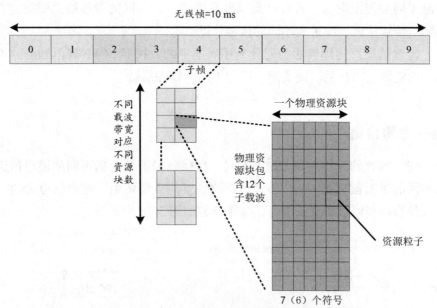

图 3-23　物理资源块资源划分

物理资源块主要用于资源分配。根据扩展 CP 或普通 CP 的不同，每个物理资源块通常包含 6 个或 7 个符号。

此外，由于一些物理控制、指示信道及物理信号只需占用较小的资源，因此，LTE 还定义了资源粒子（Resource Element，RE）的概念：资源粒子表示一个子载波上的一个符号周期长度。

3.6　LTE 无线信道

LTE 定义了三种类型的信道，分别是逻辑信道（区分信息的类型）、传输信道（区分信息的传输方式）以及物理信道（执行信息的收发）。信道在协议栈中的位置如图 3-24 所示。

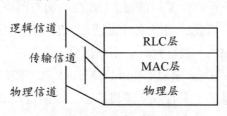

图 3-24　信道在协议栈中位置

逻辑信道：数据在下行经过 RLC 层处理后，会根据数据类型的不同以及用户的不同，进入不同的逻辑信道。

传输信道：逻辑信道的数据在到达 MAC 层后，会被分配以不同的发送机制（周期固定发送，或者动态调度发送等），不同的发送格式即被定义成不同的传输信道，即进入不同的传输信道。

物理信道：物理资源的划分是相对固定的，按照 3GPP 规范划分的不同的物理资源（LTE 的时频资源）即为不同的物理信道。

3.6.1 逻辑信道

按照内容的属性以及 UE 的不同，高层数据被分流到不同的逻辑信道；而不同的逻辑信道是 MAC 层进行资源调度的重要依据。逻辑信道大的方面可以分为控制信道和业务信道，具体分类如图 3-25 所示。

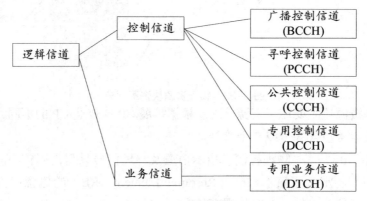

图 3-25　逻辑信道分类

广播控制信道（Broadcast Control Channel，BCCH）：广播系统消息的下行逻辑信道。

寻呼控制信道（Paging Control Channel，PCCH）：传送寻呼消息的下行逻辑信道。

公共控制信道（Common Control Channel，CCCH）：在网络和 UE 之间发送控制信息的上下行双向逻辑信道。UE 在初始与网络通信时，没有 UE ID 作为逻辑信道标示，因此，消息临时通过 CCCH 收发，不过 eNode B 还是可以通过 NAS ID（TMIS）进行暂时的用户区分。

专用控制信道（Dedicated Control Channel，DCCH）：在网络和 UE 之间发送专用控制信息的上下行双向逻辑信道，该信道在 RRC 建立的时候由网络为 UE 配置，是点对点的专用信道。

专用业务信道（Dedicated Traffic Channel，DTCH）：专用于与某一个 UE 传输业务数据的点对点上下行双向逻辑信道。

逻辑信道结构如图 3-26 所示。

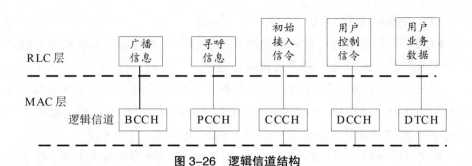

图 3-26 逻辑信道结构

3.6.2 传输信道

MAC 层实现了对资源的分配，不同的传输信道体现了不同的资源分配机制。LTE 的逻辑信道中的数据，经过 MAC 层调度后，向传输信道映射，如图 3-27 所示。

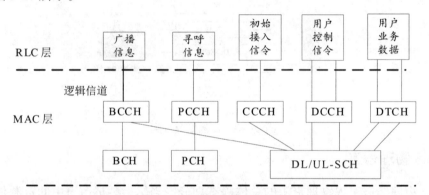

图 3-27 传输信道映射关系

分配发送的格式及机制如下。

①用户的专用信令（来自 DCCH）、专用业务数据（来自 DTCH）、初始接入时的信令（来自 CCCH）及绝大部分的系统广播消息（来自 BCCH）都会被以动态调度的方式分配资源进行发送，即映射到上、下行共享信道（Uplink/Downlink Shared Channel，UL / DL-SCH）上。

②有一小部分系统广播消息(MIB)，会以固定的周期，发送固定节的信息，因此映射到广播信道（Broadcast Channel，BCH）。

③寻呼消息，由于其采用不连续接收（DRX）机制，因此必须在特定的寻呼时刻发送，无法采用动态调度，按照不连续接收规则，在特定的时刻发送，因此映射到传输信道（Paging Channel，PCH）。

④LTE 中也有随机接入，但是随机接入不会发送任何高层的数据，因此在 MAC 层也定义了随机接入的格式及资源分配的机制，即随机接入信道（Random Access Channel，RACH）。

LTE 的传输信道包括如下内容。

BCH：以一个带有稳健调制的固定的、预定义的传输格式在整个小区覆盖范围内广播。BCH 是一种下行传输信道。

PCH：用于传送与寻呼过程相关数据的下行传输信道，用于网络与终端进行初始化时。最简单的一个例子是向终端发起语音呼叫，网络将使用终端所在小区的 PCH 向终端发送寻呼消息。PCH 是一种下行传输信道。

RACH：一种上行传输信道。RACH 用于寻呼回答和 MS 主叫 / 登录的接入等。RACH 总是在整个小区内进行接收。RACH 的特性是带有碰撞冒险，使用开环功率控制。

UL/DL-SCH：以动态调度的方式分配资源进行发送信息。

传输信道的分类具体如图 3-28 所示。

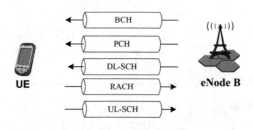

图 3-28　传输信道分类

3.6.3 物理信道

物理信道实现物理资源的总体静态划分，当然，共享信道中的资源仍然是需要 MAC 层动态调度的。传输信道与物理信道的映射关系如图 3-29 所示。

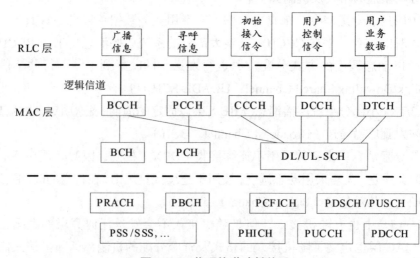

图 3-29　物理信道映射关系

LTE 的物理信道包括如下内容。

（1）下行物理信道：

物理广播信道（Physical Broadcast Channel，PBCH）：承载小区 ID 等系统信息，用于小区搜索过程。

物理下行控制信道（Physical Downlink Control Channel，PDCCH）：承载寻呼和用户数据的资源分配信息，以及与用户数据相关的 HARQ 信息。

物理下行共享信道（Physical Downlink Shared Channel，PDSCH）：承载下行用户数据。

物理控制格式指示信道（Physical Control Format Indicator Channel，PC-FICH）：承载控制信道所在 OFDM 符号的位置信息。

物理 HARQ 指示信道（Physical Hybrid ARQ Indicator Channel，PHICH）：承载 HARQ 的 ACK/NACK 消息。

除了携带信息的信道外，LTE 物理层还静态预留了一些资源，用以发送一些信号，如参考信号（RS）、主/从同步信号（PSS/RSS）等。

（2）上行物理信道

物理随机接入信道（Physical Random Access Channel，PRACH）：承载随机接入前导。

物理上行共享信道（Physical Uplink Shared Channel，PUSCH）：承载上行用户数据。

物理上行控制信道（Physical Uplink Control Channel，PUCCH）：承载 HARQ 的 ACK/NACK、调度请求、信道质量指示（CQI）等信息。

LTE 物理信道分类如图 3-30 所示。

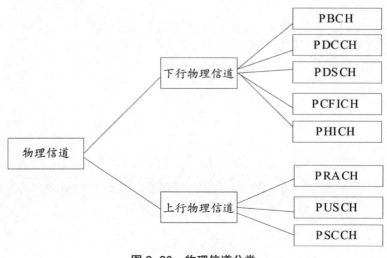

图 3-30　物理信道分类

第四章　4G_LTE 典型设备

知识简介

- ● eCNS600 硬件结构
- ● 单板的功能和配置原则
- ● 各单板间信号流程
- ● CPRI、BBU、RRU
- ● DBS3900 配套及相关电缆
- ● 基站的天馈系统

4.1　eCNS600 简介

eCNS600 产品基于高集成度的 LTE-EPC 方案实现。华为 eCNS600 实现了 MME、HSS 和 GW 三个模块功能。MME 负责控制平面的移动性管理，包括用户上下文和移动状态管理，分配用户临时身份标识等。HSS 负责用户签约数据的存储和管理。GW 负责接入管理和数据转发。

eCNS600 在网络中的位置如图 4-1 所示。

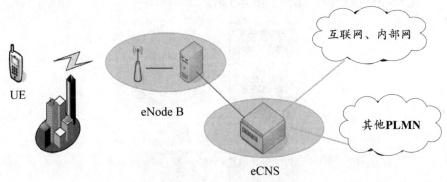

图 4-1　eCNS600 在网络中的位置

4.2　eCNS600 硬件结构

4.2.1 整体机柜介绍

N68E-22 整体机柜结构如图 4-2 所示。

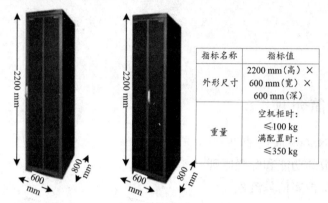

指标名称	指标值
外形尺寸	2200 mm（高）× 600 mm（宽）× 600 mm（深）
重量	空机柜时：≤100 kg 满配置时：≤350 kg

图 4-2　N68E-22 整体机柜结构

N68E-22 整体机柜包括框架、前面板、后面板以及侧面板。

①前后门采用单扇左开方式，便于前后门的安装和内部组件的操作。机柜侧门采用外侧螺钉锁定的方式，便于侧门的安装。

②机柜前方孔条用于安装和固定内部组件；后方孔条提供了接地点，用于各种内部组件的接地和机柜间保护地线的互连。

③当 N68E-22 机柜可安装在防静电地板上或者直接安装在水泥地板上时，必须要使用 N6X 支架。

4.2.2 eCNS600 机柜介绍

eCNS600 机柜内部结构如图 4-3 所示。

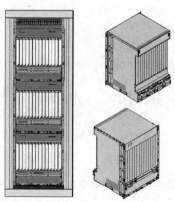

图 4-3　eCNS600 机柜内部结构

根据所配置的单板不同，机框分为两种：基本框（必须配置），扩展框（可选配置）。

每个机框分配一个机框号，基本框的编号为 0。机框编号原则如下：

①机柜内的机框编号按照安装位置从下至上顺序编号。

②机柜间的机框编号按照机柜编号从小到大顺序递增。

机框编号由机框中机框数据板（Shelf Data Module，SDM）上的拨码开关进行设置，机框管理板（Shelf Management Module，SMM）读取 SDM 上的拨码开关获得框号。

4.2.3 eCNS600 硬件逻辑结构

eCNS600 硬件逻辑结构如图 4-4 所示。

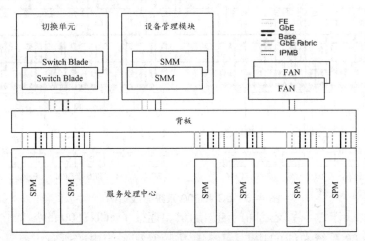

图 4-4 eCNS600 硬件逻辑结构

其中，SPM 为服务处理模块，包括 UPB 和 USI。

eCNS600 的硬件基本组成包括四个子系统：处理器子系统、交换子系统、机电子系统、设备管理子系统。

①处理器子系统：包括处理器单板、可插拔硬盘、接口板，是 OSTA 2.0 系统的业务处理中心。

②交换子系统：包括交换板和接口板，均遵从 PICMG 3.0 和 PICMG 3.1 标准。交换子系统主要实现数据交换功能，采用双星形体系结构技术，提供系统控制和业务平面的交换及互联功能。

③机电子系统：包括电源输入模块（PEM）、风扇（FAN）、背板等。

④设备管理子系统：包括 SMM 及其相关接口板，负责 OSTA 2.0 系统的硬件设备管理和控制。

4.2.4 eCNS600 系统总线

整个系统由三种总线连接在一起，即智能平台管理总线（Intelligent Platform Management Bus，IPMB）、Base 总线、Fabric 总线。eCNS600 系统总线结构如图 4-5 所示。

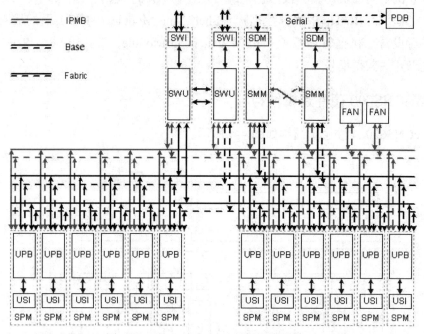

图 4-5 eCNS600 系统总线结构

系统总线作为子系统之间的通信通道，连接了 eCNS600 的各个子系统。

eCNS600 系统总线的功能：IPMB 负责管理系统内的所有设备，它连接系统内所有的模块和单板。Base 总线是系统的管理控制平面。Fabric 总线提供系统业务平面的数据通道。

1. IPMB

IPMB 结构如图 4-6 所示。

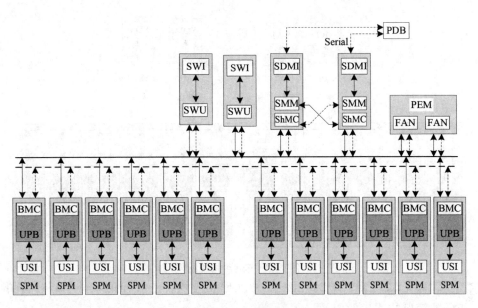

图 4-6 IPMB 结构

IPMB 是 OSTA 2.0 机框的所有单板。通过 IPMB，SMM 实现了以下功能：设备管理、事件管理、资产管理、远程管理、配置存储、节能控制、电源监测、风速调整。此外，SMM 通过 IPMB 发出监控命令并且发送监控消息给各个单板、风扇盒以及配电盒的智能平台管理控制器（Intelligent Platform Management Controller，IPMC）。

通过 IPMB 与系统 SMM 连接，系统完成各现场可更换单元（Field Replace Unit，FRU）的监控管理功能：单板温度测量、电压检测、复位控制；风扇在位检测、风扇转速检测；电源框电压检测、电流检测。

当检测到异常时，FRU 内部的 IPMC 向 SMM 上报告警消息。

IPMB 采用双星形和双总线拓扑结构。每块 SMM 拥有 40 个 IPMB 接口，这些接口用于与机框内多种单板的主板管理控制单元（BMC）相连。

机框内每块单板拥有两个可连接到系统的 IPMB，以确保它们可与 SMM 进行通信。

主备 SMM 之间通过两条 IPMB 连接，用于板间的数据同步。

2. Base 总线

Base 总线结构如图 4-7 所示。

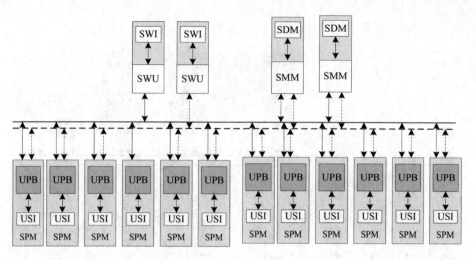

图 4-7　Base 总线结构

Base 总线是 OSTA 2.0 机框的管理控制总线，主要作为软件加载、告警和维护信息的通道使用。

SWU 是整个 Base 平面的交换核心，它提供了系统控制平面信息的交换，并提供 Base 平面的级联接口。所有单板均通过 Base 平面与 SWU 相连，通过 SWU 的交换完成各单板之间的控制平面消息的交互。

Base 总线采用双星形拓扑结构。

每块 SWU 对外提供 24 个 10/100/1000M Base-T 总线接口，分布如下。

① 12 个端口分别连接到 12 个通用处理器板槽位。

② 2 个端口与主备 SMM 相连。

③ 1 个端口与另外 1 块 SWU 的 Base 平面交换网互连。

④ 8 个端口连接到后插板，由 SWI 提供 8 个对外网口，作为级联扩展接口。1 个备用接口。

SMM 和每块处理器单板都提供两个 Base 平面总线接口，分别连接到 Base 平面双总线上，通过 SWU 交换，实现系统信息的交互。

3. Fabric 总线

Fabric 总线结构如图 4-8 所示。

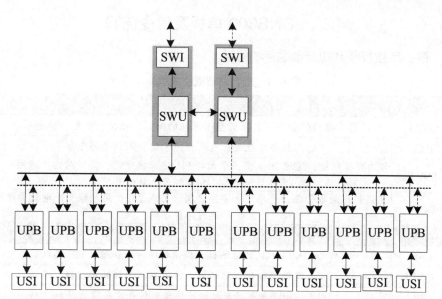

图 4-8 Fabric 总线结构

Fabric 总线提供系统业务平面的数据通道，主要用于承载系统内和业务相关的信息。

SWU 是整个 Fabric 总线的交换核心，提供系统业务数据平面的交换，通过 SWU 的交换完成各单板之间业务消息的交互。

Fabric 总线采用双星形拓扑结构。

每块 SWU 对外提供 24 个 10/100/1000M Base-BX Fabric 总线接口，分布如下。

① 12 个端口分别连接 12 个通用处理器板槽位。

② 1 个端口与另外 1 块 SWU 的 Fabric 交换网互连。

③ 8 个端口连接到后插板，由 SWI 提供 8 个对外网口，作为级联扩展接口。

④ 3 个备用端口。

每块处理器单板提供两个 Fabric 平面总线接口，分别连接到 Fabric 平面双总线上，通过 SWU 交换，实现系统信息的交互。

4.3　eCNS600 单板及信令流程

前、后插板及其功能如表 4-1 所示。

表 4-1　前、后插板及其功能

前插板	功能
OMU	作为操作维护单元，负责整个系统的配置、维护、告警、性能等
ISU	通用业务处理板，负责控制平面和用户平面业务
SWU	作为交换网板，通过 Base 交换平面与 Fabric 交换平面，完成对内（指同一机框内）和对外（指机框外）的信息交换
SMU	完成机框设备管理、传感器／事件管理、用户管理、风扇框／配电盒管理、远程维护等
后插板	功能
USI	作为 OMU 单板的后插板，提供精确时间和维护 GE 接口
QXI	为宽带接口处理后插板，作为 ISU 单板的后插板
SWI	作为 SWU 单板的后插板，完成时钟分发和接收功能
SDM	通过其 8 位拨码开关定义机框号，还记录了机框信息、系统性能参数等

4.3.1 eCNS600 单板介绍

1. SMM

SMM 构造原理如图 4-9 所示。

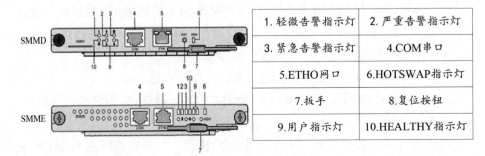

1. 轻微告警指示灯	2. 严重告警指示灯
3. 紧急告警指示灯	4.COM串口
5.ETHO网口	6.HOTSWAP指示灯
7. 扳手	8. 复位按钮
9. 用户指示灯	10.HEALTHY指示灯

图 4-9　SMM 构造原理

（1）SMM 的功能

①对机框中的所有硬件设备进行统一的管理。

②实现设备管理、热插拔管理、告警管理、日志管理、资产管理、功率管理等。

③支持 KVM Over IP 功能。

SMM 位于机框正面底部，共两个槽位，1+1 冗余，主备工作方式。主备 SMM 之间通过专用的 IPMB 和网口连接来同步数据。

（2）SMM 的接口

SMM 提供 40 路双星形 IPMB 接口，这些接口与背板相连，通过背板与各类单板的 BMC 模块连接。

SMM 提供四个 10/100M Base-T 的 FE 网口。其中两个网口通过背板与交换板相连；一个同步网口，用于两个 SMM 之间的状态、数据同步；一个维护网口接到 SMM。

前面板外出一个 RS232 串口。

目前 SMM 新增 SMME，可平滑替代 SMMD，两者外观不同。

2. SDM

SDM 构造原理如图 4-10 所示。

1.扳手	2.HEALTHY指示灯	3.ETHO网口
4.COM2串口	5.COM1串口	6.拨码开关

图 4-10　SDM 构造原理

（1）SDM 的功能

记录机框资产信息（机框名称、条码、厂家、出厂日期等）、槽位地址信息等。SMM 通过从 SDM 中获取这些数据来管理系统中的所有硬件设备。

SDM 位于机框背面底部，共两个槽位，和 SMM 对插。主备工作方式。

（2）SDM 的接口

前面板外出一个网口、一个 RS232 串口（COM1），用于操作维护；一个 RS485 串口（COM2），连接机柜配电盒，用于配电盒的维护和管理。

3. OMU 单板

OMU 单板构造原理如图 4-11 所示。

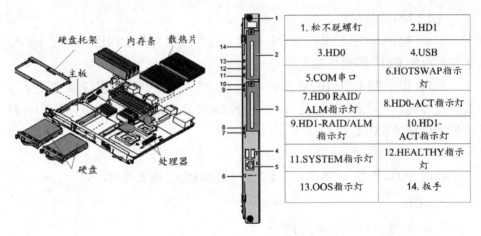

1. 松不脱螺钉	2.HD1
3.HD0	4.USB
5.COM串口	6.HOTSWAP指示灯
7.HD0 RAID/ALM指示灯	8.HD0-ACT指示灯
9.HD1-RAID/ALM指示灯	10.HD1-ACT指示灯
11.SYSTEM指示灯	12.HEALTHY指示灯
13.OOS指示灯	14. 扳手

图 4-11　OMU 单板构造原理

OMU 单板作为操作维护单元,负责整个系统的配置、维护、告警、性能等。OMU 单板提供了强大的处理能力,是设备所有业务运行的硬件载体。

硬件配置如下。

满配置 CPU:2 个英特尔低功耗四核处理器,四核处理器支持 12 MBL2 缓存,支持 1333 MHz 前端总线(Front Side Bus,FSB),提供 21 GB/s 的传输速率。

内存:6 个 VLP DDR2 RDIMM 内存,内存总容量为 24 GB,每个内存容量为 4 GB Dual Ranks,支持 ECC,支持最高工作频率为 667 MHz 且向下兼容低于 533 MHz 的 VLP DDR2 RDIMM。

硬盘:2 个可热插拔的 2.5 英寸(1 英寸 =0.0254 m)SAS 硬盘,容量 73 GB 或 146 GB,在现场前已经完成配置。OMU 单板硬盘采用 RAID1 技术,两块硬盘做镜像。

扣板:无。

4. USI 单板

USI 单板构造原理如图 4-12 所示。

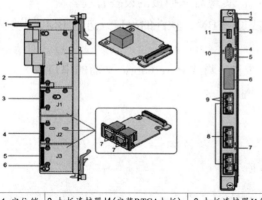

1. 松不脱螺钉	2. 单板名称标签
3. 扳手	4.COS指示灯
5.HEALTHY指示灯	6.RTCA扣板
7.HOTSWAP指示灯	8.GE网口
9.GE网口指示灯	10.KVM接口
11.USB接口	

1. 定位销	2. 扣板连接器J4(安装RTCA扣板)	3. 扣板连接器J1(安装GE扣板)	4. 扣板连接器J2(安装GE扣板)
5. 扣板连接器J3(安装GE扣板)		6. 扣板定位孔	7. 网口指示灯

图 4-12　USI 单板构造原理

5. SWU 单板

SWU 单板构造原理如图 4-13 所示。

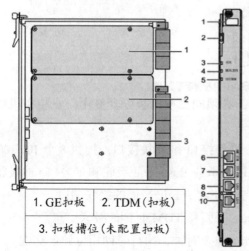

1. 单板名称标签	2. 扳手
3. COS指示灯	4. HEALTHY指示灯
5.SYSTEM指示灯	6. BMCCOM指示灯
7. SYSCOM指示灯	8. LAN0网口
9. HOTSWAP指示灯	10. LAN1接口

1. GE扣板	2. TDM(扣板)
3. 扣板槽位(未配置扣板)	

图 4-13　SWU 单板构造原理

　　SWU 单板为交换单元，提供网络交换、设备管理、配置恢复等功能，支持热插拔。其配置为：交换承载板 +1 个 GE 扣板 +1 个 TDM 扣板。SWU 单板安装在机框的第 6、7 号槽位，通过机框背板实现与各单板、SMM 之间的网络数据交换，并通过交换网板接口板提供业务级联接口。

　　SWU 单板提供 Base 平面交换功能和 Fabric 平面 GE 交换功能，这两个交换平面相互独立。

　　SWU 单板提供独立的 BMC 模块和冗余备份的 IPMB，BMC 向 SMM 提供交换板的硬件状态及告警等信息，实现对交换板的设备管理。

BMC COM 串口：本地升级或加载 BMC 软件的串口，进入 BMC 模块命令行的串口。

SYS COM 串口：本地管理 / 维护 / 调试 Base/Fabric 平面的串口。

LAN0 网口：加载 / 内部调试网口。

LAN1 网口：维护网口。

6. SWI 单板

SWI 单板构造原理如图 4-14 所示。

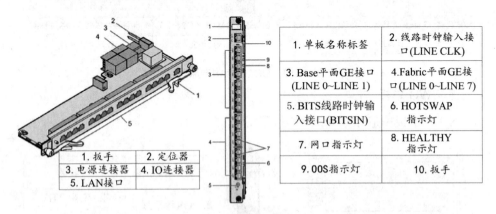

图 4-14　SWI 单板构造原理

1. 单板名称标签	2. 线路时钟输入接口(LINE CLK)
3. Base-平面GE接口(LINE 0~LINE 1)	4. Fabric-平面GE接口(LINE 0~LINE 7)
5. BITS线路时钟输入接口(BITSIN)	6. HOTSWAP指示灯
7. 网口指示灯	8. HEALTHY指示灯
9. OOS指示灯	10. 扳手

1. 扳手	2. 定位器
3. 电源连接器	4. IO连接器
5. LAN接口	

SWI 单板是交换网板的接口板，必须同交换网板配套使用，安装在机框后插 6 号和 7 号槽位。

SWI 单板为交换网板提供对外业务接口和级联接口，提供 8 个 10 / 100/ 1000M BASE-T Base 平面的级联端口，承载 Base 平面级联和 TDM 时钟级联信息，以及提供 8 个 10/100/1000M BASE-T Fabric 平面的级联端口。

Base 平面级联端口用于发送 Base 平面和 TDM 时钟的级联信息。

SMI 单板也提供 stratum-2 或 stratum-3 时钟，执行时钟相位锁定功能。

7. ISU 单板

ISU 单板构造原理如图 4-15 所示。

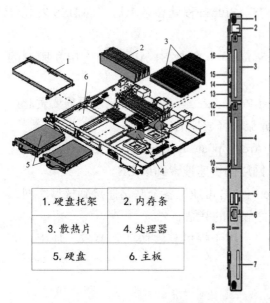

1. 松不脱螺钉	2. 单板版名标签
3.HD1	4.HD0
5.USB	6.COM 串口
7. 条形码	8.HOTSWAP 指示灯
9.HD0 RAID/ ALM 指示灯	10.HD0-ACT 指示灯
11.HD1-RAID/ ALM 指示灯	12.HD1-ACT 指示灯
13.SYSTEM 指示灯	14.HEALTHY 指示灯
15.OOS 指示灯	16. 扳手

1. 硬盘托架	2. 内存条
3. 散热片	4. 处理器
5. 硬盘	6. 主板

图 4–15   ISU 单板构造原理

ISU 单板执行与控制平面相关的处理功能。

硬件配置如下。

CPU：2 个低功耗四核处理器，四核处理器支持 12 MB L2 缓存，支持 1333 MHz 前端总线，提供 21 Gbps 的传输速率。

内存：6 个 VLP DDR2 RDIMM 内存，内存总容量为 24 GB，每个内存容量为 4 GB Dual Ranks，支持 ECC，支持最高工作频率为 667 MHz 且向下兼容低于 533 MHz 的 VLP DDR2 RDIMM。

硬盘：1 个可热插拔的 2.5 英寸固态硬盘，容量 64 GB，在出厂前已经完成配置。

扣板：无。

4.3.2 eCNS600 信令流程

1.移动性管理信令

移动性管理功能是 eCNS600 的基本功能，用于跟踪和处理用户的入网 / 退网以及用户的位置移动的管理，eCNS600 涉及的 EMM（E-UTRAN 移动性管理）主要信令流程如下。

附着流程（Attach Procedure）：功能主要是在 PS 模式下，UE 附着到 EPS 网络，以便进行 EPS 业务。附着流程只能由 UE 发起。

分离流程（Detach Procedure）：允许 UE 通知网络侧其不再进入 EPS，

或是网络侧通知 UE 其不再进入 EPS。SPP 进程处理请求后，向 HSS 发起位置更新流程。

S1 释放流程（S1 Release Procedure）：释放 S1-AP 信令连接和所有的 S1-U 承载，用于 UE 空闲时节省资源。

服务请求流程（Service Request Procedure）：UE 在空闲态下需要发起业务，通过服务请求流程恢复 S1 释放流程释放掉的连接。

跟踪区域更新流程（Tracking Area Update Procedure）：UE 通过该流程报告其当前所在的跟踪区域，便于网络侧快速搜索到该 UE。

切换流程（Handover Procedure）：UE 可通过各个基站连接到核型心网，切换流程用于 UE 切换到能提供更好服务的基站。

安全流程（Security Procedure）：用于提供算法协商、鉴权、加密、完整性保护功能。

2. 会话管理

会话管理的对象为 EPS 承载（EPS bearer）。EPS 通过 E-UTRAN 网络和 EPC 网络，为 UE 提供了一条 UE 与 PDN 之间的 IP 连接，称为 PDN 连接。每个 PDN 连接都由 EPS 承载和 IP 连接组成。EPS 承载定义为一个或多个业务数据流（Service Data Flow，SDF）的逻辑集合，这是为了满足一个承载级别粒度的服务质量管理和控制的需要。

当 UE 连接到 PDN 时，会建立一个 EPS 承载，这个承载在 PDN 连接的过程中不会被释放，以提供该 PDN 的永久性连接，这个承载被称为缺省承载。所有额外到该 PDN 的 EPS 承载被称为专用承载。

3. eCNS600 的主要会话流程

UE 发起的资源修改（UE Requested Bearer Resource Modification）：触发网络侧创建，或修改承载。

UE 请求 PDN 连接（UE Requested PDN Connection）：其目的是请求建立到一个 PDN 的缺省承载。UE 请求 PDN 连接有两种情况：一种是在附着中，UE 在初始附着消息中包含 PDN 连接请求消息发起的 PDN 连接建立流程，建立第一条 PDN 连接；另一种是在附着后，UE 单独发起该流程，请求建立一个新的 PDN 连接。

UE 或 MME 请求断开 PDN 连接（UE or MME Requested PDN Disconnection）：用于删除某一个 PDN 连接，释放此 PDN 连接上包括缺省承载的全部承载。

激活承载（Bearer Activation）：用于在已有的 PDN 连接下，建立一条或多条专有承载。

另外，还有修改承载（Bearer Modification）和去激活承载（Bearer Deactivation）。

4.4　eNode B 无线接入设备

4G_LTE 网络中的无线设备统称 eNode B，即演进型 Node B 的简称，LTE 中基站的名称，相比现有 3G 中的 Node B，集成了部分 RNC 的功能，减少了通信时协议的层次。DBS3900 是 LTE 系统的无线接入设备，管理空中接口，主要负责接入控制、移动性控制、用户资源分配等无线资源管理，为LTE 用户提供无线接入。多个 DBS3900 可组成 EUTRAN 系统。eNode B 在网络中的位置如图 4-6 所示。

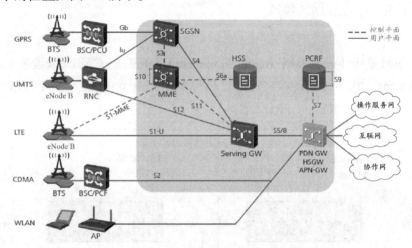

图 4–16　eNode B 在网络中的位置

LTE 产品 DBS3900 采用模块化架构，基带处理模块（BBU）与射频拉远模块（RRU）之间采用通用公共无线电接口（Common Public Radio Interface，CPRI），通过光纤连接，如图 4-17 所示。

LTE 组网采用分布式架构，传统的组网方式——BBU 配合载频板的模式在 LTE 基站不再采用。

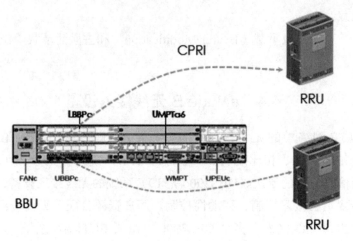

图 4-17　DBS3900 模块化架构

下面具体介绍 DBS3900。

1. CPRI

CPRI 是无线设备控制（Radio Equipment Control，REC）和无线设备（Radio Equipment，RE）之间的接口标准。该标准主要由爱立信、华为、NEC 等几个公司共同参与制定。CPRI 如图 4-18 所示。

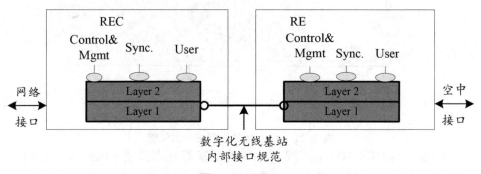

图 4-18　CPRI

2.BBU

BBU 是一个 19 英寸宽、2U 高的小型化盒式设备。其外观如图 4-19 所示。

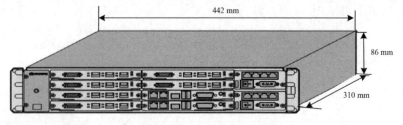

图 4-19　BBU 外观

BBU 的相应参数如表 4-2 所示。

表 4-2　BBU 的相应参数

指标	规格	重量	输入电压	功耗
BBU3900	442 mm × 86 mm × 310 mm	空机柜（包含 FAN 和 UPEU）≤ 8 kg，满配置 ≤ 11 kg	+24 V DC 或 −48 V DC	满配置 ≤ 250 W

BBU 上有打印电子序列号（Electronic Serial Number，ESN）的标签。如果 BBU 的风扇模块上挂有标签，则 ESN 打印在标签和 BBU 挂耳上，如图 4-20 所示。

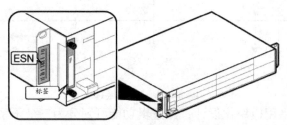

图 4-20　ESN 位置（一）

如果 BBU 的风扇模块上没有标签，则 ESN 打印在 BBU 挂耳上，如图 4-21 所示。

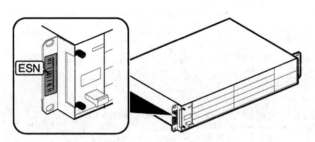

图 4-21　ESN 位置（二）

BBU 主要完成基站基带信号的处理。其由基带子系统、整机子系统、传输子系统、互联子系统、主控子系统、监控子系统和时钟子系统组成，各个子系统又由不同的单元模块组成。

基带子系统：基带处理单元（BBP）。整机子系统：背板、风扇、电源模块（UPEU）。传输子系统：主控传输单元（MPT）、传输扩展单元（TRP）。互联子系统：主控传输单元、基础互联单元（CIU）。主控子系统：主控传输单元。监控子系统：UPEU、监控单元（EIU）。时钟子系统：主控传输单元、时钟星卡单元（SCU）。

BBU 原理如图 4-22 所示。

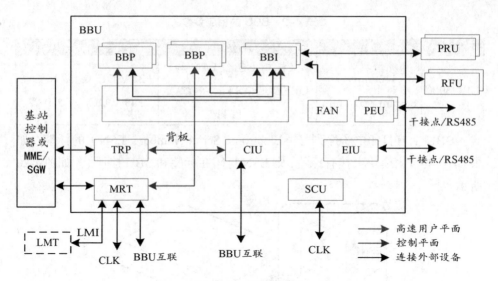

图 4-22　BBU 原理

BBU3900 采用模块化设计，按逻辑功能可划分为三个子系统：控制子系统、传输子系统和基带子系统。另外，时钟模块、UPEU、风扇模块和 CPRI 处理模块为整个 BBU3900 系统提供运行支持。BBU 逻辑结构如图 4-23 所示。

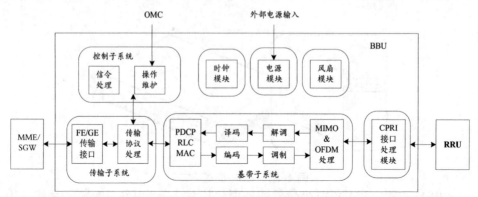

图 4-23　BBU 逻辑结构

其中，控制子系统集中管理整个 DBS3900，完成操作维护管理和信令处理。操作维护管理包括配置管理、故障管理、性能管理、安全管理等。

信令处理完成演进的 UMTS 陆地无线接入网（Evolved UMTS Terrestrial Radio Access Network，E-UTRAN）信令处理，包括空口信令、S1 接口信令和 X2 接口信令。

传输子系统提供 DBS3900 与 MME/S-GW 之间的物理接口，完成信息交互，并提供 BBU3900 与操作维护系统连接的维护通道。

基带子系统由上行处理模块和下行处理模块组成，完成空口用户平面协议栈处理，包括上下行调度和上下行数据处理。

上行处理模块按照上行调度结果的指示完成各上行信道的接收解调译码和组包，以及对上行信道的各种测量，并将上行接收的数据包通过传输子系统发往 MME/S-GW。

下行处理模块按照下行调度结果的指示完成各下行信道的数据组包、编码调制、多天线处理、组帧和发射处理，它接收来自传输子系统的业务数据，并将处理后的信号发送至 CPRI 处理模块。

时钟模块支持 GPS 时钟、IEEE 1588V2、同步以太网时钟和 Clock over IP 时钟。

UPEU 将 +24 V DC/ −48 V DC 转换为单板需要的电源，并提供外部监控信号接口和 8 路干接点信号接口。

风扇模块控制风扇的转速及风扇模块温度的检测，为 BBU3900 散热。

CPRI 处理模块接收 RRU 发送的上行基带数据，并向 RRU 发送下行基带数据，实现 BBU 与 RRU 的通信。

BBU 上共有 11 个槽位，槽位编号如表 4-23 所示。

表 4-3　槽位编号

Slot16	Slot0	Slot4	Slot18
	Slot1	Slot5	
	Slot2	Slot6	Slot_19
	Slot3	Slot7	

在任意场景下，风扇模块、UPEU 和监控模块（UEIU）都固定配置 BBU 上相应的槽位，具体情况参见表 4-4。

表 4-4　BBU 固定配置单板槽位

单板种类	单板名称	是否必配	最大配置数	配置槽位顺序（优先级自左向右降低）	
风扇板	FAN	是	1	Slot6	—
电源板	UPEU	是	2	Slot9	Slot18
环境监控板	UEIU	是	1	Slot8	—

表 4-5 是 LTE 基站的 BBU 单板可占槽位的具体分布情况。

表 4-5　BBU 单板可占槽位配置

FAN	USCUb/LBBP/UBBPd_L	USCUb/LBBP/UBBPd_L	UPEU/UEIU
	USCUb/LBBP/UBBPd_L	USCUb/LBBP/UBBPd_L	
	LBBP/UBBPd_L	UMPT/LMPT	UPEU
	LBBP/UBBPd_L	UMPT/LMPT	

BBU 单板配置原则如表 4-6 所示。

表 4-6　BBU 单板配置原则

优先级	单板种类	单板名称	是否必配	最大配置数	配置槽位顺序（优先级自左向右降低）					
1	LTE（FDD）主控板	UMPTb	是	2	Slot 7	Slot 6	—	—	—	—
		UMPTa2/UMPTa6								
		LMPT								
2	星卡板	USCUb22	否	1	Slot 5	Slot 1	—	—	—	
		USCUb14	否	1	Slot 5	Slot 4	Slot 1	Slot 0	—	
		USCUb11								
3	LTE（FDD）基带板	LBBPd	是	6	Slot3	Slot0	Slot1	Slot2	Slot4	Slot5
		LBBPc								
		LBBPd								

典型单板配置情况如图 4-24 所示。

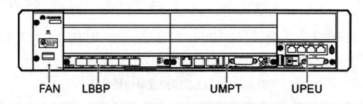

FAN　　LBBP　　　　　UMPT　　　　UPEU

图 4-24　BBU 典型单板配置示意图

从上文可知BBU 单板主要包括主控传（UMPT）单板、基带处理（LBBP）单板、传输扩展（UTRP）单板、风扇模块、UPEU、UEIU 和星卡时钟（USCU）单板等。下面我们将对主要单板从功能、面板、指示灯等方面来进行逐一介绍。

（1）UMPT 单板

UMPT 单板拥有以下功能。

①完成基站的配置管理、设备管理、性能监视、信令处理等功能。

②为 BBU 内其他单板提供信令处理和资源管理功能。

③提供 USB 接口、传输接口、维护接口，完成信号传输、软件自动升级、在 LMT 或 U2000 上维护 BBU 的功能。

UMPT 单板的工作原理如图 4-25 所示。

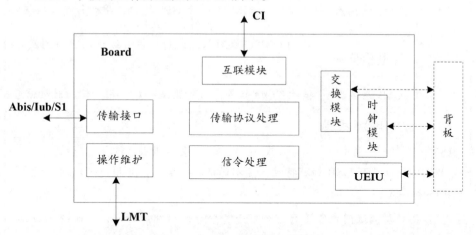

图 4-25 UMPT 单板的工作原理

UMPT 单板面板如图 4-26 所示。

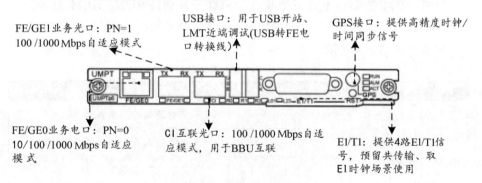

图 4-26 UMPT 单板面板

UMPT 单板接口各功能及说明参见表 4-7。

表 4-7 UMPT 单板接口功能及说明

面板标识	连接器类型	说明
E1/T1	DB26 母型连接器	E1/T1 信号传输接口
FE/CE0	RJ45 连接器	FE 电信号传输接口
FE/CE1	SFP 母型连接器	FE 光信号传输接口

面板标识	连接器类型	说明
GPS	SAM 连接器	UMPTa1、UMPTa2、UMPTb1 上 GPS 接口预留 UMPTa6、UMPTb2 上 GPS 接口，用于传输天线接收的射频信息给星卡
USB★	USB 连接器	可以插 U 盘对基站进行软件升级，同时与调试网口复用
CLK	USB 连接器	接收 TOD 信号，时钟测试接口，用于输出时钟信号
CI	SFP 母型连接器	用于 BBU 互联
RST	—	复位开关

a：USB 加载口具有 USB 加密特性，可以保证其安全性，且用户可以通过命令关闭 USB 加载口

b：USB 接口与调试网口复用时，必须开发 OM 端口才能访问，且通过 OM 端口访问基站有登录的权限控制

　　另外，UMPT 单板上有三个状态指示灯，分别是 RUN、ALM 和 ACT，日常维护时我们可以根据指示灯的颜色来判断单板的运行状态。UMPT 单板状态指示灯如表 4-8 所示。

表 4-8　UMPT 单板状态指示灯

面板标识	颜色	状态	说明
RUN	绿色	常亮	有电源输入，单板存在故障
		常灭	无电源输入或单板处于故障状态
		闪烁（1 s 亮，1 s 灭）	单板正常运行
		闪烁（0.125 s 亮，0.125 s 灭）	单板正在加载软件或数据配置，或单板未开工
ALM	红色	常亮	有告警，需要更换单板
		常灭	无故障
		闪烁（1 s 亮，1 s 灭）	有告警，不能确定是否需要更换单板

面板标识	颜色	状态	说明
ACI	绿色	常亮	主用状态
		常灭	非主用状态或单板没有激活，或单板没有提供服务
		闪烁（0.125 s 亮，0.125 s 灭）	操作维护链路（OML）断链
		闪烁（1 s 亮，1 s 灭）	测试状态，如 U 盘★进行射频模块驻波测试。说明：只有 UMPTa1 和工作在 UMTS 制式下的 UMPb1、UMPTb2 才存在这种点灯状态
		闪烁（以 4 s 为周期，前 2 s 内，0.125 s 亮，0.125 s 灭，重复 8 次后灭 2 s）	未激活该单板所在框置的所有小区或 S1 链路异常。说明：只有 UMPTa2、UMPTa6 和工作在 LTE 制式下的 UMPb1、UMPTb2 才存在这种点灯状态。

a：USB 加载口具有 USB 加密特性，可以保证其安全性，且用户可以通过命令关闭 USB 加载口

除了以上三个指示灯外，还有一些指示灯用于指示 FE/GE 电口、FE/GE 光口、互联接口、E1/ T1 接口等的链路状态。FE/GE 电口、FE/GE 光口的链路指示灯在单板上没有标印，它们位于每个接口的两侧，如图 4-27 所示。

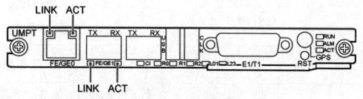

图 4-27　UMPT 单板接口指示灯图

UMPT 接口指示灯的具体含义参见表 4-9。

表 4-9　UMPT 接口指示灯含义

对应的接口 / 面板标识	颜色	状态	含义
PE/GE 光口	绿色（左边 LINK）	常亮	连接状态正常
		常灭	连接状态不正常
	橙色（右边 ACI）	闪烁	有数据传输
		常灭	无数据传输
FE/GE 电口	绿色（左边 LINK）	常亮	连接状态正常
		常灭	连接状态不正常
	橙色（右边 ACI）	闪烁	有数据传输
		常灭	无数据传输

对应的接口/面板标识	颜色	状态	含义
C1	红绿双色	绿灯亮	互联链路正常
		红灯亮	光模块收发异常,可能原因是光模块故障、光纤折断
		红灯闪烁,0.125 s亮,0.125 s灭	连线错误,分以下两种情况:CUIU+UMPT 连接方式下,用UCIU的S0口连接UMPT的;C1口,相应端口上的指示灯闪烁;环形连接,相应端口上的指示灯闪烁
		常灭	光模板不在位
L01	红绿双色	常灭	0号、1号 E1/T1 链路未连接或存在信号丢失(Loss of Signal,LOS)告警
		绿灯常亮	0号、1号 E1/T1 链路连接工作正常
		绿灯闪烁,1 s亮,1 s灭	0号 E1/T1 链路连接正常,1号 E1/T1 链路未连接或存在 LOS 告警
		绿灯闪烁,0.125 s亮,0.125 s灭	1号 E1/T1 链路连接正常,0号 E1/T1 链路未连接或存在 LOS 告警
		红灯常亮	0号、1号 E1/T1 链路均存在告警
		红灯闪烁,1 s亮,1 s灭	0号 E1、T1 链路存在告警
		红灯闪烁,0.125 s亮,0.125 s灭	1号 E1/T2 链路存在告警
L23	红绿双色	常灭	2号、3号 E1/T1 链路未连接或存在 LOS 告警
		绿灯常亮	2号、3号 E1/T1 链路连接工作正常
		绿灯闪烁,1 s亮,1 s灭	2号 E1/T1 链路连接正常,3号 E1/T1 链路未连接或存在 LOS 告警
		绿灯闪烁,0.125 s亮,0.125 s灭	3号 E1/T1 链路连接正常,2号 E1/T1 链路未连接或存在 LOS 告警
		红灯常亮	2号、3号 E1/T1 链路均存在告警
		红灯闪烁,1 s亮,1 s灭	2号 E1/T1 链路存在告警
		红灯闪烁,0.125 s亮,0.125 s灭	3号 E1/T2 链路存在告警

另外,UMPT 上还有三个制式指示灯 R0、R1 和 R2,分别来指示 UMPT 单板是否工作在 GSM、UMTS 或 LTE 三种制式下,具体情况参见表 4-10。

表 4–10　UMPT 制式指示灯含义

面板标识	颜色	状态	含义
R0	红绿双色	常灭	单板没有工作在 GSM 制式
		绿灯常亮	单板工作在 GSM 制式
		红灯常亮	预留
R1	红绿双色	常灭	单板没有工作在 UMTS 制式
		绿灯常亮	单板工作在 UMTS 制式
		红灯常亮	预留
R2	红绿双色	常灭	单板没有工作在 UMTS 制式
		绿灯常亮	单板工作在 UMTS 制式
		红灯常亮	预留

　　拨码开关，UMPTa 单板上有 2 个拨码开关，分别为 SW1 和 SW2，拨码开关在单板上的位置如图 4-28 所示。

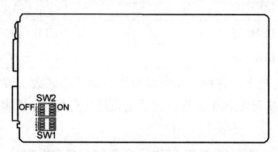

图 4–28　UMPTa 系列拨码开关位置

　　拨码开关的功能：SW1 用于 E1/T1 模式选择，SW2 用于 E1/T1 接收接地选择。

　　每个拨码开关上都有四个拨码位，拨码开关说明如表 4-11 和表 4-12 所示。

表 4–11　SW1 拨码开关说明

拨码开关	拨码状态				说明
	1	2	3	4	
SW1	ON	ON	预留	预留	E1 阻抗选择 75 Ω
	OFF	ON			E1 阻抗选择 120 Ω
	ON	OFF			T1 阻抗选择 100 Ω

表 4-12 SW2 拨码开关说明

拨码开关	拨码状态				说明
	1	2	3	4	
SW2	OFF	OFF	OFF	OFF	平衡模式
	ON	ON	ON	ON	非平衡模式

（2）LBBP 单板

LBBP 单板是 LTE 的基带处理单元。根据 LBBP 单板支持不同的制式可以将其分为如表 4-13 所示的几种类型。

表 4-13 LBBP 单板类型

单板名称	支持的无线制式
LBBPc	LTE（FDD） LTE（TDD）
LBBPd1	LTE（FDD）
LBBPd2	LTE（FDD） LTE（TDD）
LBBPd3	LTE（FDD）
LBBPd4	LTE（TDD）

在不同的场景下，各种类型的单板所支持的小区数、带宽以及天线配置都不尽相同，在实际工程中需根据运营商设计进行配置。具体的情况如表 4-14 所示。

表 4-14 LTE（TDD）场景下 LBBP 单板规格

单板名称	支持的小区数	支持的小区宽带	支持的天线配置
LBBPc	3	5 MB/10 MB/20 MB	1×20 MB 4T4R 3×10 MB 2T2R 3×20 MB 2T2R 3×10 MB 4T4R
LBBPd2	3	5 MB/10 MB/15 MB/ 20 MB	3×20 MB 2T2R 3×20 MB 4T4R
LBBPd4	3	10 MB/20 MB	3×20 MB 8T8R

另外，LBBP 单板有最大吞吐量的限制，具体限制情况如表 4-15 所示。

表 4-15 LBBP 最大吞吐量规格

单板名称	最大吞吐量 / Mbps
LBBPc	下行 300，上行 100
LBBPd1	下行 450，上行 225
LBBPd2	下行 600，上行 225
LBBPd3	下行 600，上行 300
LBBPd4	下行 600，上行 225

LBBPc 类型单板面板和其他四种（LBBPd1、LBBPd2、LBBPd3、LBB-Pd4）有所不同，每种类型的单板在面板的左下方会有粘贴属性标签，具体情况参见图 4-29。

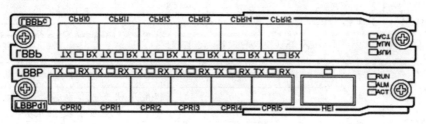

图 4-29 LBBP 单板面板

LBBP 单板的主要功能包括：提供与射频模块的 CPRI；完成上下行数据的基带处理功能。

从图 4-10 中可以看到 LBBP 单板的工作原理。

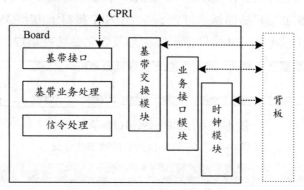

图 4-30 LBBP 单板的工作原理

LBBP 单板有 6 个接口，分别是 CPRI0、CPRI1、CPRI2、CPRI3、CPRI4、CPRI5。采用 SFP 母型连接器，其作为 BBU 与射频模块互连的数据传输接口，支持光、电传输信号的输入、输出。其中 LBBPc 类型单板支持 CPRI 光口速率 1.25 Gbit/s、2.5 Gbit/s、4.9 Gbit/s，LBBPd 类型单板支持 CPRI 光口速率 1.25 Gbit/s、2.5 Gbit/s、4.9 Gbit/s、6.144 Gbit/s、9.8 Gbit/s。两种类型的单板

均支持星型、链型、环型的组网方式。

LBBP 单板提供三个状态指示灯，指示灯状态及含义如表 4-16 所示。

表 4-16　LBBP 单板指示灯

面板标识	颜色	状态	含义
RUN	绿色	常亮	有电源输入，单板存在故障
		常灭	无电源输入或单板存在故障
		闪烁（1 s 亮，1 s 灭）	单板正常运行
		闪烁（0.125 s 亮，0.125 s 灭）	单板正在加载软件或数据配置，或单板未开工
ALM	红色	常亮	有警告，需要更换单板
		常灭	无故障
		闪烁（1 s 亮，1 s 灭）	有警告，不能确定是否需要更换单板
ACT	绿色	常亮	主用状态
		常灭	非主用状态或单板没有激活，或单板没有提供服务
		闪烁（1 s 亮，1 s 灭）	单板供电不足。说明：只有 LBBPd 单板存在这种点灯状态

除了以上三个状态指示灯之外，LBBP 单板还提供 6 个 SFP 接口链路指示灯和 1 个 QSFP 接口链路指示灯，分别位于 SFP 接口上方和 QSFP 接口上方，如图 4-31 所示。其中 SFP 接口指示灯状态及含义参见表 4-17。

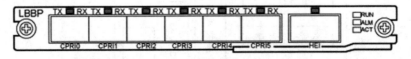

图 4-31　LBBP 单板接口指示灯位置

表 4-17　SFP 接口指示灯状态及含义

面板标识	颜色	状态	含义
CPRIx	红绿双色	绿灯常亮	CPRI 链路正常
		红灯常亮	光模块收发异常，可能原因：光模块故障、光纤折断
		红灯闪烁（0.125 s 亮，0.125 s 灭）	CPRI 链路上的射频模块存在硬件故障
		红灯闪烁（1 s 亮，1 s 灭）	CPRI 失锁，可能原因：双模时钟互锁失败、CPRI 速率不匹配
		常灭	光模块不在位或 CPRI 电缆未连接

（3）风扇模块

BBU3900 的风扇模块有 FAN 和 FANc 两种类型，模块外观如图 4-32 所示。

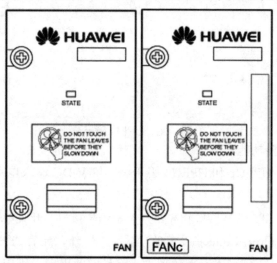

图 4-32 FAN 和 FANc 模块外观

FAN 模块的主要功能是为 BBU 内其他单板提供散热，控制风扇转速和监控风扇温度，并向主控板上报风扇状态、风扇温度值和风扇在位信号。

FANc 模块支持电子标签读写功能。

风扇模块只有 1 个指示灯，用于指示风扇的工作状态。风扇模块指示灯状态及含义如表 4-18 所示。

表 4-18 风扇模块指示灯状态及含义

面板标识	颜色	状态	含义
STATE	红绿双色	绿灯闪烁（0.125 s 亮，0.125 s 灭）	模块尚未注册，无告警
		绿灯闪烁（1 s 亮，1 s 灭）	模块正常运行
		红灯闪烁（1 s 亮，1 s 灭）	模块有告警
		常灭	无电源输入

（4）UPEU

UPEU 有三种单板规格，分别是 UPEUa、UPEUc、UPEUd，三者均支持 1+1 备份，其中 UPEUa 的输出功率为 300 W，UPEUc 输出功率为 360 W，两块 UPEU 非备份模式下总输出功率为 650 W。UPEUd 输出功率为 650 W。不支持三种类型的 UPEU 在同一 BBU 内混插。UPEU 的面板如图 4-33 所示。

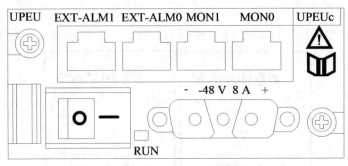

图 4-33　UPEU 面板

UPEU 的主要功能如下：

① UPEUa、UPEUc 和 UPEUd 用于将 -48 V DC 输入电源转换为 +12 V 直流电源。

提供 2 路 RS485 信号接口和 8 路开关量信号接口，开关量输入只支持干接点和开关控制（Open Collector，OC）输入。另外，还有一种类型 UPEUb，主要用于将 +24 V DC 输入电源转换为 +12 V 直流电源，国内用得比较少。

UPEU 一般配置在 Slot18、Slot19 槽位置，面板接口情况参见表 4-19。

表 4-19　UPEU 面板接口

配置槽位	面板标识	连接器类型	说明
Slot19	+24 V 或 -48 V	3V3/7W2 连接器	+24 V 或 -48 V 直流电源输入
	EXT-ALM0	RJ45 连接器	0-3 号开关量信号输入端口
	EXT-ALM1	RJ45 连接器	4-7 号开关量信号输入端口
	MON0	RJ45 连接器	0 号 RS485 信号输入端口
	MON1	RJ45 连接器	1 号 RS485 信号输入端口
Slot18	+24 V 或 -48 V	3V3/7W2 连接器	+24 V 或 -48 V 直流电源输入
	EXT-ALM0	RJ45 连接器	0-3 号开关量信号输入端口
	EXT-ALM1	RJ45 连接器	4-7 号开关量信号输入端口
	MON0	RJ45 连接器	0 号 RS485 信号输入端口
	MON1	RJ45 连接器	1 号 RS485 信号输入端口

UPEU 面板上只有一个指示灯，就是 RUN 指示灯，颜色呈现绿色，常亮则表示正常工作，常灭则表示无电源输入或单板故障。

（5）UTRP 单板

UTRP 单板是传输扩展单元，为选配单板，用于在传输不足以使用情况下进行扩充。类型规格比较多，具体情况如表 4-20 所示。

表 4-20 UTRP 单板规格

单板类型	扣板/单板类型	支持的无线制式	传输制式	端口数量	端口管理	全双工/半双工
UTRP2	UEOC	UMTS	FE/GE 光传输	2	10 Mbps/100 Mbps/1000 Mbps	全双工
UTRP3	UAEC	UMTS	ATM over E1/T1	2	8 路	全双工
UTRP4	UIEC	UMTS	IP over E1/T1	2	8 路	全双工
UTRPb4	无扣板	GSM	TDM over E1/T1	2	8 路	全双工
UTRP6	UUAS	UMTS	STM-1/OC-3	1	1 路	全双工
UTRP9	UQEC	UMTS	FE/GM 电传输	4	10 Mbps/100 Mbps/1000 Mbps	全双工
UTRPa	无扣板	UMTS	ATM over E1/T1 或 IP over E1/T1	2	8 路	全双工
UTRPc	无扣板	GSM、UMTS、多模共传输	FE/GE 电传输	4	10 Mbps/100 Mbps/1000 Mbps	全双工
			FE/GE 光传输	2	100 Mbps/1000 Mbps	全双工

常见的 UTRP 面板外观如图 4-34 和图 4-35 所示。

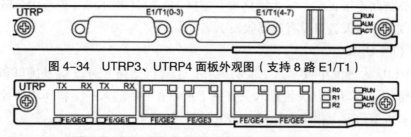

图 4-34 UTRP3、UTRP4 面板外观图（支持 8 路 E1/T1）

图 4-35 UTRPc 面板外观图（支持 4 路电口和 2 路光口）

UTRP 单板的主要功能如下：

①提供 E1/T1 传输接口，支持 ATM、TDM、IP 协议。

②提供电传输、光传输接口。

③支持冷备份功能。

UTRP 单板提供三个状态指示灯，分别是 RUN、ALM、ACT。具体状态判断如表 4-21 所示。

表 4-21　UTRP 单板状态指示灯

面板标识	颜色	状态	含义
RUN	绿色	常亮	有电源输入，单板存在故障
		常灭	无电源输入或单板存在故障
		闪烁（1 s 亮，1 s 灭）	单板正常运行
		闪烁（0.125 s 亮，0.125 s 灭）	单板正在加载软件或数据配置或单板未开工
ALM	红色	常亮	有警告，需要更换单板
		常灭	无故障
		闪烁（1 s 亮，1 s 灭）	有告警，不确定是否需要更换单板
ACT	绿色	常亮	主用状态
		常灭	非主用状态或单板没有激活，或单板没有提供服务

当 UTRP 单板应用在 GSM 制式下，ACT 指示灯状态与其他单板不同。常亮的两种可能：①接收配置前，GSM 制式下的 E1 端口全不通或 1 个以上的 E1 端口通；②接收配置后闪烁（0.125 s 亮，0.125 s 灭）表示，接收配置前，GSM 制式下有且仅有一个 E1 端口通。

除了以上三个指示灯外，UTRP2、UTRP9 和 UTRPc 上还有一些指示灯用于指示 FE/GE 电口、FE/GE 光口等接口的链路状态。譬如 LINK 指示灯（绿色常亮链路连接正常，常灭链路没有连接）、ACT 指示灯（橙色闪烁链路有数据收发，常灭链路没有数据收发）。

（6）UEIU

UEIU 为选配单板。其主要功能有：①提供 2 路 RS485 信号接口和 8 路开关量信号接口，开关量输入只支持干接点和 OC 输入；②将环境监控设备信息和告警信息上报给主控板。UEIU 面板如图 4-36 所示。

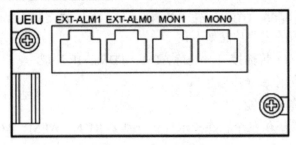

图 4-36　UEIU 面板

UEIU 面板各接口功能如表 4-22 所示。

表 4-22 UEIU 面板各接口功能

面板标识	连接器类型	接口数量	说明
EXT-ALM0	RJ45 连接器	1	0～3 号开关量信号输入端口
EXT-ALM1	RJ46 连接器	1	4～7 号开关量信号输入端口
MON0	RJ47 连接器	1	0 号 RS485 信号输入端口
MON1	RJ48 连接器	1	1 号 RS485 信号输入端口

（7）USCU 单板

USCU 为选配单板。其有三种规格，具体规格和相应功能如下：

①USCUb11 提供与外界 RGPS 和 BITS 设备的接口，不支持 GPS。

②USCUb14 单板含 UBLOX 单星卡，不支持 RGPS。

③USCUb22 单板支持 NavioRS 星卡，单板内不含星卡，星卡需现场采购和安装，不支持 RGPS。

USCU 面板如图 4-37 和图 4-38 所示。

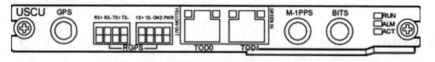

图 4-37 USCUb11/USCUb14 单板面板

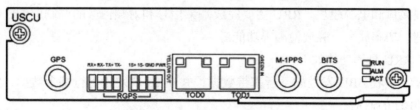

图 4-38 USCUb22 单板面板

USCU 面板各接口说明如表 4-23 所示。

表 4-23 USCU 面板接口

面板标识	连接器类型	说明
GPS	SMA 连接器	USCUb14、USCUb22 上 GPS 接口，用于接收 GPS 信号；USCUb11 上 GPS 接口预留，无法接收 RGPS 信号
RGPS	PCB 焊接型接线端子	USCUb11 上 RGPS 接口，用于接收 RGPS 信号；USCUb14、USUCb22 上 RGPS 接口预留，无法接收 RGPS 信号
TOD0	RJ45 连接器	接收或发送 IPPS+TOD 信号

面板标识	连接器类型	说明
TOD1	RJ46 连接器	接收或发送 IPPS+TOD 信号，接收 M1000 的 TOD 信号
BTTS	SMA 连接器	接 BITS 时钟，支持 2.048 M 和 10 M 时钟参考源自适应输入
M-1PPS	SMA 连接器	接收 M1000 的 1PPS 信号

面板指示灯状态及含义参见表 4-24。

表 4-24　USCU 面板指示灯状态及含义

面板标识	颜色	状态	含义
RUN	绿色	常亮	有电源输入，单板存在故障
		常灭	无电源输入或单板存在故障
		闪烁（1 s 亮，1 s 灭）	单板正常运行
		闪烁（0.125 s 亮，0.125 s 灭）	单板正在加载软件或数据配置，或单板未开工
ALM	红色	常亮	有警告，需要更换单板
		常灭	无故障
		闪烁（1 s 亮，1 s 灭）	有告警，不确定是否需要更换单板
ACT	绿色	常亮	主用状态
		常灭	非主用状态或单板没有激活，或单板没有提供服务

3. RRU

RRU 主要包括：高速接口模块、信号处理单元、功放单元、双工器单元、扩展接口和电源模块。RRU 主要完成基带信号和射频信号的调制解调、数据处理、功率放大、驻波检测等功能。

RRU 具体功能如下：

①接收 BBU 发送的下行基带数据，并向 BBU 发送上行基带数据，实现与 BBU 的通信。

②通过天馈接收射频信号，将接收信号下变频至中频信号，并进行放大处理、模数转换（A/D 转换）。发射通道完成下行信号滤波、数模转换（D/A 转换）、射频信号上变频至发射频段。

③提供射频通道接收信号和发射信号复用功能，可使接收信号与发射信号共用一个天线通道，并对接收信号和发射信号提供滤波功能。

④提供内置 BT 功能。通过内置 BT 功能，RRU 可直接将射频信号和 OOK 电调信号耦合后从射频接口 A 输出，还可为塔放提供馈电。

RRU 功能结构图如图 4-39 所示。

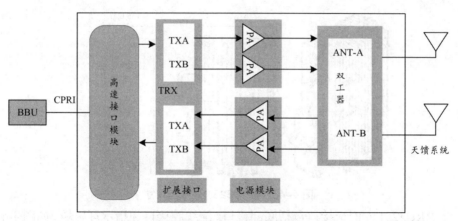

图 4-39 RRU 功能结构图

RRU 根据支持的制式和技术指标不同分很多型号，常见的 RRU 类型有 RRU3232、RRU3251、RRU3252、RRU3253、RRU3256、RRU3259 等。

RRU 有单通道、双通道和八通道三种类型，这里以支持 LTE（TDD）制式的 RRU 为例做简单介绍。表 4-25 列举了 D 频段的 RRU。

表 4-25 TD-LTE RRU 举例

型号	RRU3253	RRU3251
支持频段 /MHz	2575～2615	
载波数量 /MHz	2×20	
通道数	8 通道	2 通道
Ir 光口速率 /（Gbit/s）	9.8	9.8
额定输出功率 /（W/Path）	16	40
RGPS	支持	—
级联级数	—	6
体积 /L	21	18
重量 /kg	21	18

下面我们分别介绍 RRU3251 和 RRU3253 两种典型的 RRU 外形接口。首先介绍 RRU3251，这种类型的 RRU 只有两种通道，其外形和尺寸如图 4-40 所示。

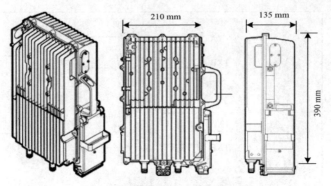

图 4-40　RRU3251 外形和尺寸

RRU3251 的面板接口包括底部接口、配线腔接口和指示灯区域,如图 4-41 所示。

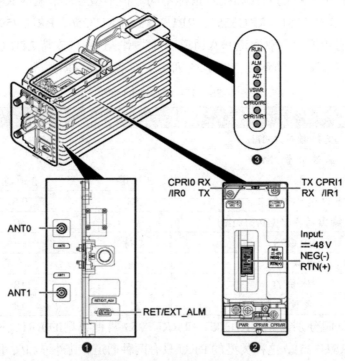

图 4-41　RRU3251 各面板接口

RRU3253 除了通道数目与 RRU3251 不一样外,尺寸大小及面板指示灯的分布也略有差异。图 4-42 是 RRU3253 的外形和尺寸大小。

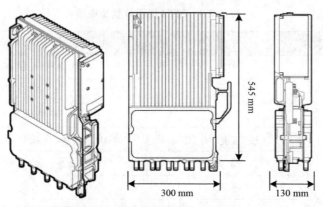

图 4-42　RRU3253 外形和尺寸

　　同样 RRU3253 的面板接口包括底部接口、配线腔接口和指示灯区域，如图 4-43 所示。

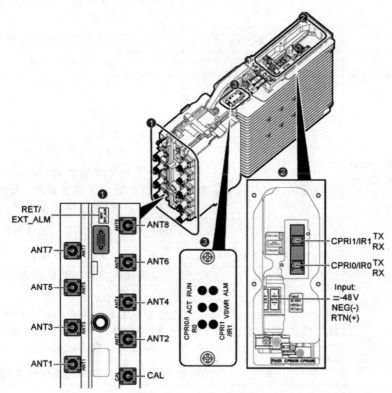

图 4-43　RRU3253 各面板接口

　　我们注意到 RRU 上有 6 个指示灯，这 6 个指示灯就是用来指示 RRU 的运行状态的。我们从表 4-26 中可以找到各个指示灯所代表的 RRU 运行状态。

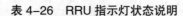

表 4-26　RRU 指示灯状态说明

标识	颜色	状态	含义
RUN	绿色	常亮	有电源输入单板故障
		常灭	无电源输入，或者单板工作故障状态
		慢闪（1 s 亮，1 s 灭）	单板正常运行
		快闪（0.125 s 亮，0.125 s 灭）	单板正在加载或者单板未运行
ALM	红色	常亮	告警状态，需要更换模块
		常灭	无告警
		慢闪（1 s 亮，1 s 灭）	告警状态，不能确定是否需要更换模块，可能是相关单板或者接口等故障引起的告警
ACT	绿色	常亮	工作正常（发射通道打开或软件在未开工状态下进行加载时）
		慢闪（1 s 亮，1 s 灭）	单板运行（发射通道关闭）
VSWR	红色	常灭	无 VSWR 告警
		常亮	有 VSWR 告警
CPRI0/IR0	红绿双色	红灯常亮	CPRI 链路正常
		红灯常亮	光模块收发异常（可能原因：光模块故障、光纤折断等）
		红灯慢闪（1 s 亮，1 s 灭）	CPRI 失锁（可能原因：双模时钟互锁问题、CPRI 速率不匹配等。处理建议：检查系统配置）
		常灭	SFP 模块不在位或光模块电源下电
CPRI1/IR1	红绿双色	红灯常亮	CPRI 链路正常
		红灯常亮	光模块收发异常（可能原因：光模块故障、光纤折断等）
		红灯慢闪（1 s 亮，1 s 灭）	CPRI 失锁（可能原因：双模时钟互锁问题、CPRI 速率不匹配等。处理建议：检查系统配置）
		常灭	SFP 模块不在位或光模块电源下电

4.5　DBS3900 配套及相关线缆

4.5.1 DBS3900 配套

1. DBS3900 配套机柜

因为 BBU 是一个盒式的设备，体积也比较小，直接放在地上不符合规范并且也不安全。因此在实际的组网中都配置相关的配套产品来安装固定，实际工程中常用的配套机柜如图 4-44 所示。

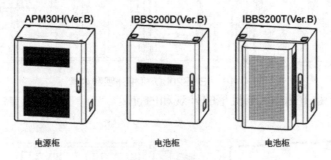

图 4-44　DBS3900 配套机柜

APM 系列机柜是华为无线产品室外应用的电源柜，其为分布式基站和分体式基站提供室外应用的交流配电和直流配电，同时提供一定的用户设备安装空间。

如图 4-45 所示 APM30H 共有 7U 安装空间，内置结构简单，功能强大，可安置室外基站需要的各设备单元。

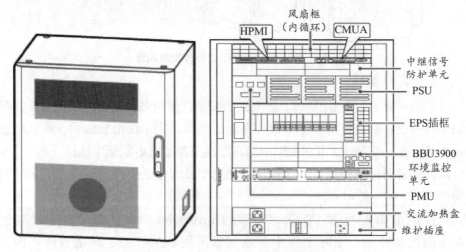

图 4-45　APM30H 机柜外观和内置

IBBS200D/T 是华为无线产品室外应用的电池柜，提供蓄电池安装空间，为分布式基站和分体式基站提供长时备电的功能。图 4-46 为 IBBS200D 机柜外观和内置。

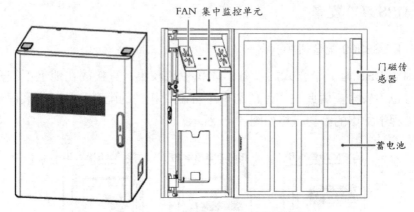

图 4-46　IBBS200D 机柜外观和内置

图 4-47 是 IBBS200T 机柜的外观和内置。

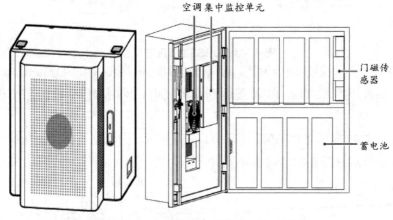

图 4-47　IBBS200T 机柜外观和内置

2. DCDU 模块

机柜中除了布放 BBU 外，经常还会安装传输设备等其他电信设备，这时如果每套设备都从电源柜中引入一条电源线路，则不仅增加成本，而且增加施工的难度。考虑到这点在现网中通常情况下都是从电源柜中输出一条 -48 V 电路，然后通过某种设备转接输出，相当于日常生活中使用插座，只是输出的是 -48 V 的直流电而已。

直流电源配电盒（Direct Current Distribution Unit，DCDU）正是应运而生的配套产品。实际工程中根据需求不同 DCDU 的型号也有所不同，主要区别是输出的电流大小不一样，数目不一样。下面介绍 DCDU03B 和 DCDU11B。

DCDU03B 模块为机柜内各部件提供直流电源输入，高度为 1U，DC-DU03B 提供功能如下。

①提供 1 路 -48 V DC 输入、9 路 -48 V DC 电源输出，6 路 20 A 的空开给直流 RRU 供电。

②3 路 12 A 给 BBU3900 和风扇供电；另内置直流防雷板，提供防雷保护功能。

DCDU 面板如图 4-48 所示。

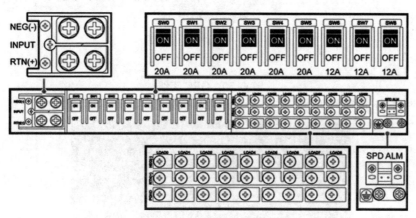

图 4-48　DCDU03B 面板

DCDU11B 模块为机柜内各部件提供直流电源输入，高度为 1U。DCDU11B 支持单路电流为 160 A 的 -48 V 直流电源输入，10 路 25 A 的 -48 V 直流电源输出，为风扇盒、DBBP530、RRU 等设备供电。

DCDU11B 配置在机柜中，LOAD0 ～ LOAD5 用于给 RRU 供电；LOAD6 ～ LOAD9 用于给 DBBP530、风扇以及选配部件供电。最多可配三个 DCDU11B，其中一个用于给直流 RRU 供电，其余 2 个用于给 DBBP530 和风扇盒供电。DCDU11B 面板如图 4-49 所示。

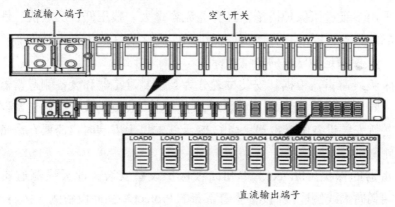

图 4-49　DCDU11B 面板

3. GPS 天线

GPS 天线用于接收来自 GPS 的卫星信号，用于基站时钟和时间同步。图 4-50 是 GPS 天线的形状。一般情况下 GPS 安装于楼顶或者铁塔抱杆上。后文将会具体介绍安装方法和注意事项。

图 4-50　GPS 天线

图 4-51 是实际工程中 GPS 天线的安装情况。

图 4-51　GPS 天线楼顶安装实例

安装 GPS 天线时，都需要安装配套的 GPS 天线避雷器。它用于避免 GPS 通信基站因系统天馈线引入感应雷击过电流和过电压而遭到损坏。GPS 避雷器采用多级过压保护措施，具有通流容量大、残压低、反应快、性能稳定且可靠等特点，同时具有插入损耗小、匹配性能好的优点。避雷器差模满足 8 kA、共模满足 40 kA 的防雷指标。

GPS 天线避雷器根据其安装位置分为天线侧避雷器和设备侧避雷器，二者型号相同。当 GPS 天线塔上安装时，需要在天线侧安装天线侧避雷器，同时在设备侧安装设备侧避雷器；当 GPS 天线非塔上安装时仅需要在设备侧安装设备侧避雷器。

避雷器的保护（Protect）端朝向被保护设备安装，即天线侧避雷器的 Protect 端朝向天线侧连接，设备侧避雷器的 Protect 端朝向设备侧连接。图 4-52

为 GPS 天线避雷器，突发（Surge）端连接 GPS 天线；Protect 端连接 BBU；GND 端连接地。

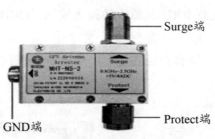

Surge端

GND端

Protect端

图 4-52　GPS 天线避雷器

如果存在多个 BBU 安装在同一个机房，则在实际网络建设中不需要对每个 BBU 都安装 GPS 天线，只需要通过 GPS 分路器来实现多个 BBU 集中安装共享 GPS 的场景，分路器有"一分二"和"一分四"两种型号，如图 4-53 所示。在实际计算馈线长度时，需要考虑器件插损，"一分二"型号插损 3.5 dB，"一分四"型号插损 6.6 dB。

"一分二"分路器　　　　　　　　　"一分四"分路器

图 4-53　GPS 分路器

当 GPS 天线远距离拉远时，为了满足 GPS 接收机最小接收灵敏度，我们可以使用 GPS 放大器（图 4-54）来满足这一要求，目前选用的型号增益为 22 dB。RF IN 端朝向天线端连接，RF OUT 端朝向设备端连接。

图 4-54　GPS 放大器

4. 电缆转接器

若当地供电距离较远，RRU 自带电源线无法支持长距离的电源输送，则需要用线径较粗的线缆从远处取电。由于连接 RRU 的电源线径是固定的，这时就需要运用电缆转接器来实现不同线径的转接。OCB01M 正是这样一个器件，通过它可以实现 RRU 电源线的接入使用。OCB01M 的两个端口采用两种规格的 PG 头，一端接口为 PG29，兼容直径在 13 ~ 19 mm 范围的电缆，另一端接口为 PG19，兼容直径在 8.5 ~ 15 mm 范围的电缆，形状如图 4-55所示。

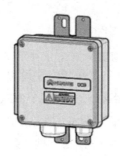 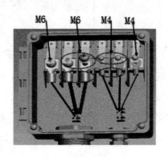

外观示图　　　　　　　　内部结构

图 4-55　电缆转接器 OCB01M

4.5.2 DBS3900 相关线缆介绍

1. BBU 侧相关线缆

BBU 各部件之间的连接自然离不开各种线缆的连接。表 4-27 中列出了所有可能用到的线缆。

表 4-27　BBU 侧线缆一览表

线缆名称	线缆一端		线缆另一端	
	连接器	连接位置（设备 / 模块 / 端口）	连接器	连接位置（设备 / 模块 / 端口）
BBU 保护地线	OT 端子（6 mm², M4）	BBU/ 接地端子	OT 端子（6 mm², M4）	机柜接地端子
机柜 保护地线	OT 端子（25 mm², M8）	机柜 / 接地端子	OT 端子（25 mm², M8）	外部接地排
BBU 电源线	3V3 连接器	BBU/UPEUc/ PWR	OT 端子（6 mm², M4）	DCDU/ LOAD6
	3V3 连接器	BBU/UPEUc/ PWR	快速安装型母端（压按型）连接器	EPS/LOAD1

线缆名称	线缆一端		线缆另一端	
	连接器	连接位置（设备/模块/端口）	连接器	连接位置（设备/模块/端口）
FE/GE 网线	RJ45 连接器	BBU/UFLPb/OUTSIDE 处的 FE0 BBU/UMPTa6/（FE/GE0）	RJ45 连接器	外部传输设备
FE 防雷转换线	RJ45 连接器	BBU/UMPTa6/（FE/GE0）	RJ45 连接器	SLPU/UFLPb/IN-SIDE 处的 FE0
FE/GE 光纤	LC 连接器	BBU/UMPTa6/（FE/GE1）	FC/SC/LC 连接器	外部传输设备
Ir 光纤	DLC 连接器	BBU/LBBP/CPRI	DLC 连接器	RRU/CPRI-W
BBU 告警线	RJ45 连接器	BBU/UPEUc（UEIU）/EXT-ALM	RJ45 连接器	外部告警设备
GPS 时钟信号线	SMA 公型连接器	BBU/UMPTa6/GPS	N 型母头连接器	GPS 防雷器
维护转接线	USB3.0 连接器	BBU/UMPTa6/USB	网口连接器	网线

下面我们将对部分线缆进行简单的介绍。

（1）保护地线

保护地线在整个基站系统中运用非常广泛，BBU、RRU、天馈系统、电源系统、传输设备等都需要进行保护接地。BBU 保护地线的横截面积为 6 mm^2，机柜保护地线的横截面积为 25 mm^2，均呈黄绿色。保护地线两端为 OT 端子。若自行准备保护地线，建议选择横截面积不小于 6 mm^2 的铜芯导线。图 4-56 为保护地线的外观。

图 4-56 保护地线外观

OT 端子头部是一个圆形，尾部是个圆珠形，外观呈现一个 "OT" 形态，故被业内称为 OT 端子。OT 端子也就是圆形冷压端子，能够容易地实现链式桥接，在市场上被广泛应用。它的优点是，在导线接线位紧密相邻时，能提高绝缘安全度并防止导线分叉；可使导线更容易插入端头。

（2）BBU电源线

BBU电源线，两根电源线分别为蓝色和黑色，蓝色为-48 V，黑色为0 V。电源线一端为3V3电源连接器，另一端为裸线，需现场制作响应端子，BBU电源线外形参见图4-57。

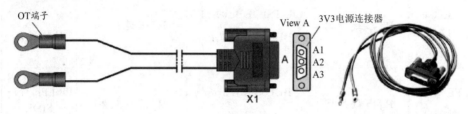

图4-57　BBU电源线（-48 V）

+24 V电源线的外观与-48 V电源线相同，但两根电源线分别为红色和黑色，红色为+24 V，黑色为0 V。+24 V在我国使用的比较少，欧美使用量较大。另外，当供电设备为EPS时，BBU电源线一端为3V3连接器，另一端为快速安装型母端（压接型）连接器，具体形状如图4-58所示。

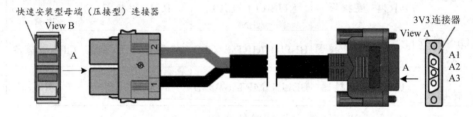

图4-58　BBU电源线（+24 V）

（3）FE/GE网线

FE/GE网线就是普通的网线，在基站中有三种用途：一是作为近端维护的连接；二是作为FE防雷转接线（图4-59），在配置UFLP单板时作为跳线使用；三是作为传输介质。目前大部分运营商都使用光纤，只是在部分地方使用网线。

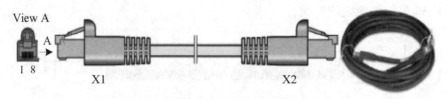

图4-59　防雷转接线

在实际工作中基本都是设备商配发成品网线，但是也不能排除需要自己动手制作，因此必须要学会制作，表4-28是网线的线序。

表 4-28 网线芯线颜色

RJ45 连接器芯脚	芯线颜色	芯线关系
X1.2	橙色	双绞线
X1.1	白色 / 橙色	
X1.6	绿色	双绞线
X1.3	白色 / 绿色	
X1.4	蓝色	双绞线
X1.5	白色 / 蓝色	
X1.8	棕色	双绞线
X1.7	白色 / 棕色	

（4）FE/GE 光纤

FE/GE 光纤主要用于传输 BBU3900 与传输设备之间的光信号。FE/GE 光纤最大长度为 20 m。根据连接器的不同有三种类型的光纤，具体情况参见图 4-60，在实际工作中需要注意的是 BBU3900 的 TX 接口必须对接传输设备侧的 RX 接口，BBU3900 的 RX 接口必须对接传输设备侧的 TX 接口。

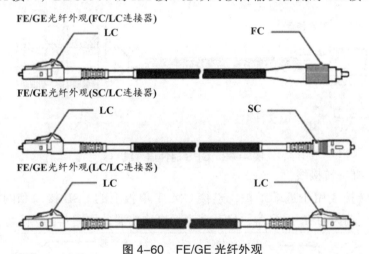

图 4-60 FE/GE 光纤外观

（5）Ir 光纤

Ir 光纤分为多模光纤和单模光纤，用于传输 Ir 信号。Ir 光纤如图 4-61 所示。

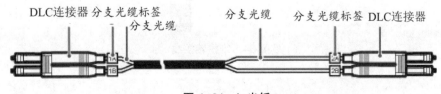

图 4-61 Ir 光纤

当 BBU 和 RRU 直连或 RRU 互联的距离大于 100 m 时，推荐使用 ODF 转接。连接 BBU 到 ODF、ODF 到 RRU，使用单模光纤。直连 BBU 和 RRU 时，BBU 侧分支光缆为 0.34 m，RRU 侧分支光缆为 0.03 m；RRU 互联时，两端分支光缆均为 0.03 m。Ir 光纤连接 BBU 和 RRU 示意图如图 4-62 所示。

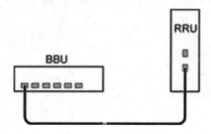

图 4-62　Ir 光纤连接 BBU 和 RRU 示意图

（6）GPS 时钟信号线

GPS 时钟信号线连接 GPS 天馈系统，可将接收到的 GPS 信号作为 BBU 的时钟基准，为选配线缆。GPS 时钟信号线的一端为 SMA 公型连接器，另一端为 N 型母型连接器。GPS 时钟信号线如图 4-63 所示。

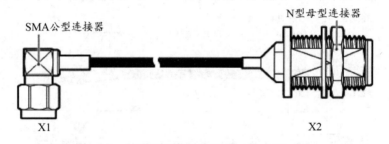

图 4-63　GPS 时钟信号线

（7）维护转接线

维护转接线用于近端维护，连接 UMPT 单板上的 USB 接口和网线。维护转接线一端为 USB 连接器，另一端为网口连接器，如图 4-64 所示。

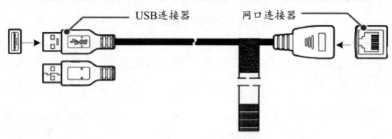

图 4-64　维护转接线

2. RRU 侧相关线缆

RRU 侧相关线缆如表 4-29 所示。

表 4-29　RRU 侧线缆一览表

线缆名称	线缆一端		线缆另一端	
	连接器	连接位置（设备 / 模块 / 端口）	连接器	连接位置（设备 / 模块 / 端口）
RRU 保护地线	OT 端子（16 mm^2，M6）	RRU/ 接地端子	OT 端子（16 mm^2，M8）	保护地排 / 接地端子
RRU 电源线	快速安装型母端（压接型）连接器	RRU/NEG（−）RTN（+）	快速安装型母端（压接型）连接器	EPS/RRU0-RRU5
			OT 端子（8.2 mm^2，M4）	DCDU/LOAD0-LOAD5 PDU/LOAD4-LOAD9
CPRI 光纤	DLC 连接器	RRU 上 CPRI0/IR0	DLC 连接器	BBU/LBBP/CPRI
		RRU 上 CPRI1/IR1		RRU 上 CPRI0/IR0
RRU 射频跳线	N 型连接器	RRU 上 ANT0-ANT3	N 型连接器	天馈系统
RRU 告警线	DB9 防水公型连接器	RRU 上 RET/EXT-ALM	冷压端子	外部告警设备
RRU AISG 多芯线	DB10 防水公型连接器	RRU 上 RET/EXT-ALM	AISG 标准母型连接器	RCU 或 AISG 延长线 /AISG 标准公型连接器
RRU AISG 延长线	AISG 标准公型连接器	AISG 多芯线 /AISG 标准母型连接器	AISG 标准母型连接器	RCU/AISG 标准公型连接器

其中保护地线、CPRI 光纤等和 BBU 侧相关线缆中的线缆一致，这里就不再重复。

（1）RRU 电源线

RRU 使用 -48 V 直流屏蔽电源线，用于将外部的 -48 V 直流电源引入 RRU，为 RRU 提供工作电源。-48 V 直流电源线的一端为两个 OT 端子，另一端为裸线。OT 端子需要现场制作。RRU 直流电源线缆如图 4-65 所示。

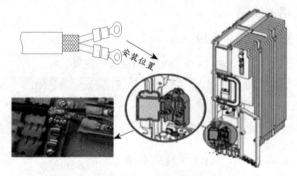

图 4-65　RRU 直流电源线缆

RRU 也有的使用交流电，如 RRU3252 就有交流供电的。连接 RRU 与供电设备的电源线横截面积为 1.5 mm²。RRU 交流电源线缆如图 4-66 所示。

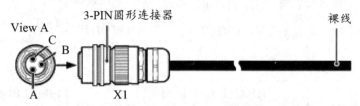

图 4-66　RRU 交流电源线缆

（2）RRU 射频跳线

RRU 射频跳线用于射频信号的输入和输出。定长 RRU 射频跳线长度规格分为 2 m、3 m、4 m、6 m 和 10 m。不定长的 RRU 射频跳线最大长度为 10 m。实际工程中若客户自行准备 RRU 射频跳线，建议所用射频跳线长度尽量短，不超过 2 m。

当 RRU 与天线的距离在 14 m 以内时，射频跳线一端连接 RRU 底部的 ANT 端口，另一端直接连接至天线。当 RRU 与天线的距离超过 14 m 时，射频跳线应先连接到馈线再连接 RRU 和天线。射频跳线的一端为 N 型连接器，另一端为根据现场需求制作的连接器。两端为 N 型连接器的射频跳线，外观如图 4-67 所示。

图 4-67　RRU 射频跳线

4.5.3 DBS3900 典型组网

按照安装覆盖地点不同，DBS3900 组网方式可以分为室外基站和室内分布式基站。根据 BBU 的安装位置室外又有两种典型的组网方式。一种是有房舱的基站，一种是室外露天的一体化机柜的基站，具体情况参见图 4-68。其中室外一体化机柜目前在新建基站中使用比较广泛，这种基站建设方式，从一定程度上给运营商降低了建设成本。

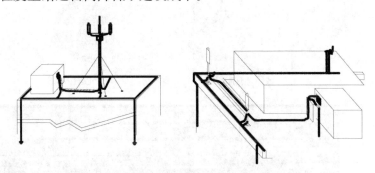

图 4-68 室外基站典型安装方式

下面以中国移动为例，具体介绍几种比较典型的室外基站和室内分布式基站的典型设备配置方式。

1. 室外基站的典型设备配置方式

（1）室外"3×（20M/F+4C/FA）"共模典型配置

室外站：3 表示三个扇区站点；20M/F 表示 TD-LTE 侧每个扇区带宽为 20 MBF 频段；4C/FA 表示 TD-SCDMA 侧站型为 S4/4/4，即每个扇区支持 4 个 FA 频段的载波。基带板 LBBPc 单板数量超过 2 块，须加配 UPEUc，更换 FANc。使用 LBBPc 组网时，必须配置双光口双光纤连接。

具体配置情况如图 4-69 和图 4-70 所示。

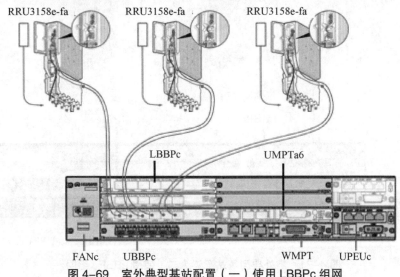

图 4-69 室外典型基站配置（一）使用 LBBPc 组网

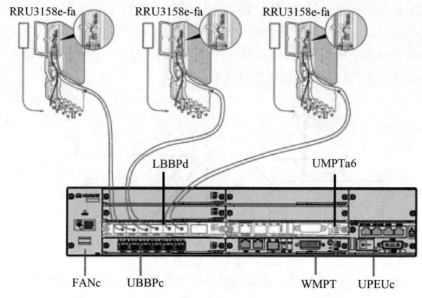

图 4-70　室外典型基站配置（一）使用 LBBPd 组网

（2）室外"3×20M/D"新建典型配置

室外站：3 表示三个扇区站点；20M/D 表示 TD-LTE 侧每个扇区带宽为 20 MBD 频段。使用 LBBPc 组网时，SlOT0/1/2 基带板各出双光纤独立连接。使用 LBBPd 组网时，SlOT4/5 基带板使用 3 对双光纤汇聚连接。

具体配置情况如图 4-71 和图 4-72 所示。

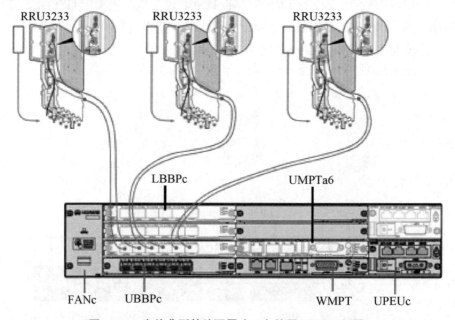

图 4-71　室外典型基站配置（二）使用 LBBPc 组网

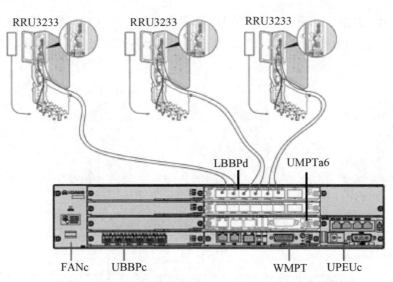

图 4-72　室外典型基站配置（二）使用 LBBPd 组网

2. 室内分布式基站的典型设备配置方式

（1）室内分布式"20M/E+12C/FA"典型配置

室内分布式站：20M/E 表示 TD-LTE 侧的全向小区带宽为 20 MBE 频段；12C/FA 表示 TD-SCDMA 侧全向小区支持 12 载波，即 O12。必须使用 LBBPd 基带板，LBBPc 不支持 DRRU3151e。具体配置情况如图 4-73 所示。

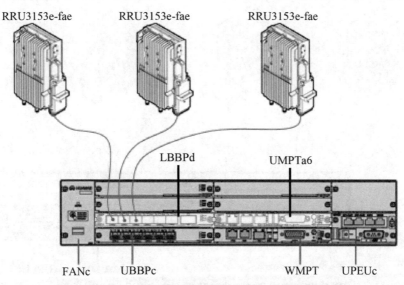

图 4-73　室内分布式典型配置（一）使用 LBBPd 组网

（2）室内分布式 20M/E 新建单模典型配置

基带板数量超过 4 块或 LBBPd 单板数量超过 2 块，须加配 UPEUc，更换 FANc。

使用 LBBPc 组网时，SlOT0/1/2 基带板各出 1 个光口连接。使用 LBBPd 组网时，SlOT2 槽位基带板出光口汇聚。具体配置情况如图 4-74 和图 4-75 所示。

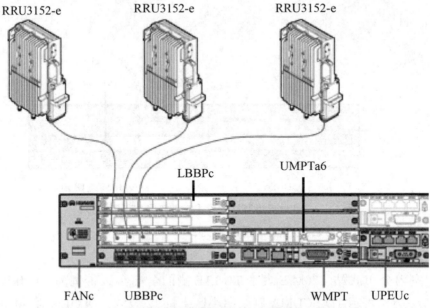

图 4-74　室内分布式典型配置（二）使用 LBBPc 组网

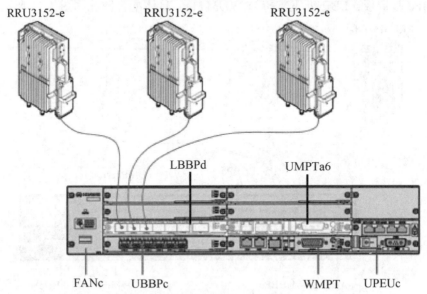

图 4-75　室内分布式典型配置（二）使用 LBBPd 组网

室内分布式 20M/E 新建单模 RRU 级联典型配置中，级联场景最大支持 4 级级联，如图 4-76 所示。

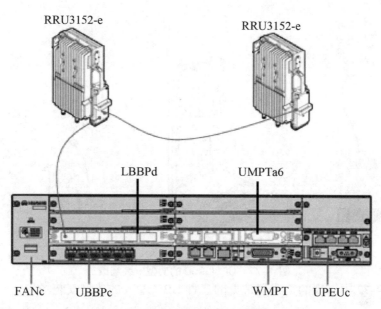

图 4-76 室内分布式典型配置（三）

对于新建DBS3900室外站点，当站址只能提供220 V交流电源输入或+24 V直流电源输入，并需要新增备电设备时，可以采用BBU+RRU+APM30一体化配置。BBU和传输设备安装在APM30内，APM30为BBU提供室外防护；RRU安装在铁塔上，靠近天线，节省馈线损耗，提高系统覆盖容量。同时，该应用方式配置丰富，可满足配电、备电、提供大容量传输空间等多种需求，所以可根据不同需求，灵活选择配套设备。具体特点如下。

① APM30支持为BBU和RRU提供-48 V DC电源，同时提供蓄电池管理、监控、防雷等功能。

② APM30中可内置12 Ah或24 Ah蓄电池，为室内分布式基站提供短时间备电；当备电要求更大时，还可配置BBC蓄电池柜。如配置2个BBC，可实现276 Ah、8 h的直流电源备电。

③ APM30可提供最大7U的传输设备安装空间，当需要更大的用户设备空间时，还可配置TMC传输柜，增加11U设备空间。

④无须配电、只需传输设备空间时，BBU也可直接安装于TMC内。

BBU+RRU+APM30一体化应用的典型场景如图4-77所示。

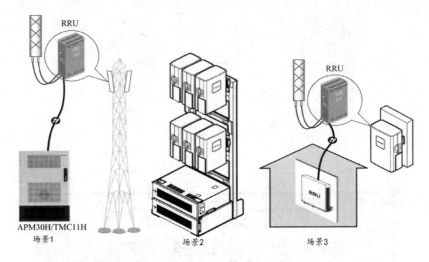

图 4-77 BBU3900 的典型安装场景

图 4-77 中体现的是我们常见的三种 BBU3900 的典型安装场景。

4.6 基站天馈系统

4.6.1 天馈系统概述

传统的天馈系统连接情况如图 4-78 所示。LTE 网络采用的是 DBS3900，BBU 和 RRU 分离这种形式，RRU 一般采用就近天线安装的形式，具体情况参见图 4-79。

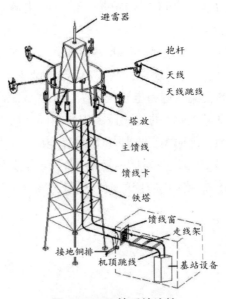

图 4-78 天馈系统连接

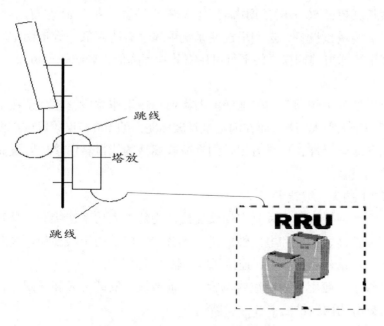

图 4-79 RRU 靠近天馈系统场景

（1）馈线

馈线（Feeder）是在发射设备和天线之间传输信号的导线。均匀的特性阻抗和高回损是馈线最重要的传输特征。按特点划分为标准型馈线、低损耗型馈线、超柔型馈线。

（2）跳线

常使用 1/2 馈线作为跳线（Jumper），距离比较远时，使用 7/8 馈线作为中间连接。

（3）合路器

合路器（Combiner）是将两种或多种不同频段制式的信号合路的射频器件。合路器的插损一般小于 0.6 dB，插损是指接入某一器件而在传输线路上带来的衰减。

（4）电桥

电桥（Hybrid Coupler）是同频段的合分路器，主要用于基站不同载频的合路。其输入端端口以及输出端端口之间的隔离度都大于 20 dB。

（5）塔放

塔放（TMA）是一个低噪声放大器，安装在天线的下面，补偿上行信号在馈线中的损耗，从而降低系统的噪声系数，提高基站灵敏度，扩大上行覆盖半径。塔放主要用于解决移动通信基站上行覆盖受限情况。

塔放可以弥补馈线损耗，降低基站合成噪声系数，改善上行覆盖。建议在馈线长度超过 50 m 时使用塔放，可以补偿馈线损耗 3 dB 左右。

塔放为塔顶设备，选用塔放使系统可靠性有所降低，维护困难增加。增加天馈下行通道的插损，使下行可用有效功率降低，影响下行覆盖。

（6）避雷器

避雷器的工作原理与带通滤波器类似：在工作频段，相当于在主同轴线并连了一个无限大阻抗；而在闪电最具破坏能力的 100 kHz 频段或更低频段，表现出频率选择性，使具有很强的衰减破坏性的能量转向接地装置而不致对设备造成损害。

（7）接头、馈线卡

N 型系列接头是一种具有螺纹连接结构的中大功率连接器，具有抗振性强、可靠性高、机械和电气性能优良等特点，广泛用于振动和环境恶劣条件下的无线电设备和仪器中，连接射频同轴电缆使用。

馈线卡一般用于固定馈线位置，保证馈线的安装可靠和美观等，一般根据孔位划分为两联馈线卡和三联馈线卡。

馈线和天线设备等会用到接地卡，起安全和防雷作用。

4.6.2 天线的相关知识

无线电发射机输出的射频信号功率，通过馈线（电缆）输送到天线，由天线以电磁波形式辐射出去。电磁波到达接收地点后，由天线接收（仅仅接收很小一部分功率），并通过馈线输送到无线电接收机。

天线工作举例如图 4-80 所示。

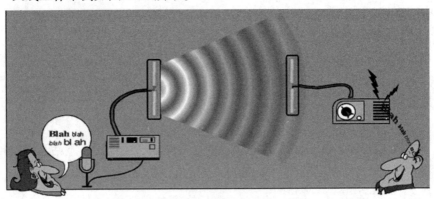

图 4-80　天线工作举例

发射天线是一种将高频已调电流的能量变换为电磁波的能量，并将电磁波辐射到预定的方向的装置。

接收天线是将无线电波的能量变换为高频电流能量，同时还能分辨出由预定方向传来的电磁波的装置。接收天线和发射天线的作用是可逆的过程。

天线基本技术参数包括电性能参数和机械参数。

电性能参数包括丰波振子天线、工作频段、增益、方向图、水平和垂直波瓣 3 dB 宽度、下倾角、前后比、旁瓣抑制与零点镇充、输入阻抗、驻波比、极化方式、天线口隔离。机械参数包括尺寸、重量、天线材料、外观颜色、工作温度、存储温度、风载、迎风面积、接头型式、包装尺寸、天线抱杆、防雷。

1. 工作频段

在我国，三大运营商各自使用工业和信息化部（以下简称"工信部"）分配给各自的频段。2013 年 12 月 4 日下午，工信部向中国联通、中国电信、中国移动正式发放了第四代移动通信业务牌照（即 4G 牌照），中国移动、中国电信、中国联通三家均获得 TD-LTE 牌照，此举标志着中国电信产业正式进入了 4G 时代。有关部门对 TD-LTE 频谱规划使用做了详细说明：中国移动获得 130 MHz 频谱资源，分别为 1880 ～ 1900 MHz、2320 ～ 2370 MHz、2575 ～ 2635 MHz；中国联通获得 40 MHz 频谱资源，分别为 2300 ～ 2320 MHz、2555 ～ 2575 MHz；中国电信获得 40 MHz 频谱资源，分别为 2370 ～ 2390 MHz、2635 ～ 2655 MHz。

下面是三大运营商的一个频谱使用情况。

中国移动：

① GSM900 上行 / 下行：890 ～ 909 MHz/935 ～ 954 MHz。

② EGSM900 上行 / 下行：885 ～ 890 MHz/930 ～ 935 MHz（中国铁通 GSM-R：885 ～ 889 MHz/930 ～ 934 MHz）。

③ GSM1800M 上行 / 下行：1710 ～ 1720 MHz/1805 ～ 1815 MHz。

④ 3G TDD 1880 ～ 1900 MHz、2010 ～ 2025 MHz。

⑤ 4G TD-LTE 1880 ～ 1900 MHz、2320 ～ 2370 MHz、2575 ～ 2635 MHz。

中国联通：

① GSM900 上行 / 下行：909 ～ 915 MHz/954 ～ 960 MHz。

② GSM1800 上行 / 下行：1740 ～ 1755 MHz/1835 ～ 1850 MHz。

③ 3G FDD 上行 / 下行：1940 ～ 1955 MHz/2130 ～ 2145 MHz。

④ TD-LTE：2300 ～ 2320 MHz、2555 ～ 2575 MHz。

⑤ FDD-LTE：1755 ～ 1765 MHz、1850 ～ 1860 MHz。

⑥ FDD-LTE 实际使用：1745 ～ 1765 MHz、1840 ～ 1860 MHz。

中国电信：

① CDMA800 上行 / 下行：825 ～ 835 MHz/870 ～ 880 MHz。

② 3G FDD 上行 / 下行：1920 ～ 1935 MHz/2110 ～ 2125 MHz。

③ TD-LTE：2370 ～ 2390 MHz、2635 ～ 2655 MHz。

④ FDD-LTE：1765 ～ 1780 MHz　1860 ～ 1875 MHz。

2. 天线的方向

天线的方向指天线向一定方向辐射电磁波的能力，对接收天线表示天线对来自不同方向的电波的接收能力。天线方向的选择常用方向图来表示。所谓天线方向图，是指在离天线一定距离处，辐射场的相对场强（归一化模值）随方向变化的图形，通常采用通过天线最大辐射方向上的两个相互垂直的平面方向图来表示。如以天线为球心的等半径球面上，相对场强随坐标变量 θ 和 φ 变化的图形。工程设计中一般使用二维方向图，可用极坐标来表示天线在垂直方向和水平方向的方向图，如图 4-81 所示。

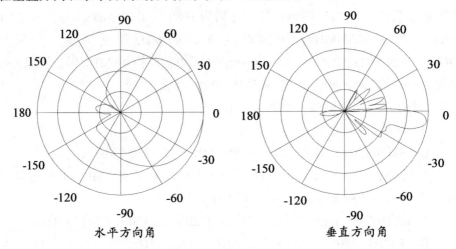

图 4-81　天线方向图

方向图可用来说明天线在空间各个方向上所具有的发射或接收电磁波的能力。方向图中通常都有两个瓣或多个瓣，其中最大的瓣称为主瓣，其余的瓣称为副瓣。波束宽度是主瓣两半功率点间的夹角，又称为半功率（角）波束宽度、3 dB 波束宽度。主瓣波束宽度越窄，方向性越好，抗干扰能力越强，经常考虑 3 dB、10 dB 波束宽度。三维方向图如图 4-82 所示。

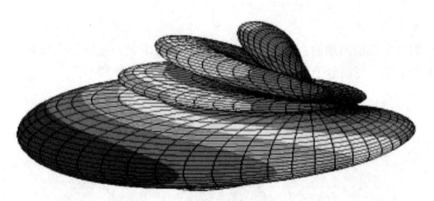

图 4-82　三维方向图

3. 天线增益

天线增益是指在输入功率相等的条件下，实际天线与理想的辐射单元在空间同一点处所产生的信号的功率密度之比。它定量地描述一个天线把输入功率集中辐射的程度。增益显然与天线方向图有密切的关系，方向图主瓣越窄，副瓣越小，增益越高。

4. 天线的极化

极化是指在垂直于传播方向的波阵面上，电场强度矢量端点随时间变化的轨迹。如果轨迹为直线，则称为线极化波；如果轨迹为圆形或者椭圆形，则称为圆极化波或者椭圆极化波。

平面波按极化可分为线极化波、圆极化波（或椭圆极化波）。线极化波可分为垂直线极化波和水平线极化波；还有 ±45° 倾斜的极化波。天线的极化示意图如图 4-83 所示。

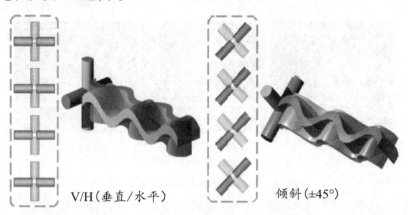

V/H（垂直／水平）　　　　倾斜（±45°）

图 4-83　天线的极化示意图

5. 下倾角

为使主瓣指向地面，安置时需要将天线适度下倾，可分为机械下倾、固定电子下倾、可调电子下倾。各种下倾的覆盖如图 4-84 所示。

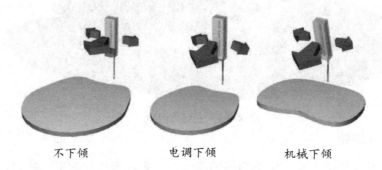

不下倾   电调下倾   机械下倾

图 4-84　各种下倾的覆盖

电调下倾是通过调节天线各振子单元的相位来改变天线垂直方向下的主瓣方向，此时天线仍保持与水平面垂直。

机械下倾是利用天线的机械装置来调节天线立面对于地平面的角度。机械下倾天线随着下倾角的增加，在超过 10° 后，其水平方向图将产生变形，在达到 20° 的时候，天线前方会出现明显的凹坑。

实际天线安装时，我们将机械下倾、电调下倾配合起来调节天线的下倾角度。图 4-85 是下倾方法的比较。

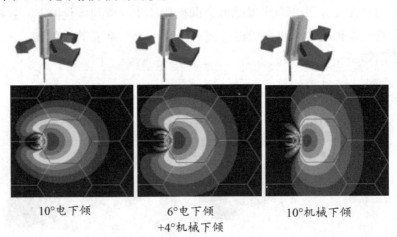

10°电下倾   6°电下倾   10°机械下倾
　　　　　　　　　　+4°机械下倾

图 4-85　下倾方法的比较

6. 全向天线和定向天线

定向天线，在水平方向图上表现为一定角度范围辐射，也就是平常所说的有方向性。同全向天线一样，波瓣宽度越小，增益越大。定向天线在通信系统中一般应用于通信距离远、覆盖范围小、目标密度大、频率利用率高的环境。全向天线和定向天线的区别：全向天线会向四面八方发射信号，前后左右都可以接收到信号；定向天线就好像在天线后面罩一个碗状的反射面，信号只能向前面传递，射向后面的信号被反射面挡住并反射到前方，加强了前面的信号强度。

天线选购时如果需要满足多个站点，并且这些站点是分布在 AP 的不同方向时，需要采用全向天线；如果集中在一个方向，建议采用定向天线。还要考虑天线的接头形式是否和 AP 匹配、天线的增益大小等是否符合需求等。定向天线图例如图 4-86 所示。

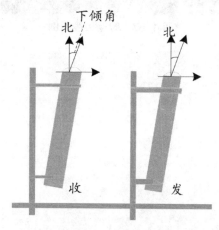

图 4-86　定向天线图例

7. 智能天线

智能天线是一种安装在基站现场的双向天线，通过一组带有可编程电子相位关系的固定天线单元获取方向性，并可以同时获取基站和移动台之间各个链路的方向特性。智能天线的原理是将无线电的信号导向具体的方向，产生空间定向波束，使天线主波束对准用户信号到达方向，副瓣或零陷对准干扰信号到达方向，达到充分高效利用移动用户信号并删除或抑制干扰信号的目的。智能天线阵元就是带有可编程电子相位关系的固定天线阵子。

阵元又叫阵子，用来产生带方向的无线电磁波，智能天线包含不同方向的阵元，能产生多波束的电磁波。智能天线图例如图 4-87 所示。

图 4-87　智能天线图例

第五章　DBS3900 安装

知识简介

● DBS3900 设备的安装流程

●设备相关线缆布放过程及布线规范

●基站天馈系统各个部件的安装规范

● DBS3900 硬件自检

●设备加电过程操作

5.1　DBS3900 机柜安装

DBS3900 机柜安装前的准备工作主要包括两方面：一是机房安装环境的核查，二是安装机柜所使用的工具准备。

对于机房安装环境的核查准备工作，我们务必要做。因为在实际工程中这样做可以提高工程的进度、减少项目的成本。下面是 DBS3900 机柜安装前应确保站点机房环境的准备事项。

①设备安装位置（按设计定位机柜）。

②机房内电源系统是否满足设备供应商设备要求。

③机房内保护地排端子已准备好。

④机房内传输设备的 E1 满足设备供应商设备要求。

⑤机房内走线架已安装好。

⑥机房馈线窗有空间走馈线。

⑦室外馈线窗侧的保护地排到位。

⑧天线安装件已到位。

另外，机柜安装时要综合考虑项目，这里在安装完成前需要收集相关信息，如 ESN。ESN 是用来唯一标识一个网元的标志。在启动安装前需要预先记录 ESN，以便基站调测时使用。一般情况下 ESN 粘贴在 BBU 的 FAN 模块上，如果没有则可在BBU挂耳上寻找到。如果BBU的FAN模块上挂有标签，则ESN同时贴于标签和BBU挂耳上。将标签取下，在标签上印有"Site"的页面记录站点信息，需将ESN和站点信息上报给基站调测人员。对于现场有多个BBU的站点，需将ESN逐一记录，并上报给基站调测人员。

1. 工具的准备

图5-1中是我们在安装设备时常用到的一些工具。

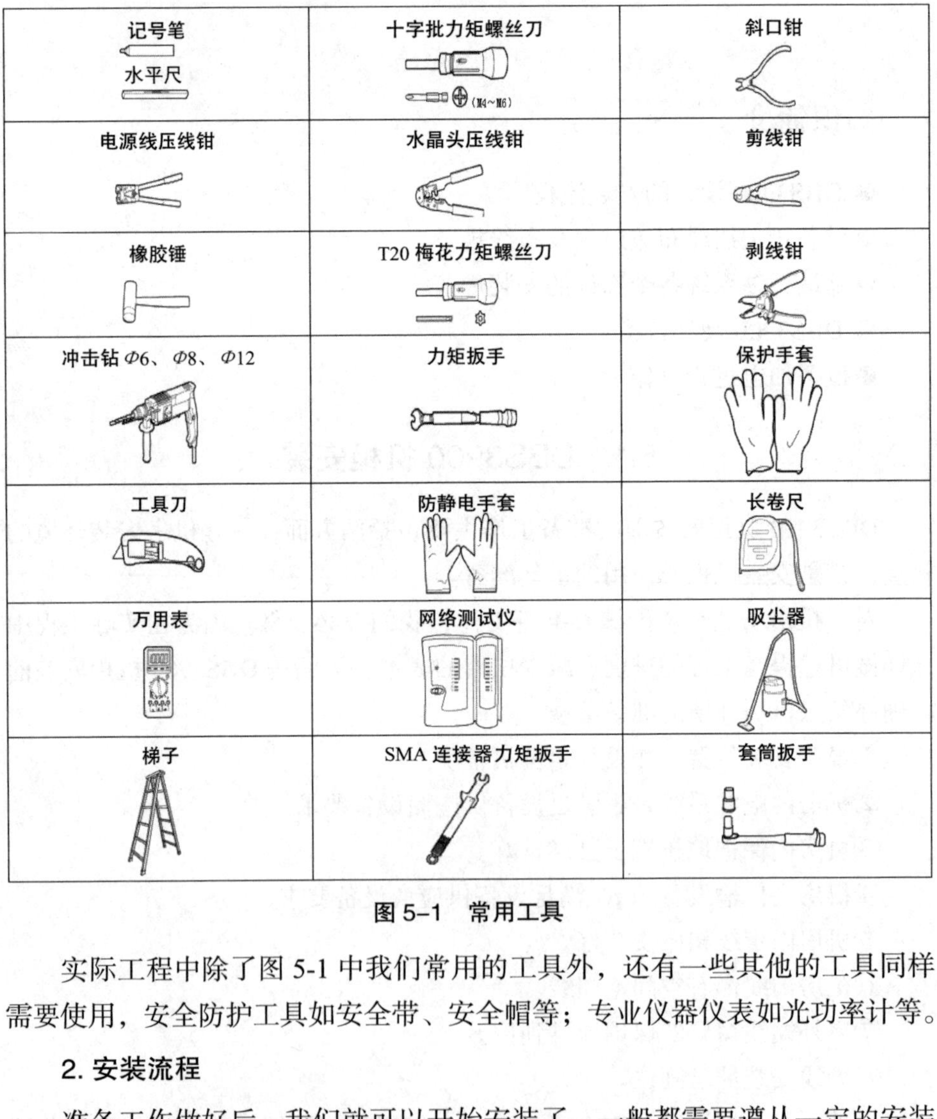

记号笔 水平尺	十字批力矩螺丝刀 (M4~M6)	斜口钳
电源线压线钳	水晶头压线钳	剪线钳
橡胶锤	T20梅花力矩螺丝刀	剥线钳
冲击钻 Φ6、Φ8、Φ12	力矩扳手	保护手套
工具刀	防静电手套	长卷尺
万用表	网络测试仪	吸尘器
梯子	SMA连接器力矩扳手	套筒扳手

图5-1 常用工具

实际工程中除了图5-1中我们常用的工具外，还有一些其他的工具同样需要使用，安全防护工具如安全带、安全帽等；专业仪器仪表如光功率计等。

2. 安装流程

准备工作做好后，我们就可以开始安装了，一般都需要遵从一定的安装流程来进行设备的安装，这样容易避免设备的漏装、错装。图5-2是一般基站设备安装的流程。

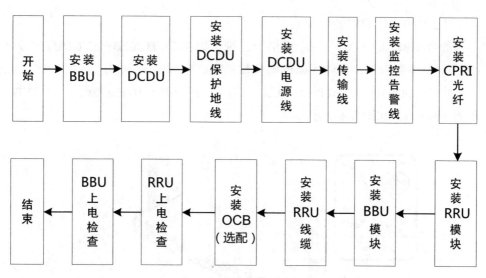

图 5-2 设备安装流程

在实际工作中，若队伍人手有富裕，可以在互不干扰的情况下分部分进行安装，没有规定要严格按照图 5-2 中的流程来操作。另外，室内 19 英寸机架场景下，现场还需要进行的安装操作包括在 19 英寸机架中安装部件和安装线缆。

下面按照安装流程中主要设备的安装顺序来介绍具体设备的安装。

（1）BBU 的安装

先安装 BBU 两侧走线爪。将走线爪与 BBU 盒体上孔位对齐，用四颗 M4 螺钉紧固，紧固力矩为 1.2 N•m。佩戴防静电手套或防静电腕带，用双手将 BBU 沿着滑道推入机柜。拧紧四颗 M6×16 面板螺钉，紧固力矩为 3 N•m，BBU 安装如图 5-3 所示。

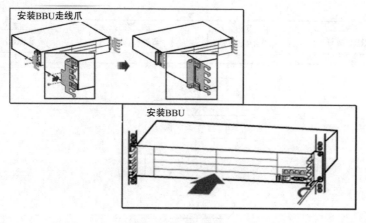

图 5-3 BBU 安装

（2）DCDU 的安装

如果 BBU 安装在 19 英寸机架上，则可以由 DCDU03B 或 DCDU11B 为 BBU 提供电源输入，具体根据现场需要来定。

将 DCDU03B 沿着滑道推入机柜，拧紧四颗 M6×16 面板螺钉，紧固力矩为 3 N•m，如图 5-4 所示。

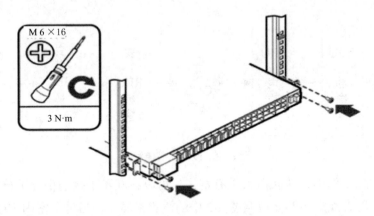

图 5-4　DCDU 安装

（3）RRU 的安装

RRU 安装相对来说要复杂一些，可以分为安装 AC/DC 电源模块（可选）、安装 RRU、安装 RRU 线缆、RRU 硬件安装检查和 RRU 上电等步骤，如图 5-5 所示。

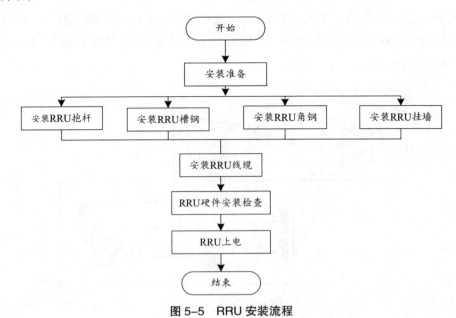

图 5-5　RRU 安装流程

RRU 的详细安装步骤如下。

步骤 1：参考图标记出主扣件的安装位置。

步骤 2：将辅扣件一端的卡槽卡在主扣件的一个双头螺母上。

步骤 3：将主、辅扣件套在抱杆上，再将辅扣件另一端的卡槽卡在主扣件的另一个双头螺母上。

步骤 4：用力矩扳手拧紧螺母，紧固力矩为 40 N·m，使主、辅扣件牢牢地卡在杆体上。

步骤 5：将 RRU 安装在主扣件上，当听见"咔嚓"声响时，表明 RRU 已安装到位。

具体安装可参见图 5-6。

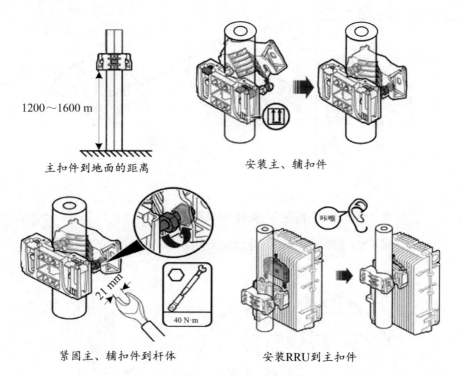

主扣件到地面的距离　　　　安装主、辅扣件

紧固主、辅扣件到杆体　　　　安装RRU到主扣件

图 5-6　RRU 安装的具体步骤

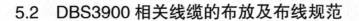
5.2 DBS3900 相关线缆的布放及布线规范

5.2.1 线缆的安装

DBS3900线缆种类很多，大体上分为以下几种：保护地线（俗称黄绿线）、电源线、光纤、射频跳线、告警线等。接下来具体讲解这几种线缆的安装。

1. 安装保护地线

BBU 保护地线安装，首先需要制作 BBU 保护地线。根据实际走线路径，截取长度适宜的电缆，给线缆两端安装 OT 端子。其次安装 BBU 保护地线。BBU 保护地线一端连接到 BBU 上接地端子，另一端连接到 19 英寸机架的接地螺钉上，如图 5-7 所示。

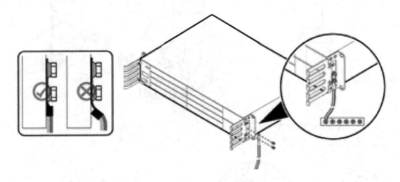

图 5-7　安装 BBU 保护地线

DCDU 保护地线和 BBU 保护地线的安装步骤一样，如图 5-8 所示。

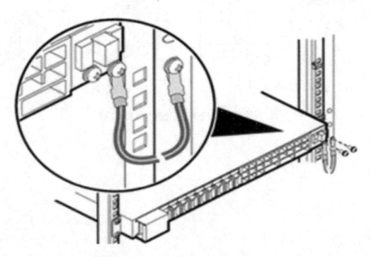

图 5-8　安装 DCDU 保护地线

RRU 保护地线线缆横截面积为 16 mm²/25 mm²，两端的 OT 端子分别为 M6 和 M8。

步骤 1：制作 RRU 保护地线。根据实际走线路径，截取长度适宜的线缆，给线缆两端安装 OT 端子。

步骤 2：安装 RRU 保护地线。将 RRU 保护地线的 OT（M6）端子连接到 RRU 底部接地端子，OT（M8）端子连接到外部接地排，如图 5-9 所示。安装保护地线时，应注意压接 OT 端子的安装方向。

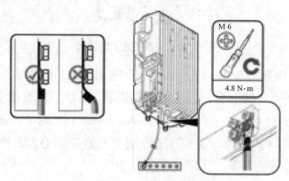

图 5-9　安装 RRU 保护地线

2. 安装电源线

BBU 电源线的安装，首先需制作 BBU 电源线的快速安装型母端（压接型）连接器。BBU 电源线一端 3V3 连接器出厂前已经制作好，现场需要制作另一端的快速安装型母端（压接型）连接器。其次安装 BBU 电源线，如图 5-10 所示。BBU 电源线一端 3V3 连接器连接到 BBU 上 UPEU 单板的 "–48 V" 接口，并拧紧连接器上螺钉，紧固力矩为 0.25 N·m。BBU 电源线另一端快速安装型母端（压接型）连接器连接到 DCDU11B 的 "LOAD6" 或 "LOAD7" 接口。

当 BBU 上安装了两块 UPEU 电源板时，每块电源板需连接一根 BBU 电源线。两根 BBU 电源线的一端 3V3 连接器分别连接到 BBU 上 UPEU 单板的 "–48 V" 接口，另一端快速安装型母端（压接型）连接器分别连接到 DC-DU11B 插框上 "LOAD6" 和 "LOAD7" 接口。按规范布放线缆，并用线扣绑扎固定。

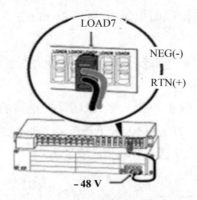

图 5-10　安装 BBU 电源线

　　DCDU11B 电源线安装，首先需制作 DCDU11B 电源线，根据实际走线路径，截取长度适宜的电缆，给线缆两端安装 OT 端子。其次安装 DCDU11B 电源线，如图 5-11 所示。DCDU11B 电源线一端 OT 端子连接到 DCDU11B 上"NEG（–）"和"RTN（＋）"接线端子，另一端 OT 端子连接到外部供电设备。按规范布放线缆，并用线扣绑扎固定。

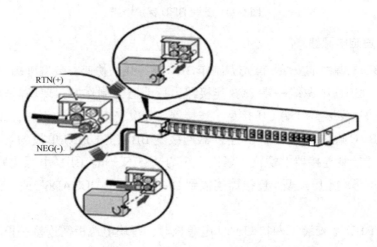

图 5-11　安装 DCDU11B 电源线

　　RRU 电源线安装，给 RRU 电源线一端安装快速安装型母端（压接型）连接器。注意做线时，应根据实际走线路径将多余的电源线剪掉。安装 RRU 电源线，如图 5-12 所示。RRU 电源线一端快速安装型母端（压接型）连接器连接到 DCDU11B 上"LOAD0"接口。

　　一个 DCDU11B 最多可以给 6 个 RRU 供电，RRU 电源线可以连接到 DCDU11B 上"LOAD0"～"LOAD5"任意一个接线端子。RRU 电源线另一端快速安装型母端（压接型）连接器连接到 RRU 的电源接口。

RRU电源线从DCDU11B端经过馈窗连接到RRU上，在机房外侧靠近馈窗处安装接地夹，并将接地夹上的保护地线连接到外部接地排。按规范布放线缆，并用线扣绑扎固定。

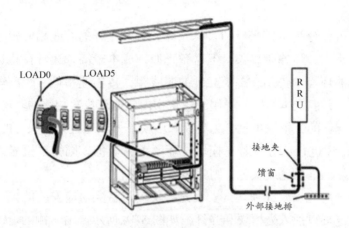

图5-12　安装RRU电源线（一）

RRU从EPS中取电时，RRU电源线用于连接EPS和RRU，从EPS上提供输入电源给RRU。

步骤1：将RRU电源线的快速安装型母端（压接型）连接器连接到RRU的电源接口，如图5-13所示。

步骤2：将RRU电源线一端的快速安装型母端（压接型）连接器连接到EPS上的"RRU0"接口。

快速安装型母端（压接型）连接器蓝色线缆对应EPS上左侧接口，黑色/棕色线缆对应EPS上右侧接口。EPS最多可以给6个RRU供电，RRU电源线可以连接EPS上"RRU0"～"RRU5"任意一个接口。

步骤3：按照线缆布放要求进行线缆布放，并用线扣绑扎固定。

步骤4：在安装的线缆上粘贴标签。

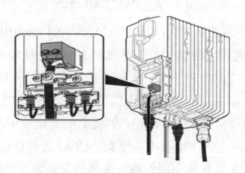

图5-13　安装RRU电源线（二）

3. 安装光纤

光纤在 DBS3900 设备安装中，有两个用途，一个是作为传输链路，另一个是作为 BBU 和 RRU 之间的连接。前者称为 FE/GE 光纤，后者称为 CPRI 光纤。

光纤又可以分为单模光纤和多模光纤。单模光纤的芯线相应较细，传输频带宽、容量大、传输距离长，但需激光源，成本较高，通常在建筑物之间或地域分散的环境中使用。多模光纤的芯线粗，传输速率低、距离短，整体的传输性能差，但成本低，一般用于建筑物内或地理位置相邻的环境中。

与光纤配套的光模块也就分为单模和多模。可以通过光模块上的"SM"和"MM"标识进行区分。若光模块拉环颜色为蓝色，则为单模光模块；若光模块拉环颜色是黑色或灰色，则为多模光模块。

安装光纤时先安装光模块。安装光模块应与将要对应安装的接口速率匹配。按照指定端口插入光模块和光纤，如图 5-14 所示。沿右侧的走线空间布放线缆，用线扣绑扎固定。按规范布放线缆，用线扣绑扎固定。

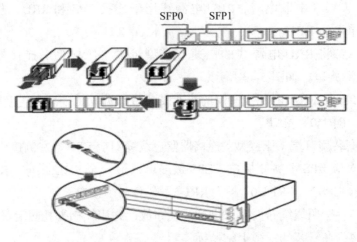

图 5-14　安装 FE/GE 光纤

安装 CPRI 光纤需要将光模块插入 GTMU/WBBP/LBBP 单板的"CPRI"接口，使用相同类型的光模块，将光模块插入射频模块上的"CPRI_W"/"CPRI0"/"CPRI0/IR0"接口。将光模块拉环折翻上去，安装 CPRI 光纤如图 5-15 所示。拔去光纤连接器上的防尘帽，将 CPRI 光纤上标识为 2A 和 2B 的一端插入 GTMU/WBBP/LBBP 单板上的光模块中，标识为 1A 和 1B 的一端插入射频模块上的光模块中。注意：CPRI 光纤连接 BBU 和射频模块时，BBU 侧分支光缆为 0.34 m，射频模块侧分支光缆为 0.03 m。如果采用两端均为 DLC 连接器的光纤，则 BBU 单板上"TX"必须对接射频模块上的 "TX"接口，BBU 单板上"RX"接口必须对接射频模块上的"RX"接口。 将 CPRI 光纤沿机柜左侧布线，经机柜左侧底部出线孔出机柜。

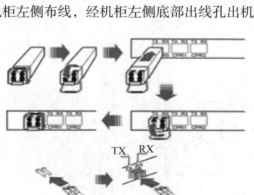

图 5-15 安装 CPRI 光纤（一）

RRU 侧光纤的安装步骤如下。

步骤 1：先将光模块上的拉环下翻，再将 RRU 上的"CPRI"接口和 BBU 上的"CPRI"接口分别插入光模块，最后将光模块的拉环上翻，如图 5-16 所示。

步骤 2：将光纤上标识为 1A 和 1B 的一端连接到 RRU 侧的光模块中。

步骤 3：将光纤上标识为 2A 和 2B 的一端连接到 BBU 侧光模块中。

步骤 4：按规范布放线缆，参见线缆布放要求，并用线扣绑扎固定。

步骤 5：在安装的线缆上粘贴标签，参见安装刀型工程标签。

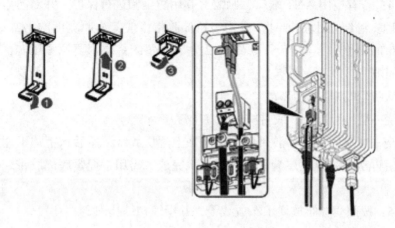

图 5-16 安装 CPRI 光纤（二）

4. 安装 RRU 射频跳线

步骤 1：分别将射频跳线一端的 N 型连接器连接到 RRU 的 "ANT0_E" 和 "ANT1_E" 接口，并用力矩扳手对连接器进行紧固，紧固力矩为 1 N·m，如图 5-17 所示。

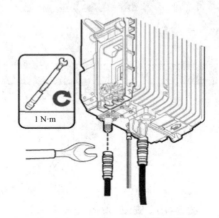

图 5-17　安装 RRU 射频跳线

步骤 2：将射频跳线的另一端连接到外部天馈系统。

步骤 3：分别对 RRU 的各个 ANT 端口进行防水处理，如图 5-18 所示。

缠绕防水胶带时，需均匀拉伸胶带，使其为原宽度的 1/2。逐层缠绕胶带时，上一层覆盖下一层约 1/2 左右，每缠一层都要拉紧压实，避免皱褶和间隙。

缠绕一层绝缘胶带，胶带应先由下往上逐层缠绕。缠绕三层防水胶带，胶带应先由下往上逐层缠绕，然后从上往下逐层缠绕，最后再从下往上逐层缠绕。每层缠绕完成，需用手捏紧底部胶带，保证防水。

步骤 4：若有空闲 ANT 端口，则需对其用防尘帽进行保护，并对防尘帽做防水处理。缠绕防水胶带时，需均匀拉伸胶带，使其为原宽度的 1/2。逐层缠绕胶带时，上一层覆盖下一层约 1/2 左右，每缠一层都要拉紧压实，避免皱褶和间隙。

①确认防尘帽未被取下。

②缠绕一层绝缘胶带，胶带应由下往上逐层缠绕。

③缠绕三层防水胶带，胶带应先由下往上逐层缠绕，然后从上往下逐层缠绕，最后再从下往上逐层缠绕。每层缠绕完成，需用手捏紧底部胶带，保证防水。

步骤 5：按照线缆布放要求布放线缆，并用线扣绑扎固定。

步骤 6：在安装的线缆上粘贴标签。

步骤 7：在安装的线缆上粘贴色环。

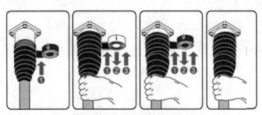

各ANT端口防水处理

图 5-18 防水处理

5. 安装 RRU 告警线

步骤 1：将 RRU 告警线的一端 DB9 型连接器连接到模块的"EXT_ALM"接口，另一端 8 个冷压端子连接到外部告警设备，如图 5-19 所示。

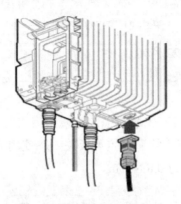

图 5-19 安装 RRU 告警线

步骤 2：按照线缆布放要求布放线缆，并用线扣绑扎固定。

步骤 3：在安装的线缆上粘贴标签。

RRU 线缆比较多，图 5-20 是 RRU 线缆连接关系。

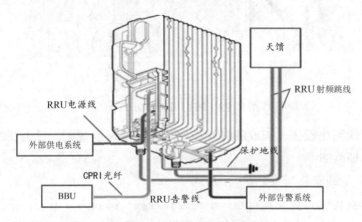

图 5-20 RRU 线缆连接关系

5.2.2 布线规范

RRU有专门的配线腔来安装线缆，下面介绍如何打开和关闭配线腔。打开配线腔如图5-21所示。

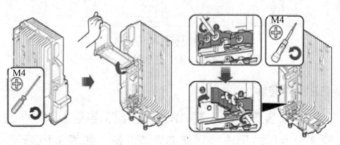

打开配线腔　　　　　　　　　打开压线夹

图5-21　RRU配线腔（一）

关闭配线腔如图5-22所示。

步骤1：关闭压线夹，使用力矩螺丝刀拧紧压线夹上的螺钉，紧固力矩为1.4 N·m。

步骤2：配线腔中没有安装线缆的走线槽需用防水胶棒堵上。

步骤3：将RRU模块的配线腔盖板关闭，使用力矩螺丝刀拧紧配线腔盖板上的螺钉，紧固力矩为0.8 N·m。

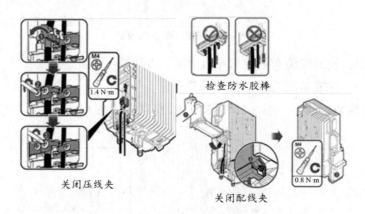

关闭压线夹　　　　　　　检查防水胶棒

关闭配线夹

图5-22　RRU配线腔（二）

由于线缆比较多，布放的时候需要遵循一定布放规则。各类线缆布放的一些具体规范如下。

（1）尾纤安装规范

尾纤安装应做到顺其自然，不可强拉硬拽，绑扎力度适宜，不得绑扎过紧。光纤布放时，应尽量减少转弯，需转弯时最好弯成圆形。采用上走线时，

160

在走线架至分线盒一段需加保护套管；采用下走线时，也应加保护套管。多余的光纤应绕圈绑扎于机架一侧。

暂时不用的尾纤，头部应用护套套住，整齐盘绕成直径不小于8 cm的圈后绑扎固定，且不能绑扎过紧，并用宽绝缘胶带缠在光纤分线盒上，光纤布放好后不能有其他杂物压在上面。光纤的布放标准如下。

①光纤的弯曲半径不小150 mm。

②光纤尾部的弯曲半径不小于40 mm。

③光纤尾部的扎带捆绑处距BBU面板的距离不大于70 mm。

④BBU的所有线缆连接正确、稳固。

（2）电源线和地线的安装规范

① PGND保护地线采用黄绿色或黄色电缆、GND地线采用黑色电缆、–48V电源线采用蓝色电缆。

②所有电源线、地线一定要采用铜芯电缆，采用整段材料，中间不能有接头并按规范要求进行可靠连接。

③所有电源线、地线线径一定要符合设计要求，机房地排至接地极保护地线线径应≥95 mm²或满足设计要求。

④机柜外电源线、地线布放时应与其他电缆分开绑扎，间距大于5 cm。机柜并柜时应按规范用导线在机柜顶进行互连，短接线经≥25 mm²。

⑤电源线、地线的余长要剪除，不能盘绕。

⑥在电源线及地线两头制作铜鼻子时，应焊接或压接牢固且不应将裸线及线鼻柄露出。

⑦各电源线、地线接线端子应安装牢固，接触良好。

⑧ RRU上塔安装场景，电源线必须为屏蔽电源线且屏蔽层可靠接地。

⑨电源线、地线两端应粘贴标签。

⑩单板拆包装、插拔符合防静电操作规范。

⑪安装使用工具符合防静电要求。

除了上述11条规范外还有些地方我们需要注意。譬如移动基站的接地应当采用联合接地，就是说各种通信系统设备的保护地、工作地以及基站防雷地联合接成一个公共地网。站内各类需要接地的通信设备与接地汇集线连接在一起，并且注意安装过电压保护器。

（3）接地选线装置和安装规范

①小电流接地装置应按隐蔽工程处理，经检验合格后再回土。

②接地装置回土时，要分层夯实，不应将石块、乱砖、垃圾等杂物填入沟内。

③接地装置的位置、接地体的埋深，应尽量避免安装在腐蚀性强的地带。

④围绕机房外的环形地网和移动铁塔地网多点焊接连通，接地线与各部件连接方法应符合设计规定要求。接地引入线与接地体焊接牢固，所有焊点、焊缝处应做防腐处理（涂沥青），接地引入线应远离铁塔的一侧。

⑤接地汇集装置安装位置应符合设计规定要求，安装端正、牢固，并有明显的标志。

小电流基地选线装置的接地电阻应小于 5 Ω，对于年雷暴日小于 20 天地区的基站，接地电阻可以小于 10 Ω。接地线安装完毕，在回土前，应用接地电阻测量仪测量消谐电阻，做好记录，随工人员应进行认真的检查。测量仪所用连接线必须是绝缘多股导线，雨后不宜立即测试。

（4）出、入电缆接地与防雷规范

①出、入站通信电缆线，应采用地下埋设出、入站的方式。由楼顶引入机房的出、入站通信电缆线，必须选用具有金属护套的通信电缆线，在进入基站入口处做保护接地处理，缆内芯线应在引入设备前分别对地加装保安装置，或采取相应的防雷措施后方可进入机房。

②各种线缆应避免沿建筑物的墙角布放，尽量远离移动铁塔。

（5）基站通信设备的接地与防雷规范

①基站专用变压器安装位置应远离基站（约 50 m）。变压器安装与避雷器应符合供电部门规定要求。

②变压器至基站的交流市电引入电缆线，必须选用具有金属铠装层的电力电缆，应将市电引入电缆线埋入地下，将金属铠装层两端就近接地。

（6）馈线接地的规范

RRU 和天线安装于同一抱杆上，馈线长度小于 5 m 时，不需要对馈线进行专门的接地操作，大于等于 5 m 时需要对馈线进行一处接地，接地位置靠近 RRU 连接处。RRU 与天线共抱杆馈线接地如图 5-23 所示。

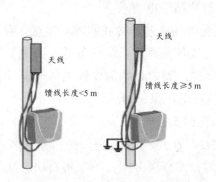

图 5-23　RRU 与天线共抱杆馈线接地

RRU 和天线不安装于同一抱杆上，下抱杆后馈线长度小于 5 m 时，在馈线离开抱杆附近进行接地操作，大于等于 5 m 时需要对馈线进行两处接地，除了馈线离开抱杆附近处还需要在靠近 RRU 连接处增加一处接地。

RRU 与天线不共抱杆馈线接地如图 5-24 所示。

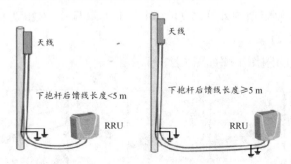

图 5-24　RRU 与天线不共抱杆馈线接地

天线装在塔上，RRU 装于塔下。下塔后馈线长度小于 5 m 时，在离天线 1 m 处，大于等于 5 m 时需要对馈线进行两处接地，除了馈线离开抱杆附近处还需要在靠近 RRU 连接处增加一处接地，连接如图 5-25 所示。

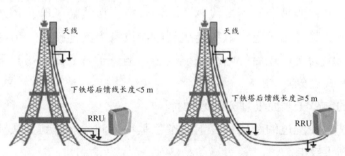

图 5-25　RRU 位于塔下室外、天线位于塔上馈线接地

RRU 安装于室内，大部分馈线在室内的场景只需在馈线进馈窗前 1 m 处进行接地即可，大部分馈线在室外的场景除了靠近馈窗处接地外，在靠近天线侧 1 m 处还需增加一处接地，如图 5-26 所示。

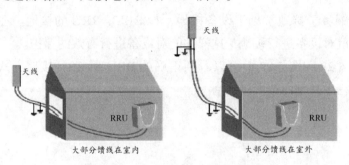

图 5-26　RRU 装于室内馈线接地

馈线接地的规范如下。

①馈管接地线引向应由上往下，与馈管夹角以不大于 15° 为宜。

②馈线接地夹直接良好地固定在就近塔体的钢板上，馈线接地夹的制作符合规范要求，连接牢靠并做好防腐防水等处理。

③基站接地阻值应小于 5 Ω，对于年雷暴日小于 20 天的地区基站接地阻值应小于 10 Ω。

馈线接地的制作步骤如图 5-27 所示。

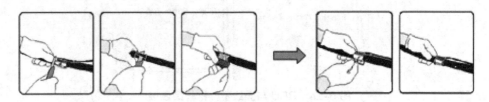

图 5-27　馈线接地制作步骤

实际工程中的接地方式有两种。一种是普通的用黄绿线铜鼻子接地方式，另一种是运用专门的成品接地线进行接地。后一种我们常用于馈线的接地。

铜鼻子又称线鼻子、铜接线鼻子、铜管鼻、接线端子等，各地方和各行业叫法不一。其是用于电线电缆连接到电器设备上的连接件，顶端为固定上螺丝边，末端为上剥皮后的电线电缆铜芯。铜鼻子有表面镀锡和不镀锡、管压式和堵油式之分。

常用的铜鼻子表面处理方式有两种。

①酸洗。酸洗过的颜色和红铜的本色基本相同，能起到美观抗氧化的作用，也更利于导电。

②镀锡。镀锡后的铜鼻子表面为银白色，能更好地防氧化和导电，并可防止铜在导电过成中产生的有害气体扩散。

铜鼻子的安装注意事项：螺钉一定要拧紧；电缆和铜鼻子一定要插到位并用钳子压紧。

使用铜鼻子接地常见于设备接地，如 BBU、RRU 的接地。在施工中必须按照规范对设备进行接地，这样才能对设备进行有效的保护。

从图 5-28 和图 5-29 中可以看到正确的 BBU 和 RRU 接地方式，以及一些实际工程中常见的错误接地情况。

正确的安装方式　　　　错误的安装位置　　　　全错误的连接方式

图 5-28　BBU 的接地方式

正确的安装方式　　　　　　错误的安装方式

图 5-29　RRU 的接地方式

5.3　基站天馈系统的安装

基站天馈系统安装包括馈线、天线等部分的安装，图 5-30 为整个基站的天馈系统示意图。

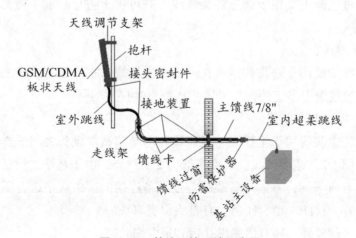

图 5-30　基站天馈系统示意图

图 5-30 以 2G 天馈系统为例。下面对图中部件进行解释说明。

（1）天线调节支架

天线调节支架用于调整天线的俯仰角度，一般调节范围为 0° ～ 15°。

（2）室外跳线

室外跳线用于天线与 7/8″ 主馈线之间的连接。常用的跳线采用 1/2″ 馈线，长度一般为 3 m。

（3）接头密封件

接头密封件用于室外跳线两端接头（与天线和主馈线相接）的密封。常用的材料有绝缘防水胶带（3M2228）和 PVC 绝缘胶带（3M33+）。

（4）接地装置

接地装置（7/8″ 馈线接地件）主要用来防雷和泄流，安装时与主馈线的外导体直接连接在一起。一般每根馈线安装三套，分别安装在馈线的上、中、下部位，接地点方向必须顺着电流方向。

（5）馈线卡

馈线卡用于固定主馈线，在垂直方向，每间隔 1.5 m 安装一个，水平方向每间隔 1 m 安装一个（在室内的主馈线部分，不需要安装馈线卡，一般用尼龙白扎带捆扎固定）。

常用的 7/8″ 馈线卡有两种：双联和三联。7/8″ 双联馈线卡可固定两根馈线；三联馈线卡可固定三根馈线。

（6）走线架

走线架用于布放主馈线、传输线、电源线及安装馈线卡。

（7）馈线过线窗

馈线过线窗主要用于穿过各类线缆，并可用于防止雨水、鸟类、鼠类及灰尘的进入。

（8）避雷器

避雷器主要用于防雷和泄流，安装在主馈线与室内超柔跳线之间，其接地线穿过过线窗引出室外，与塔体相连或直接接入地网。

（9）室内超柔跳线

室内超柔跳线用于主馈线（经避雷器）与基站主设备之间的连接，常用的跳线采用 1/2″ 超柔馈线，长度一般为 2 ～ 3 m。由于基站主设备的接口及接口位置有所不同，室内超柔跳线与主设备连接的接头规格也有所不同，常用的接头有 7/16DIN 型、N 型，有直头也有弯头。

除以上部件外，还有尼龙黑扎带和尼龙白扎带。

尼龙黑扎带主要有两个作用：安装主馈线时，临时捆扎固定主馈线，待馈线卡安装好后，再将尼龙扎带剪断去掉；在主馈线的拐弯处，由于不便使用馈线卡，故用尼龙扎带固定，室外跳线也用尼龙黑扎带捆扎固定。尼龙白扎带用于捆扎固定室内部分的主馈线及室内超柔跳线。

1. 馈线的安装规范

天馈系统安装必须在一定的条件基础之上，需要满足基本的安装条件。

铁塔的两道防雷地线（40 mm×4 mm 以上的镀锌扁铁）应直接由避雷针从铁塔两对角接至防雷地网。主馈线必须有至少两道以上防雷接地线。

当馈线长度小于 30 m 时，在塔上平台馈线垂直拐弯后约 1 m 处做第一道防雷接地线，在馈线过线窗外（防水弯之前）或水平拐弯前约 1 m 处做第二道防雷接地线。

当馈线长度大于 30 m 时，除第一道、第二道防雷接地线外，在铁塔馈线中间位置做第三道防雷接地线。室外水平走向馈线大于 5 m（小于 15 m）时，须再增加一道防雷接地线，超过 15 m 时，在水平走向馈线中间再增加一道防雷接地线。

制作主馈线防雷接地线必须顺着雷电泻流的方向单独直接接地，防雷接地线禁止回弯、打死折。主馈线地线制作好以后必须用胶泥、胶带缠绕密封。密封包长度应超过密封处两端 5 cm 左右。在密封包的两端应用扎带扎紧，防止开胶渗水。防雷接地点应该接触可靠、接地良好，并涂覆防锈油（漆）。

室内馈线避雷器接地线必须接至室外防雷接地排（室外防雷地排的安装位置必须低于避雷器的位置或高度）。馈线（铁塔）的防雷地阻必须小于 10 Ω（国标）。

馈线馈管的安装规范如下。

①馈管排列整齐美观。

②馈管无明显的折、拧现象，无裸露铜皮。

③馈管布放不得交叉，要求入室行、列整齐，平直，弯曲度一致。

④按照规范要求粘贴和绑扎通信电缆、馈管、跳线标签，标签排列应整齐美观，方向一致。

⑤馈管最小弯曲半径应不小于馈管半径的 20 倍。

⑥馈管入室的室内、室外部分应保持 0.5 m 以上平直。

除了上述六条规范外，还需要注意以下实际工作中的规范。

①按照节约的原则，馈线应先量后裁，馈线的允许余量为 3%。

②制作馈线接头时，馈线的内芯不得留有任何遗留物。

③接头必须紧固无松动、无划伤、无露铜、无变形。

④布放馈线时，应横平竖直，严禁相互交叉，必须做到顺序一致。两端标识明确，并两端对应。标识应粘贴于两端接头向内约20 cm处。

⑤馈线必须用馈线卡固定，垂直方向馈线卡间距≤1.5 m，水平方向馈线卡间距≤1 m。无法用馈线卡固定时，用扎带将馈线相互绑扎。

⑥馈线、信号线必须与220 V以上的电源线有20 cm以上的间距。

⑦天线、馈线等器件、线缆必须标识明确，一一对应。

⑧室外必须用黑扎带，室内必须用白扎带，绑扎时应整齐美观、工艺良好。

⑨采用与基站设备统一的塑料标识牌，蓝底白字；主设备7/8″馈线标识牌应在天线侧、馈线窗外侧及避雷器侧统一捆扎，1/2″馈线不扎标识牌；电源柜内标签使用带不干胶的塑料标签。

⑩馈线避雷器统一向机柜后上方倾斜一致、整齐；所有设备布线做到横平竖直，设备进线均应垂直引入。

⑪馈线的单次弯曲半径应符合以下要求：7/8″馈线＞30 cm；5/4″馈线＞40 cm，15/8″＞50 cm（或大于馈线直径的10倍）。馈线多次弯曲半径应符合以下要求：7/8″馈线＞45 cm；5/4″馈线＞60 cm，15/8″＞80 cm。

⑫馈线在布放、拐弯时，弯曲度应圆滑、无硬弯，并避免接触尖锐物体，防止划伤进水，造成故障。

⑬馈线过线窗外必须有防水弯，防止雨水沿馈线进入机房。防水弯的切角应≥60º。

具体的跳线安装规范如下。

①1/2″跳线的单次弯曲半径应≥20 cm；多次弯曲半径应≥30 cm。

②跳线与天线、馈线的接头应连接可靠，密封良好。

③跳线应用扎带绑扎牢固，松紧适宜，严禁打硬折、死弯，以免损伤跳线。

④应避免跳线与尖锐物体直接接触。

⑤跳线与天线的连接处应留有适当的余量，以便日后维护。

⑥跳线与馈线的接头处应固定牢靠，防止晃动。

2. 天线的安装规范

①天线应在避雷针保护区域内。

②天线支架与铁塔连接要求可靠牢固，天线与天线支架连接可靠牢固，如图5-31所示。

a.天支的位置应与设计相符。

b.天支应保证施工人员安装天线时的安全和方便。

c. 天支安装必须垂直（允许误差 0.5°）。

d. 全向站天支到塔身的距离应大于 3 m。

e. 定向站天支应符合定向天线安装距离要求。

f. 单极化天线天支必须符合安装标准。

g. 同一扇区两个支架的水平间距必须保持在 3.5 m 以上，相邻的两个扇区支架之间的水平间距必须保持在 1.0 m 以上。

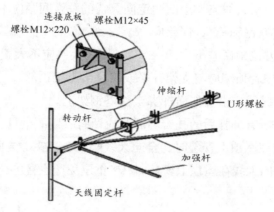

图 5-31　天线的安装规范（一）

③全向天线离塔体距离应不小于 2 m；定向天线离塔体距离应不小于 1 m，如图 5-32 所示。

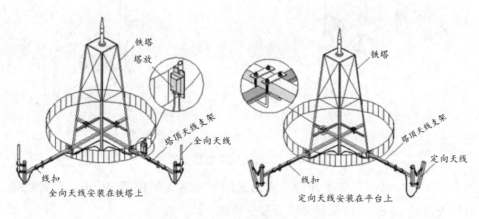

图 5-32　天线的安装规范（二）

a. 铁塔顶平台安装全向天线时，天线水平间距必须大于 4 m。

b. 天线安装于铁塔塔身平台上时，天线与塔身的水平距离应大于 3 m。

c. 同平台全向天线与其他天线的间距应大于 2.5 m。

d. 上下平台全向天线的垂直距离应大于 1 m。如果上平台天线为 GSM

900 MHz，下平台天线为CDMA 800 MHz，上下平台天线的垂直间距应≥5 m。

　　e. 天线的固定底座上平面应与天支的顶端平行（允许误差 ±5 cm）。

　　f. 全向天线安装时必须保证天线垂直（允许误差 ±0.5°）。

　　④全向天线收、发水平间距应不小于4 m。

　　⑤定向天线两接收天线分集间距不小于4 m。

　　⑥定向天线收、发垂直间距不小于2.5 m。

　　⑦安装在同一根天线支架上的两定向天线的垂直间距应不小于0.5 m。

　　⑧全向天线应保持垂直，误差应小于 ±2°。

　　⑨定向天线方位角误差不大于 ±5°，倾角误差应不大于 ±0.5°。

　　⑩全向天线护套顶端应与支架齐平或略高出支架顶部。

　　⑪接天线的跳线应沿支架横杆绑至铁塔钢架上。

　　⑫（室外）所有绑扎后的扎带剪断时应留有一定的余量。

　　⑬全向天线在屋顶上安装时，全向天线与天线避雷器之间的水平间距不小于2.5 m。全向天线在屋顶上安装时，尽量避免产生盲区，如图5-33所示。

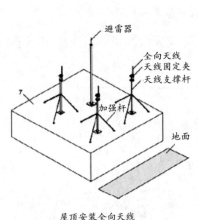

屋顶安装全向天线

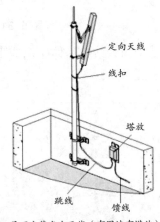

屋顶安装定向天线（有围墙有塔放）

图5-33　天线的安装规范（三）

　　①天线安装时，天支顶端应高出天线上安装支架顶部20 cm。天支底端应比天线长20 cm，以保证天线安装的牢固。

　　②天线安装完成后，必须保证天线在主瓣辐射面方向上，前方距离10 m范围内无任何金属障碍物。

　　③微波天线与GSM天线安装于同一平台上时，微波天线朝向应处于GSM同一小区两天线之间。

　　④天线安装在楼顶围墙上时，天线底部必须高出围墙顶部最高部分，应

大于 50 cm。

⑤安装楼顶桅杆基站时，天线与楼面的夹角应大于 45º。

⑥直放站中的施主天线和重发天线的水平间距应 ≥ 30 m，垂直间距应 ≥ 15 m。

⑦天线方位角必须和设计要求相符合（允许误差 ±5°）。

⑧同一扇区两个单极化天线的方位角必须一致（允许误差 ±5°）。

⑨俯仰角必须和设计要求相符合（允许误差 ±0.5°）。

其他部件的安装规范如下。

①安装塔放时，接天线的一侧应朝上，接馈管的一侧应朝下，塔放应安装在离天线较近的地方。

②楼顶安装馈窗引馈线入室时，要保证馈窗的良好密封。

③馈线接头制作规范，无松动。

使用胶带对相关部件进行防水操作时注意，室外的每一个裸露接头都必须用胶泥、胶带做密封防水处理。

胶泥的缠绕必须为两层，第一层先从上向下半重叠连续缠绕，第二层应从下向上半重叠连续缠绕，绕缠包时应充分拉伸胶带。

胶带缠绕为三层，第一层先从下向上半重叠连续缠绕，第二层应从上向下半重叠连续缠绕，第三层再从下向上半重叠连续缠绕，绕缠包时应充分拉伸胶带。

直放站安装完成后，须进行天线隔离度测试，施主天线的上、下行隔离度必须大于对应的上、下行增益 15 dbm；上行和下行的隔离度必须大于 110 dbm。若直放站的隔离度不能满足需要，须进行以下调整：微调施主天线和重发天线的方位角与俯仰角；在施主天线和重发天线之间安装屏蔽网；增大施主天线和重发天线之间的距离；重新设置直放机上下行链路的增益。

安装时不合规范易造成天线的排水不畅；下雨天会导致天线内积水；对接头的处理不好，易造成进水；由于人为或老化易造成馈线断裂；小区间的馈线调乱；对应天馈线相关的模块出现故障。经常会出现的天线故障是驻波比（Voltage Standing Wave Ratio，VSWR）。

驻波比是馈线上的电流（电压）最大值与电流（电压）最小值之比或者无线前射和反射功率的一种比值。其是用于测量天线的好坏的一种参考值。

对天馈线进行测试主要是通过驻波比或回损（Return Loss）值和隔离度来判断天线的安装质量。

天馈线测试仪可以对天线进行驻波比测试，天线故障定位，在射频传输线、接头、转接器、天线、其他射频器件或系统中查找问题。

GPS天线安装的规范如下。

① GPS天线的安装位置，视野要开阔，周围没有高大建筑物阻挡。天线竖直向上的视角不小于90°，如图5-34中所示。

② GPS天线应安装在避雷针保护区域（避雷针顶点下倾45°范围）内，并且与避雷针的水平距离大于2 m。

③若要安装多个GPS天线，GPS天线之间的水平间距（边缘）应大于0.2 m。

④ GPS天线应远离以下区域安装：高压电缆的下方；电视发射塔的强辐射区域；基站射频天线的正面主瓣近距离辐射区域；微波天线的辐射区域；其他的同频干扰或强电磁干扰区域。

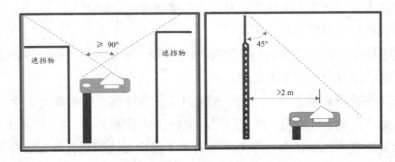

图5-34　GPS天线安装位置要求

GPS天线的安装首先要安装天线的支架，步骤如下。

①以天线支架为模板，确定天线支架在墙面上安装时三颗膨胀螺栓（M10）的安装孔位。

②在安装孔位打孔并安装膨胀螺栓。

③用膨胀螺栓固定支架在墙面上，力矩为28 N・m。

GPS天线支架的安装如图5-35所示。

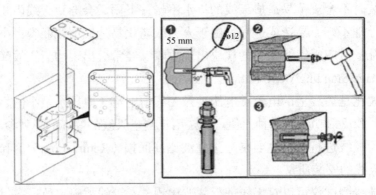

图5-35　GPS天线支架的安装

其次就需要裁剪馈线、制作室外馈线接头。测量 GPS 天线至主设备的路径长度，根据馈线上的长度标识确定裁剪位置后，用馈线刀裁剪长度适宜的馈线。在馈线的一端制作 N 型接头。常见 GPS 馈线规格有 1/2″ 超柔馈线和 RG8U 馈线，馈线的两端均为 N 型连接器，如图 5-36 所示。

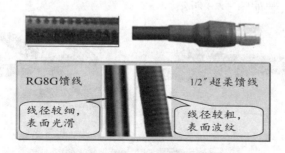

图 5-36 GPS 馈线裁剪和室外馈线接头

馈线接头制作好后，接下来就是安装 GPS 天线，如图 5-37 所示。需要注意的是在馈线接头与天线 N 型接头的接口处，采用"1+3+3"防水处理方法进行防水保护。在胶带的两端各用一个扎线扣绑扎。

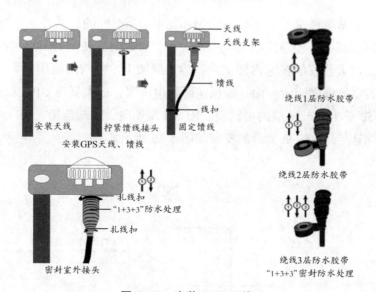

图 5-37 安装 GPS 天线

然后将馈线引入机房，馈线进入室内后根据设备侧避雷器的安装位置，准确裁剪掉多余的馈线，并制作 N 型接头。将馈线沿室内走线架布放，并用线扣绑扎固定。

设备侧避雷器安装在馈窗走线架上，距馈窗 1 m 范围内。其接地线连接至馈窗地排，默认采用 6 mm² 接地线，接地线在避雷器端使用 M8 OT 端子。

在不需要放大器和分路器的场景，避雷器的 Protect 端连接至 GPS 时钟信号线的 N 母型接头；信号线长度不够时采用与天线侧到馈窗同样型号的馈线进行转接。连接避雷器至主设备的详细操作方法参考主设备的相关安装手册。

GPS 馈线安装如图 5-38 所示。

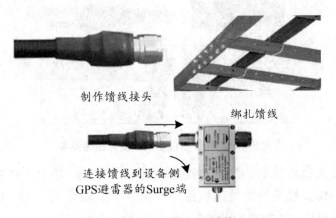

制作馈线接头

绑扎馈线

连接馈线到设备侧
GPS避雷器的Surge端

图 5-38　安装 GPS 馈线

一个基站单独使用一套 GPS 天馈系统时，当馈线的长度为 0～150 m 时，使用 RG8U 馈线；当馈线的长度为 151～270 m 时，使用 RG8U 馈线＋一个放大器。放大器安装在室内墙上或室内走线架上（需与走线架绝缘），可以安装在避雷器前面或者后面，根据实际路由情况，放大器与 GPS 天线之间的距离在 50～150 m 范围内可调整。RF IN 端朝向天线端连接，RF OUT 端朝向设备端连接。GPS 放大器的安装如图 5-39 所示。

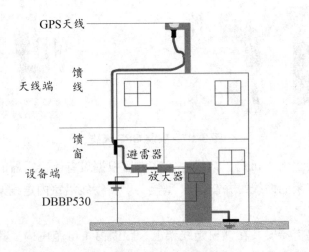

图 5-39　GPS 放大器的安装

两个基站共用一套 GPS 天馈系统时，当馈线的长度为 0 ～ 100 m 时，使用 RG8U 馈线 + "一分二" 分路器；当馈线的长度为 101 ～ 250 m 时，使用 RG8U 馈线 + 一个放大器 + "一分二" 分路器。

三个或四个基站共用一套 GPS 天馈系统时，当馈线的长度为 0 ～ 100 m 时，使用 RG8U 馈线 + "一分四" 分路器；当馈线的长度为 101 ～ 240 m 时，使用 RG8U 馈线 + 一个放大器 + "一分四" 分路器。分路器安装在室内，固定在室内走线架上（需与走线架绝缘），不需要安装保护地线。当基站到分路器的 GPS 时钟信号线长度不够时，在 GPS 时钟信号线的 N 型连接器端采用与天线侧到馈窗同样型号的馈线进行转接。采用 "一分二" 或 "一分四" 分路器，当分出的几路中有空闲端时，在空闲端安装匹配负载。GPS 分路器的安装如图 5-40 所示。

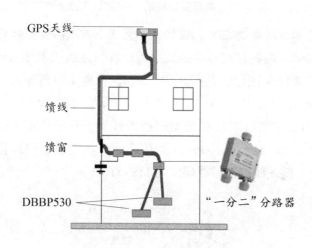

图 5-40 GPS 分路器的安装

在实际工作中，GPS 天线安装一般可以分为两大典型场景：GPS 天线上塔和 GPS 天线不上塔。

GPS 天线上塔的场景（包括水塔站）如图 5-41 所示，需要在 GPS 天线下方安装避雷器，此时上塔的高度是没有限制的。GPS 避雷器悬空安装在天线的下方，避雷器不安装保护地线，在 GPS 避雷器下方 1 m 范围内用馈线接地夹将馈线通过屏蔽层接地。馈线沿走线梯布放，同时用馈线夹固定，其间距约 2.5 m，根据实际情况可适当调整。设备侧 GPS 避雷器安装在馈窗走线架上，距馈窗 1 m 范围内，且避雷器必须与走线架绝缘。GPS 避雷器接地线连接至馈窗地排，默认采用 6 mm² 接地线，接地线在避雷器端使用 M8 OT 端子。

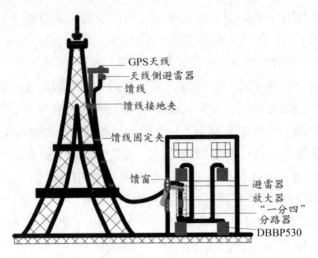

图5-41 典型安装场景——GPS天线上塔

GPS 天线不上塔场景如图 5-42 所示，天线下方不需要安装 GPS 避雷器。馈线不需要接地，馈线在室外的走线全程绝缘。馈线顺着楼房墙面的走线梯布放，同时用馈线夹固定，其间距约 2.5 m，根据实际情况可适当调整。在所有馈线弯曲的地方，馈线弯曲半径要大于馈线直径的 20 倍。

设备侧 GPS 避雷器安装在馈窗附近走线架上，距馈窗 1 m 范围内，且避雷器必须与走线架绝缘。GPS 避雷器接地线连接至馈窗地排，默认采用 6 mm² 接地线，接地线在避雷器端使用 M8 OT 端子。

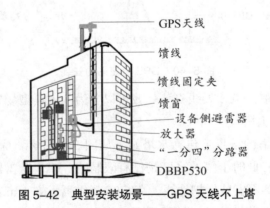

图5-42 典型安装场景——GPS 天线不上塔

5.4 DBS3900 硬件自检

在基站安装完成后，我们需要对设备的安装进行自检。自检的目的是排除一些明显的工程问题，从而规避基站运行的风险。在实际工作中一般都需要按照设备商的要求进行设备的自检，并提交相应的自检报告。

下面具体介绍 DBS3900 的安装检查事项。BBU 侧需要检查的事项如表 5-1 所示。

表 5-1　BBU 自检清单

序号	检查项目
1	机箱放置位置应严格与设计图纸相符
2	采用墙面安装方式时，挂耳的孔位与膨胀螺栓孔位配合良好，挂耳应与墙面贴合平整牢固
3	采用抱杆安装方式时，安装支架固定牢固，不松动
4	采用落地方式安装时，底座要安装稳固
5	机箱水平度误差应小于 3 mm，垂直偏差度应不大于 3 mm
6	所有螺栓都要拧紧（尤其要注意电气连接部分），平垫、弹垫要齐全，且不能装反
7	机柜清洁干净，及时清理灰尘、污物
8	外部漆饰应完好，如有掉漆，掉漆部分需要立即补漆，以防止腐蚀
9	预留空间未安装用户设备的部分要安装假面板
10	柜门开闭灵活，门锁正常，限位拉杆紧固
11	各种标识正确、清晰、齐全

RRU 的硬件安装检查如表 5-2 所示。

表 5-2　RRU 的硬件安装检查

序号	检查项目
1	设备的安装位置严格遵循设计图纸，满足安装空间要求，预留维护空间
2	RRU 安装牢固
3	RRU 的配线腔盖板锁紧
4	防水检查：RRU 配线腔未走线的导线槽中安装防水胶棒，配线腔盖板锁紧；未安装射频线缆的射频端口安装防尘帽，并对防尘帽做好防水处理
5	电源线、保护地线一定要采用整段材料，中间不能有接头
6	制作电源线和保护地线的端子时，应焊接或压接牢固。
7	所有电源线、保护地线不得短路，不得反接，且无破损、断裂
8	电源线、地线与其他线缆分开绑扎
9	RRU 保护接地、建筑物的防雷接地应共用一组接地体
10	信号线的连接器必须完好无损，连接紧固可靠；信号线无破损、断裂
11	标签正确、清晰、齐全，各种线缆、馈线、跳线两端标签标志正确

在实际工程中每个设备商或者运营商都有自己的一套硬件质量标准，按照检查内容的重要程度和关键程度来细分检查项，并给出相应的分值。在检

查完成后如果未达到一定分值则视为不合格。类似于表5-3中所示的华为无线产品硬件质量标准的部分截取。

表5-3 华为无线产品硬件质量标准部

编码	检查内容	检查方法	分数	说明
WHCA00A	机架和底座（支架）连接可靠牢固，机架安装后必须稳立不动		3	
WHCA01A	射频电缆接头要安装到位，以避免虚假连接而导致驻波比异常，影响系统正常工作		2	
WHCA02A	中继电缆接头连接必须牢固可靠，对于现场制作的电缆插头必须按规范制作，压接可靠，外观完好无损		2	
WHCA03A	对于各种线缆的插头插接前必须保证干净，必要时按规范进行清洁处理		2	
WHCA04A	机架和水泥基础应连接可靠牢固，机架安装后必须稳立不动		2	
WHCA05A	蓄电池柜的接线要正确牢靠(有外置蓄电池时检查)		2	
WHCA06A	告警线的连接要正确牢靠(有外接告警箱时检查)		2	
WHCA07A	机柜所配的外置避雷器按设计要求安装正确，连接牢靠		1.5	
WHCA08A	机架各部件不能存在变形影响设备外观现象		1.5	
WHCA09B	机柜或底座（支架）与地面固定膨胀螺丝安装牢固可靠，各种绝缘垫、平垫、弹垫和螺丝螺母安装顺序正确		1	
WHCA10B	机柜垂直偏差度应小于3°		1	
WHCA11B	机柜内电缆连接时，应尽量不交叉，不能拉得过紧，拐弯处一定要留有余量，电缆弯折整齐一致		0.5	
WHCA12B	风扇螺钉要拧紧，安装牢固可靠，风扇开关正常，转动正常、告警正常		0.5	
WHCA13B	机柜安装应使用配发的绝缘材料，使机柜与地面、墙面保持绝缘		0.5	
WHCA14B	现场加工的电缆去皮部分需加套管或绝缘胶布		0.5	
WHCA15B	机柜中合路器、分路器、CDU暂时不使用的端子要使用保护套保护起来，避免灰尘或者其他杂物落入这些端口里面		0.5	

通过硬件质量标准对安装的硬件进行一项一项的检查，同时还需要输出相关的工程质量检查报告。

如何才能做到安装质量过关，关键是严格按照产品安装手册进行安装，并结合客户的施工要求进行规范，从而给基站减少安全隐患。

5.5　DBS3900 加电

基站加载电前需要进行一系列的检查，当然在进行设备安装自检时可以一道完成。这里同样分 BBU 和 RRU 两侧加电来讲解。

DBS3900 基站通电工作之前，需要对机柜本身和机柜内部件进行上电检查。其中 DCDU03B 直流输出电压范围为 –57 ～ –43.2 V。BBU 具体的上电检查步骤如图 5-43 所示。

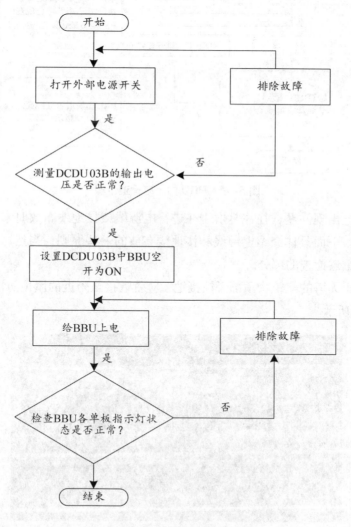

图 5-43　BBU 的上电检查步骤

其中 BBU 上完电后，BBU 单板 GTMU、WMPT、UMPT、WBBP、LMPT、LBBP、UTRP、UCIU 指示灯正常状态应该是：RUN 指示灯绿色闪烁（1 s 亮，1 s 灭）；ALM 常灭；ACT 常亮。UPEU 单板 RUN 指示灯状态：常亮。FAN 模块 STATE 指示灯状态：绿色闪烁（1 s 亮，1 s 灭）。

RRU 的上电检查步骤和其对应的正常状态如图 5-44 所示。

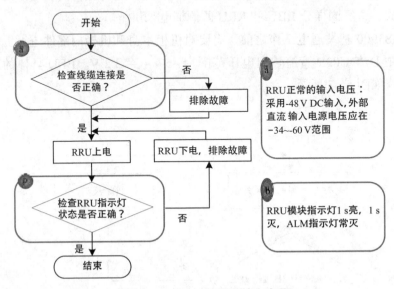

图 5-44　RRU 的上电检查步骤

若加电出现问题，往往是由于在进行电源线或接地线布放时未按照规范进行操作。下面具体介绍电源线和接地线布放的一些原则，当然这也是在上电前需要重点检查的部分。

①对于无塔的建筑物顶部天馈接地，应就近接至附近的屋顶防雷地网上，如图 5-45 所示。

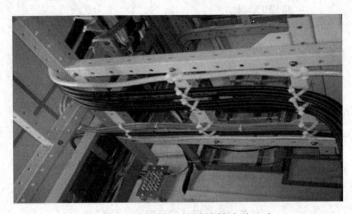

图 5-45　电源线、接地线检查（一）

②电源线及接地线线鼻柄和裸线需用套管或绝缘胶布包裹，做到无铜线裸露，如图 5-46 所示。

图 5-46 电源线、接地线检查（二）

③ GPS/GLONASS 天馈线应有可靠接地点，GPS/GLONASS 室内天馈避雷器直接安装在机柜的 GPS/GLONASS 信号输入端子上，不需要接地，室外避雷器在靠近室外 GPS/GLONASS 天线的地方可做防雷接地处理（有 GPS/GLONASS 天线时检查），如图 5-47 所示。

图 5-47 电源线、接地线检查（三）

④机柜的前门，通过公司配发或自购的电缆线连接到机柜固定门板接地螺栓上，机柜门板的地线连接要求紧固可靠，如图 5-48 所示。

图 5-48 电源线、接地线检查（四）

⑤馈线接地夹直接良好地固定在就近塔体的钢板上，馈线接地夹的制作符合规范要求，连接牢靠并对其做好防锈、防腐、防水等处理，如图 5-49 所示。

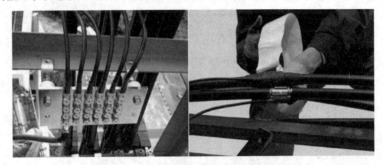

图 5-49 电源线、接地线检查（五）

⑥对于接地端子，连接前要进行除锈除污处理，保证连接的可靠；连接后使用自喷快干漆或者其他防护材料对其进行防腐防锈处理，保证接地端子的长期接触良好，各接线端子应正确可靠安装，有平垫和弹垫，如图 5-50 所示。

图 5-50 电源线、接地线检查（六）

⑦机柜外电源线、接地线与信号线间距符合设计要求，一般建议间距大于 3 cm，如图 5-51 所示。

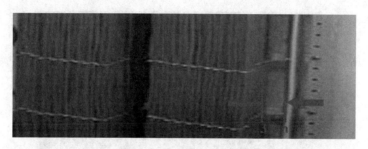

图 5-51 电源线、接地线检查（七）

⑧当塔高于 60 m 时，在塔中部的馈线上再增加一处馈线接地夹。

⑨若馈线离开铁塔后，在楼顶（或走线架上）布放一段距离再入室，且这段距离超过 20 m，此时应在楼顶（或走线架上）加一避雷接地夹。

⑩馈线自楼顶沿墙壁入室，若使用下线梯，则下线梯应接地。

⑪馈线接地线引向应由上往下，与馈线夹角以不大于 15° 为宜。

⑫馈线自塔顶至机房至少应有三处接地（离开塔上平台后一米范围内，离开塔体引至室外走线架前一米范围内，馈线离馈窗外一米范围内），接地处绑扎牢固，防水处理完好，如图 5-52 所示。

图 5-52 电源线、接地线检查（八）

⑬电源线、接地线按规范填写标签并粘贴，标签位置整齐、朝向一致（包括配电开关标签），标签可根据客户要求统一制作，便于查看。一般建议标签粘贴在距插头 2 cm 处。

⑭设备电源线、接地线及机柜间等电位级连线的线径满足设备配电要求。

⑮设备电源开关、风扇等功能正常。

⑯电源线、接地线走线时应平直，绑扎整齐，在转弯处应圆滑。

⑰布放的电源线、接地线颜色与发货一致，或者符合客户的要求，如图 5-53 所示。

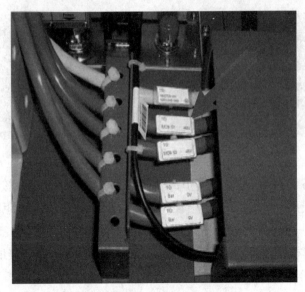

图 5-53　电源线、接地线检查（九）

⑱在一个接线柱上安装两根或两根以上的电线电缆时，一般采取交叉或背靠背安装方式，重叠时建议将线鼻做 45°或 90°弯处理。重叠安装时应将较大线鼻安装于下方，较小线鼻安装于上方，如图 5-54 所示。

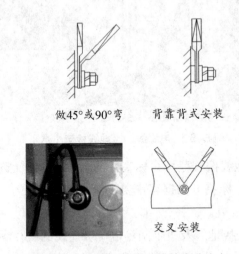

做45°或90°弯　　　　背靠背式安装

交叉安装

图 5-54　电源线、接地线检查（十）

在实际施工中我们一定要按照上述规范来操作，这样才能避免不必要的麻烦和后期基站的安全隐患。

第六章 4G_LTE 仿真数据配置

知识简介

● 仿真软件的安装与卸载

● MML 命令

● LTE 仿真单站配置及故障排查

● LTE 仿真规划模式设置及故障排查

6.1 仿真软件的安装

讯方 LTE 仿真软件是用于模拟 LTE 设备的配置，具有高度的实用性。它从模拟设备的建立到设备之间通信的验证形成了无缝的对接，主要用于辅助开站、近端定位和故障排除，用户能轻松地学习到 LTE 设备的工作原理和相关应用知识。本节介绍讯方 LTE 仿真软件 V 1.0。

硬件环境：操作终端为普通 PC；硬盘空间 10 GB 以上；CPU 1 GB 以上；内存 1 GB 以上；网卡一个。

软件环境：操作系统支持 Windows 2000、Windows 2003、Windows XP、Windows 7；Java 运行环境（JDK 1.6.0 及以上版本）；数据库为 MySQL Server 5.0。

6.1.1 JDK 安装步骤

步骤 1：双击安装文件 "jdk-6u26-windows-i586.exe" 进入相应界面，单击下一步。

步骤 2：选择安装目录，单击下一步。

步骤 3：等待下一步安装。

步骤 4：出现安装界面，单击下一步。

步骤 5：显示安装进度条。

步骤 6：跳转到安装完成界面，单击完成，JDK 1.6.0_26 安装成功。

6.1.2 安装 MySQL 数据库

步骤 1：双击 MySQL 安装文件 "Setup 5.0.exe" 进入相应界面，选择 Next。

步骤 2：选择 "Typical" 模式。

步骤 3：单击 "Install" 开始安装。

步骤 4：选择 "Skip Sign_Up"，单击 Next。

步骤 5：选择 "Configure the MySQL Server now"，单击 "Finish"，完成服务端的安装。

步骤 6：单击 Next，开始配置 MySQL。

步骤 7：选择 "Detailed Configuration"，单击 Next。

步骤 8：选择 "Developer Machine"，单击 Next。

步骤 9：选择 "Multifunctional Database"，单击 Next。

步骤 10：选择 MySQL 的安装路径，单击 Next。

步骤 11：选择 "Manual Setting"，单击 Next。

步骤 12：选择 "Enable TCP/IP Networking" 和 "Enable Strict Mode"（注意："Port Number" 必须是 "3306"（默认）），单击 Next。

步骤 13：选择 "Manual Selected Default Character Set /Collation"，并更改 "Character Set" 为 "gb2312"，单击 Next。

步骤 14：选择 "Install As Windows Service" 和 "Include Bin Directory in Windows PATH"，单击 Next。

步骤 15：选择 "Modify Security Settings" "New rootpassword" 和 "confirtm：root"（注意：一定要选择 "Enable root access from remote machines"），单击 Next。

步骤 16：勾选 "prepare configuration" "write configuration file" "start service" 和 "apply security settings"，单击 "Finish"，安装结束。

步骤 17：右击桌面中的 "计算机"，选择 "属性" → "高级系统设置" → "环境变量"，单击 "系统变量" 中的 "Path" 选项，将 MySQL 安装目录 "C:\Program Files\MySQL\MySQL Server 5.0\bin" 加入其中，并以分号结束。

6.1.3 LTE 仿真软件的安装

1. 安装 LTE 服务端

步骤 1：双击 LTE 服务端安装文件 "LTE-Server-V 1.0-2" 图标，进入相应界面，选择下一步。

步骤 2：选择"我同意该许可协议的条款"，单击下一步。

步骤 3：选择安装目录，单击下一步。

步骤 4：出现安装进度条界面。

步骤 5：单击完成，完成服务端的安装。

步骤 6：此时，桌面出现"LTE-Server"图标。

2. 安装 LTE 客户端

步骤 1：双击 LTE 客户端安装文件"LTE-Client-V 1.0-2"图标，进入相应界面，单击下一步。

步骤 2：选择"我同意该许可协议的条款"，单击下一步。

步骤 3：选择安装目录，单击下一步。

步骤 4：显示安装进度条。

步骤 5：单击完成，完成客户端的安装。

步骤 6：此时，桌面出现"LTE-Client"图标。

6.1.4 LTE 仿真软件的卸载

1. 卸载 LTE 服务端

步骤 1：右击"LTE_Server"图标，选择"卸载 LTE_Server"。

步骤 2：出现卸载界面，单击下一步。

步骤 3：等待卸载完成，单击完成。

卸载完毕，但安装目录下会保留一些日志信息，若要彻底删除，只需手动进入安装目录直接删除文件夹即可。

2. 卸载 LTE 客户端

步骤 1：右击"LTE_Client"图标，选择"卸载 LTE_Client"。

步骤 2：进入卸载界面，单击下一步。

步骤 3：出现卸载进度条，单击下一步。

步骤 4：等待卸载完成，单击完成。

卸载完毕，但安装目录下会保留一些日志信息，若要彻底删除，只需手动进入安装目录直接删除文件夹即可。

6.1.5 检查安装状态

1. 检查 JDK 安装状态

在运行窗口"cmd"命令行中输入 Java 命令，如果出现 Java 的相关参数则说明 JDK 安装成功。

2. 检查 MySQL 安装状态

步骤 1：选择 "开始" → "所有程序" → "MySQL" → "MySQL Server 5.0" → "MySQL Command Line Clien"。

步骤 2：进入 "enter passpords" 界面。

步骤 3：输入相应的密码。安装 MySQL 时输入的密码为 "root"，所以输入 "root" 就可以，再输入相应的命令，如输入 "show databases" 会显示已安装的数据库名称，则说明安装成功。

3. 检查 LTE 安装状态

步骤 1：双击 LTE 仿真软件，如果为第一次启动，则会弹出初始化数据库的 Dos 窗口，该过程大概执行 6 ~ 8 s，若一闪而过，则需检查 MySQL 的环境变量是否配置正确。

步骤 2：完成后出现登录界面说明安装成功。

6.2　配置前准备

6.2.1 启动 LTE 服务端

服务端的启动由教师完成，双击 LTE 服务端，会出现验证注册信息进度条。

启动成功后，学生可以登录。如果未注册或非法注册或注册信息过期，则会弹出需要注册的对话框。

6.2.2 启动 LTE 客户端

双击 LTE 客户端系统，若为第一次启动，则会弹出初始化数据库的 Dos 窗口，该过程大概执行 6 ~ 8 s。

输入服务端 IP 地址，端口号默认，再选择要进入模式。

该 LTE 软件共有三种模式，分别为自由模式、单站模式、规划模式。

自由模式：该模式是给用户自由练习操作使用的，它不会产生告警，也不需要验证。

单站模式：该模式下，系统默认已添加一个基站，用户可以在界面上模拟实物，并可以配置数据，查询告警和测试验证。

规划模式：该模式下，用户可以自由添加基站，模拟实物，并配置数据，且基站与基站之间数据不共享，但实物设备可以共享。

6.2.3 界面介绍

MML业务配置主界面如图6-1所示

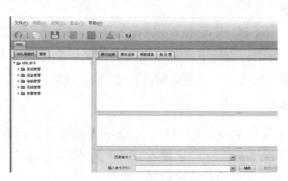

图6-1   MML业务配置主界面

1. 命令导航

系统对操作命令进行分类导航，方便用户查看及操作。操作命令主要分为系统管理、设备管理、传输管理、无线管理和告警管理，命令参数面板。

2. 搜索功能

在输入框中输入关键字，可以查找相关的命令。

3. 执行命令

双击左侧"MML导航树"中的命令，或在右侧"输入命令"框中输入命令，单击执行，或按快捷键"F9"，显示执行成功，否则执行失败，将返回失败原因并以红色字体显示。

4. 历史记录

可以保存执行的命令的历史记录，以方便查看，且可以将历史记录保存至本地文件。

5. 帮助信息

针对每一条命令都有对应的帮助信息说明，可以帮助用户快速学习和理解命令。

6. 智能提示功能

在"输入命令"框手动输入命令时，系统可以自动提示相应命令，以方便地定位到具体命令。

7. 实验初始化

在做实验之前或重新开始做实验都要进行实验初始化操作，该操作将清

除所有数据，恢复到初始状态。选择菜单栏"文件"→"实验初始化"，将出现清除数据进度条，直至清除完成，显示初始化成功。

8. 保存当前配置

选择菜单栏"文件"→"保存当前配置"，系统会默认将当前配置保存到一个 MML 文件中，以便下次可以导入文件恢复到该状态下。该操作相当于备份数据。保存成功后，系统会默认在文件名后面加上日期和时间。

9. 导入文件

同样可以导入一个备份的 MML 文件来恢复数据，该操作相当于还原数据。选择菜单栏"文件"→"导入文件"，在弹出的对话框中选择一个 MML 文件，出现导入成功对话框即导入文件成功。

10. 批处理脚本

批处理脚本不仅可执行单条命令操作，多条命令也可执行，在 MML 命令处理界面，选择关于批处理的选项卡，导入一个实验脚本文件进行批处理执行。

11. 逻辑组网

在登录界面"选择模式"一项中选择"单站模式"，进入逻辑组网主界面。

12. 工程场景图

双击网元图标可以查看模块工程场景机框和单板图。

13.BBU 单板图

右击一个槽位可以增加相应的单板。

14. 复位单板状态图

在 MML 命令行输入"RST BRD"命令后，可以查看该单板的状态变化情况。

15. 多基站分布图

在登录界面选择"规划模式"，打开选择站点对话框，系统提供了密集城区场景、郊区乡村场景、公路铁路场景等，选择其中一个场景建立多个基站（最多添加三个）。

16. 查看告警

在业务配置过程中，可能会出现一系统告警，及时查看和处理告警可定位具体问题，以保证业务互通。告警分为三个等级：紧急、主要和次要。

17. 验证测试

选择菜单栏"验证"→"验证测试"打开 iPad 模拟终端，单击左边主菜单按钮，滑动锁屏滚动按钮，解锁屏幕。单击浏览器按钮，如果顺利打开深圳市讯方通信技术有限公司的官网，则说明业务配置正常。反之，如果无法打开网页，则说明业务配置出现问题，可以查看告警重新配置。

6.3　MML 命令

MOD：修改命令，如 MOD ENODEB：配置基站基本信息；MOD CNOPERATORTA：修改跟踪区域配置信息；MOD CELL：修改小区。

ADD：增加命令，如 ADD CNOPERATOR：增加基站所属运营商信息；ADD CNOPERATORTA：添加跟踪区域配置信息；ADD BRD：增加单板；ADD RRU：增加 RRU 信息；ADD GPS：增加 GPS 信息。

RMV：删除命令，如 RMV CNOPERATORTA：删除跟踪区域配置信息；

DSP、LST：查看命令，如 DSP CELL：查看小区的状态；LST CELL：查看小区的配置信息，包括小区频点 /PCI/ 上下行带宽 / 子帧配比 / 跟序列配置等。

DEA：去激活命令，如 DEA CELL：去激活小区。

ACT：激活命令，如 ACT CELL：激活小区。

6.4　LTE 仿真单站配置及故障排查

6.4.1 LTE 仿真单站配置

以一个单站数据配置为例，掌握单站配置命令和数据，也可以根据需要规划配置数据。具体规划数据见附录 1。

LTE 仿真单站配置步骤如下。

STEP1：MOD ENODEB：ENODEBID=1310, NAME=" 讯方通信基站 ", ENBTYPE=DBS3900_LTE, AUTOPOWEROFFSWITCH=On, GCDF=DEG, LONGITUDE=0, LATITUDE=0, LOCATION=" 火炬职院立德楼 ", PROTOCOL=CPRI;

STEP2：ADD CNOPERATOR：CNOPERATORID=1, CNOPERATORNAME=" 讯方通信 ", CNOPERATORTYPE=CNOPERATOR_PRIMARY, MCC="460", MNC="20";

STEP3：ADD CNOPERATORTA：TrackingAreaId=3, CNOPERATORID=1, TAC=321;

STEP4：ADD BRD：CN=0, SRN=0, SN=2, BT=LBBP, WM=TDD;

STEP5：ADD BRD： CN=0, SRN=0, SN=16, BT=FAN;

STEP6：ADD BRD： CN=0, SRN=0, SN=6, BT=UMPT;

STEP7：ADD BRD： CN=0, SRN=0, SN=18, BT=UPEU;

STEP8：ADD BRD： CN=0, SRN=0, SN=19, BT=UPEU;

STEP9：ADD RRUCHAIN： RCN=0, TT=CHAIN, AT=LOCALPORT, HCN=0, HSRN=0, HSN=2, HPN=0, CR=AUTO;

STEP10：ADD RRU： CN=0, SRN=60, SN=0, TP=TRUNK, RCN=0, PS=0, RT=LRRU, ALMPROCSW=ON, ALMPROCTHRHLD=30, ALMTHRHLD=20, RS=TDL, RXNUM=1, TXNUM=1;

STEP11：ADD GPS： GN=0, CN=0, SRN=0, SN=6, CABLETYPE=COAXIAL, CABLE_LEN=20, MODE=GPS, PRI=4;

STEP12：ADD ETHPORT： CN=0, SRN=0, SN=6, SBT=BASE_BOARD, PN=0, PA=COPPER, MTU=1500, SPEED=100M, ARPPROXY=DISABLE, FC=CLOSE, FERAT=10, FERDT=8, DUPLEX=FULL;

STEP13：ADD DEVIP： CN=0, SRN=0, SN=6, SBT=BASE_BOARD, PT=ETH, PN=0, IP="155.155.155.2", MASK="255.255.255.0";

STEP14：ADD IPRT： CN=0, SRN=0, SN=6, SBT=BASE_BOARD, DSTIP="160.160.160.10", DSTMASK="255.255.255.0", RTTYPE=NEXTHOP, NEXTHOP="155.155.155.3", PREF=60, DESCRI="TO MME";

STEP15：ADD IPRT： CN=0, SRN=0, SN=6, SBT=BASE_BOARD, DSTIP="160.160.160.11", DSTMASK="255.255.255.0", RTTYPE=NEXTHOP, NEXTHOP="155.155.155.3", PREF=60, DESCRI="TO SGW";

STEP16：ADD IPRT： CN=0, SRN=0, SN=6, SBT=BASE_BOARD, DSTIP="190.190.190.5", DSTMASK="255.255.255.0", RTTYPE=NEXTHOP, NEXTHOP="155.155.155.3", PREF=60, DESCRI="TO OMC";

STEP17：ADD VLANMAP： NEXTHOPIP="155.155.155.3", MASK="255.255.255.0", VLANMODE=SINGLEVLAN, VLANID=101, STEPRIO=DISABLE;

STEP18：ADD S1SIGIP： CN=0, SRN=0, SN=6, S1SIGIPID="0", LOCIP="155.155.155.2", LOCIPSECFLAG=DISABLE, SECLOCIP="0.0.0.0", SECLOCIPSECFLAG=DISABLE, LOCPORT=1500, RTOMIN=1000, RTOMAX=3000, RTOINIT=1000, RTOALPHA=12, RTOBETA=25, HBINTER=5000, MAXASSOCRETR=10, MAXPATHRETR=5, CHKSUMTX=DISABLE, CHKSUMRX=DISABLE, CHKSUMTYPE=CRC32, SWITCHBACKFLAG=ENABLE, SWITCHBACKHBNUM=10,

TSACK=200, CNOPERATORID=1;

STEP19：ADD MME： MMEID=0, FIRSTSIGIP="160.160.160.10", FIRSTIPSECFLAG=DISABLE, SECSIGIP="0.0.0.0", SECIPSECFLAG=DISABLE, LOCPORT=1500, CNOPERATORID=1, MMERELEASE=Release_R8;

STEP20：ADD S1SERVIP： CN=0, SRN=0, SN=6, S1SERVIPID="0", S1SERVIP="155.155.155.2", IPSECFLAG=DISABLE, PATHCHK=DISABLE, CNOPERATORID=1;

STEP21：ADD SGW： SGWID=0, SERVIP1="160.160.160.11", SERVIP1IPSECFLAG=DISABLE, SERVIP2="0.0.0.0", SERVIP2IPSECFLAG=DISABLE, SERVIP3="0.0.0.0", SERVIP3IPSECFLAG=DISABLE, SERVIP4="0.0.0.0", SERVIP4IPSECFLAG=DISABLE, DESCRIPTION="S1-U", CNOPERATORID=1;

STEP22：ADD OMCH： FLAG=MASTER, IP="155.155.155.2", MASK="255.255.255.0", PEERIP="190.190.190.5", PEERMASK="255.255.255.0", BEAR=IPV4, CN=0, SRN=0, SN=6, SBT=BASE_BOARD, BRT=NO;

STEP23：ADD SECTOR： SECN=10, GCDF=DEG, LONGITUDE=0, LATITUDE=0, SECM=NormalMIMO, ANTM=1T1R, COMBM=COMBTYPE_ SINGLE_RRU, SECTORNAME="SEC0", ALTITUDE=30, UNCERTSEMIMAJOR=3, UNCERTSEMIMINOR=3, ORIENTOFMAJORAXIS=0, UNCERTALTITUDE=3, CONFIDENCE=0, OMNIFLAG=FALSE, CN1=0, SRN1=60, SN1=0, PN1=R0B;

STEP24: ADD CELL： LocalCellId=0, CellName=" 讯方通信基站 _0", SectorId= 10, CsgInd=BOOLEAN_FALSE, UlCyclicPrefix=NORMAL_CP, DlCyclicPrefix= NORMAL_CP, FreqBand=39, UlEarfcnCfgInd=NOT_CFG, DlEarfcn=38250, UlBandWidth=CELL_BW_N100, DlBandWidth=CELL_BW_N100, CellId=110, PhyCellId=0, AdditionalSpectrumEmission=1, FddTddInd=CELL_TDD, SubframeAssignment=SA0, SpecialSubframePatterns=SSP0, CellSpecificOffset=dB0, QoffsetFreq=dB0, RootSequenceIdx=0, HighSpeedFlag=LOW_SPEED, PreambleFmt=0, CellRadius=10000, CustomizedBandWidthCfgInd=NOT_ CFG, EmergencyAreaIdCfgInd=NOT_CFG, UePowerMaxCfgInd=NOT_CFG, MultiRruCellFlag=BOOLEAN_FALSE, CPRICompression=NO_COMPRESSION;

STEP25：ADDCELLOP： LocalCellId=0, TrackingAreaId=3, CellReservedForOp=CELL_NOT_RESERVED_FOR_OP, OpUlRbUsedRatio=25, OpDlRbUsedRatio=25;

6.4.2 LTE 仿真单站故障排查

具体规划数据见附录 2。

1. 单站故障 1

（1）故障描述

故障描述如图 6-2 所示。

...	告警编号	名称	级别	发生时间	网管分类	定位信息	告警来源
1	#ALM_BS1-2819	单板不在位告警	紧急	2019-02-18 16:14:21	运行系统	BBU-1-LBBP单板错误	MML界面中未配置此单板
2	#ALM_BS1-2832	小区不可用告警	重要	2019-02-18 16:14:21	运行系统		MML界面中未配置此单板
3	#ALM_BS1-2833	RRU故障告警	重要	2019-02-18 16:14:21	运行系统		MML界面中未配置此单板
4	#ALM_BS1-2840	光模块故障告警	重要	2019-02-18 16:14:21	运行系统		MML界面中未配置此单板
5	#ALM_BS1-2821	线路连通告警	紧急	2019-02-18 16:14:21	硬件系统	光模块错误	BBU-1-LBBP-0处的光模块MML中未配置
6	#ALM_BS1-2832	小区不可用告警	重要	2019-02-18 16:14:21	运行系统		BBU-1-LBBP-0处的光模块MML中未配置
7	#ALM_BS1-2833	RRU故障告警	重要	2019-02-18 16:14:21	运行系统		BBU-1-LBBP-0处的光模块MML中未配置

图 6-2　单站故障 1 描述

（2）故障排查

步骤 1：查询单板，发现 LBBP 单板配置在 3 号槽位与逻辑视图中 2 号槽位不符。

步骤 2：删除单板，柜号 =0，框号 =0，槽号 =3。

步骤 3：增加单板，柜号 =0，框号 =0，槽号 =2；单板类型 LBBP，工作模式 TDD。

步骤 4：刷新告警，第一条告警"链 / 环头柜号、框号、槽号信息主要来自 LBBP"，告警来源"ADD RRUCHAIN 或 MOD RRUCHAIN"。

步骤 5：在逻辑视图 BBU 的 3 号槽位中添加 LBBP 单板，并把 RRU 连接。

步骤 6：刷新告警，无告警。

2. 单站故障 2

（1）告警描述

告警描述如图 6-3 所示。

查看普通告警信息

...	告警编号	名称	级别	发生时间	网管分类	定位信息	告警来源
1	#ALM_BS1-2720	目的网元不可达告警	重要	2015-06-15 10:44:17	运行系统	没有可连接的路由	ADD OMCH 或 MOD OMCH
2	#ALM_BS1-2815	逻辑组网未成功告警	紧急	2019-02-19 08:41:32	硬件系统	BBU-1-UMPT-0端口...	OMC-1与所连路由不匹配
3	#ALM_BS1-2838	OMC不可达告警	重要	2019-02-19 08:41:32	运行系统		OMC-1与所连路由不匹配

图 6-3　单站故障 2 描述

（2）故障排查

ADD IPRT 设置中增加操作维护中心路由。

3. 单站故障 3

（1）故障描述

故障描述如图 6-4 所示。

图 6-4　单站故障 3 描述

（2）故障排查

①查询告警：未添加跟踪区域配置信息。

步骤 1：查询小区运营商信息，跟踪区域标识 = 8。

步骤 2：查看运营商信息，运营商索引值 = 0。

步骤 3：添加跟踪区域配置信息，跟踪区域标识 = 8，运营商索引值 = 0，跟踪区域码 = 820。

②刷新告警：BBU-1-LBBP-2 处的光模块 MML 中未配置。

步骤 1：查询 RRU 链环配置信息，有两条链，链 / 环头光口号分别在 0、1。

步骤 2：查看逻辑视图 RRU 所连光口号为 2，在 LBBP 添加 0 号光口，删除线缆，重新连接到 0 号光口。

③刷新告警：MME-1 与所连路由不匹配。

步骤 1：查询静态路由配置信息，IP 地址无错误。

步骤 2：查询 S1 信令 IP，无错误。

步骤 3：查询 MME 的配置信息，IP 地址无错误。

步骤 4：重新查看逻辑视图中 MME 的组网参数，发现掩码错误，修改为"255.255.255.0"。

④刷新告警：无告警。

4. 单站故障 4

（1）故障描述

故障描述如图 6-5 所示。

流水号	告警编号	名称	级别	发生时间	网管分类	定位信息	告警来源
1	#ALM_BS1-2702	单板闭塞告警	重要	2015-06-30 14:04:42	硬件系统	单板处于闭塞状态	BLK BRD
2	#ALM_BS1-2714	小区不可用告警	紧急	2015-06-30 14:03:25	运行系统	小区频带配置错误	ADD CELL&&MOD CELL
3	#ALM_BS1-2720	网口故障网元不可达告警	重要	2015-06-30 14:02:58	运行系统	网口或网元不可达描述路由	ADD OMCH 或 MOD OMCH
4	#ALM_BS1-2725	端口故障或配置错误告警	重要	2015-06-30 13:56:22	信令系统	本端主用信令IP未在DEVIP中配置	ADD S1SIGIP 或 MOD S1SIGIP
5	#ALM_BS1-2726	端口故障或配置错误告警	重要	2015-06-30 13:56:56	信令系统	S1业务IP未在DEVIP中配置	ADD S1SERVIP 或 MOD S1SERVIP
6	#ALM_BS1-2727	端口故障或配置错误告警	重要	2015-06-30 13:56:56	信令系统	主备IP中有个IP未在DEVIP中配置	ADD SCTPLINK 或 MOD SCTPLINK
7	#ALM_BS1-2730	端口故障或配置错误告警	中继重要	2015-06-30 13:56:56	信令系统	本端IP地址未在DEVIP中配置	ADD IPPATH 或 MOD IPPATH
8	#ALM_BS1-2824	小区未建立告警	紧急	2019-02-19 09:34:44	运行系统	小区配置错误	RRU3251-设备的频带号使用错误
9	#ALM_BS1-2832	小区不可用告警	重要	2019-02-19 09:34:44	运行系统		RRU3251-设备的频带号使用错误
10	#ALM_BS1-2809	逻辑组网链路告警	紧急	2015-06-25 18:24:19	运行系统	连线接口类型不匹配	Line(1-3)
11	#ALM_BS1-2804	风扇不在位告警	次要		硬件系统	风扇不在位	未添加AM或加错AM风扇板
12	#ALM_BS1-2805	电源板故障告警	重要	2019-02-19 09:34:44	硬件系统	系统无电源	未添加电源板
13	#ALM_BS1-2832	小区不可用告警	重要	2019-02-19 09:34:44	运行系统		未添加电源板
14	#ALM_BS1-2833	RRU故障告警	重要	2019-02-19 09:34:44			未添加电源板
15	#ALM_BS1-2834	S1链路故障告警	重要	2019-02-19 09:34:44	信令系统		未添加电源板
16	#ALM_BS1-2835	IPPATH电路故障告警	重要	2019-02-19 09:34:44	信令系统		未添加电源板
17	#ALM_BS1-2836	MME不可达告警	重要	2019-02-19 09:34:44	运行系统		未添加电源板
18	#ALM_BS1-2837	SGW不可达告警	重要	2019-02-19 09:34:44	运行系统		未添加电源板
19	#ALM_BS1-2838	OMC不可达告警	重要	2019-02-19 09:34:44	运行系统		未添加电源板
20	#ALM_BS1-2839	IPRT不可用告警	重要	2019-02-19 09:34:44	运行系统		未添加电源板
21	#ALM_BS1-2840	光模块故障告警	重要	2019-02-19 09:34:44	运行系统		未添加电源板

图 6-5　单站故障 4 描述

（2）故障排查

①查看告警：单板处于闭塞状态。

步骤 1：查询单板，2、6、16、18 分别配置 LBBP、UMPT、FAN、UPEU 单板。

步骤 2：查看逻辑视图单板配置，直到所有设备添加完毕。

②刷新告警：单板处于闭塞状态。

解闭塞单板，框号 =0，柜号 =0，槽号 =2。

③刷新告警：小区频带配置错误。

步骤 1：查询小区静态参数，下行频点 = 37950、下行带宽 = CELL_BW_N6 与逻辑视图中的数据不匹配。

步骤 2：修改小区，本地小区标识 =1，下行频点 = 38250，下行带宽 = CELL_BW_N100。

④刷新告警：ADD OMCH 或 MOD OMCH。

步骤 1：查询远端维护通道配置信息，对端 IP 地址 = 172.100.100.12 与逻辑视图中的数据不匹配。

步骤 2：修改远端维护通道配置信息，主备标志主用，对端 IP 地址 = 172.100.100.16。

⑤刷新告警：本端主用信令 IP 未在 DEVIP 中配置。

步骤 1：查询 S1 信令 IP，结果个数 = 2，本端主用信令 IP 分别为 110.110.110.2 和 110.110.110.3。

步骤 2：查询设备 IP 地址，结果个数 = 1，IP 地址 = 110.110.110.2。

步骤 3：添加设备 IP 地址，柜号 =0，框号 =0，槽号 =6，子板类型 = 基板，端口类型 =ETH，端口号 =0，IP 地址 =110.110.110.3，子网掩码 = 255.255.255.0。

⑥刷新告警：ADD IPPATH 或 MOD IPPATH。

步骤1：查询 IP Path 配置信息，结果个数 = 2，本端 IP 地址分别为 110.110.110.2 和 110.110.110.3。

步骤2：删除 IP Path，编号 =2。

⑦刷新告警：RRU3251-1 设备的频带号使用错误。

步骤1：查询小区静态参数，频带 = 39 与逻辑视图中匹配。

步骤2：删除逻辑视图中的 RRU3251-1，重新添加一个 RRU3151-fa-1。组网参数：频带号 =39，下行频点 =38250，上下行带宽 =20。

⑧刷新告警：Line（1-3）连线接口类型不匹配。

步骤：删除逻辑视图中 Line（1-3）连线，重新连接 UPMT-0 到 PTN-1 的 PE-0。

⑨刷新告警：MME-1 与所连路由不匹配。

步骤1：查询静态路由配置信息，MME 的子网掩码为 255.252.255.0。

步骤2：修改逻辑视图中 MME 的子网掩码为 255.252.255.0。

⑩刷新告警：电源板数量不够。

步骤1：在逻辑视图 BBU 的 19 号槽位添加 UPEU。

步骤2：添加单板，柜号 =0，框号 =0，槽号 =19，单板类型 =UPEU。

5. 单站故障 5

（1）故障描述

故障描述如图 6-6 所示。

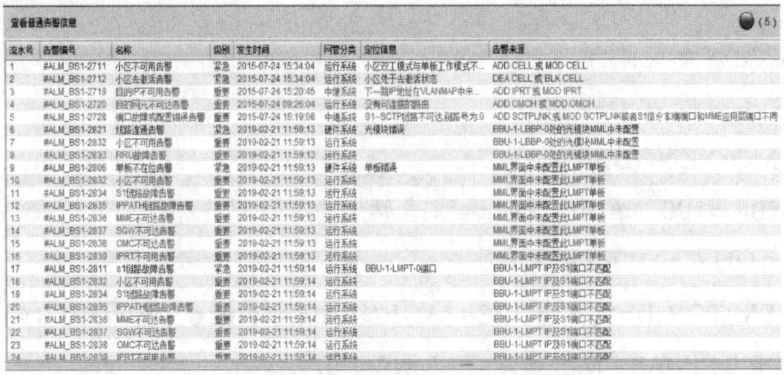

图 6-6　单站故障 5 描述

（2）故障排查

①查看告警：小区双工模式与单板工作模式不匹配。

步骤1：查询小区静态参数，小区双工模式 = CELL_FDD。

步骤2：修改小区，本地小区标识 =1，小区双工模式 = CELL_TDD。

②刷新告警：小区处于去激活状态。

步骤1：激活小区，本地小区标识=1。

步骤2：查询静态路由配置信息，其中一条下一跳IP地址=110.101.110.3错误。

步骤3：删除IP路由，槽号=6，子板类型=基板，目的IP地址=172.110.100.16，子网掩码=255.255.255.0，下一跳IP地址=110.101.110.3。

步骤4：添加IP路由，槽号=6，子板类型=基板，目的IP地址=172.100.100.16，子网掩码=255.255.255.0，下一跳IP地址=110.110.110.3。

③刷新告警：ADD SCTPLNK或MOD SCTPLNK或者S1信令本端端口和MME应用层端口不同。

步骤1：查询MME的配置信息，应用层端口号=3030错误。

步骤2：修改MME，MME标识=1，应用层端口号=3000。

④刷新告警：光模块错误。

步骤1：查询RRU链环配置信息，链/环头光口号=2。

步骤2：修改逻辑视图中RRU-BBU的连线，在LBBP的2口添加光模块，断开RRU-BBU的连线，重新连接到LBBP的2口。

⑤刷新告警：MML界面中未配置LMPT单板。

删除逻辑视图中BBU的LMPT单板，重新添加UMPT单板。组网参数：地址1=110.110.110.2，掩码1=255.255.255.0，S1端口号=3000；重新连线。

6.5　单站3小区配置

具体规划数据见附录3。

单站3小区配置步骤如下。

（1）MOD ENODEB

ENODEBID=100, NAME="4G通信基站";

（2）ADD CNOPERATOR

CNOPERATORID=0, CNOPERATORNAME="cmcc", CNOPERATORTYPE=CNOPERATOR_PRIMARY, MCC="460", MNC="10";

（3）ADD CNOPERATORTA

TRACKINGAREAID=0, CNOPERATORID=0, TAC=0;

（4）ADD BRD

CN=0, SRN=0, SN=2, BT=LBBP, WM=TDD;

ADD BRD：CN=0, SRN=0, SN=6, BT=UMPT;

ADD BRD：CN=0, SRN=0, SN=18, BT=UPEU;

ADD BRD：CN=0, SRN=0, SN=19, BT=UPEU;

ADD BRD：CN=0, SRN=0, SN=16, BT=FAN;

（5）ADD RRUCHAIN

RCN=0, TT=CHAIN, AT=LOCALPORT, HCN=0, HSRN=0, HSN=2, HPN=0, CR=6.1;

ADD RRUCHAIN：

RCN=1, TT=CHAIN, AT=LOCALPORT, HCN=0, HSRN=0, HSN=2, HPN=2, CR=6.1;

ADD RRUCHAIN：

RCN=2, TT=CHAIN, AT=LOCALPORT, HCN=0, HSRN=0, HSN=2, HPN=4, CR=6.1;

MOD RRUCHAIN：

RCN=0, TT=CHAIN, AT=LOCALPORT, HCN=0, HSRN=0, HSN=2, HPN=0, BRKPOS1=0, CR=6.1;

MOD RRUCHAIN：

RCN=1, TT=CHAIN, AT=LOCALPORT, HCN=0, HSRN=0, HSN=2, HPN=2, BRKPOS1=0, CR=6.1;

MOD RRUCHAIN：

RCN=2, TT=CHAIN, AT=LOCALPORT, HCN=0, HSRN=0, HSN=2, HPN=4, BRKPOS1=0, CR=6.1;

（6）ADD RRU

STEP1：DD RRU,CN=0, SRN=60, SN=0, TP=TRUNK, RCN=0, PS=0, RT=MRRU, ALMPROCSW=ON, ALMPROCTHRHLD=30, ALMTHRHLD=20, RS=TDL, RXNUM=1, TXNUM=1;

STEP2：ADD RRU ,CN=0, SRN=61, SN=0, TP=TRUNK, RCN=1, PS=0, RT=MRRU, ALMPROCSW=ON, ALMPROCTHRHLD=30, ALMTHRHLD=20, RS=TDL, RXNUM=1, TXNUM=1;

STEP3：ADD RRU ,CN=0, SRN=62, SN=0, TP=TRUNK, RCN=2, PS=0, RT=MRRU, ALMPROCSW=ON, ALMPROCTHRHLD=30, ALMTHRHLD=20, RS=TDL, RXNUM=1, TXNUM=1;

（7）ADD ETHPORT

CN=0, SRN=0, SN=6, SBT=BASE_BOARD, PN=0, PA=COPPER, MTU=1500, SPEED=100M, ARPPROXY=DISABLE, FC=CLOSE, FERAT=10, FERDT=8, DUPLEX=FULL;SET ETHPORT：CN=0, SRN=0, SN=6, SBT=BASE_BOARD, PN=0, PA=COPPER, SPEED=100M, DUPLEX=FULL;

（8）ADD DEVIP

CN=0, SRN=0, SN=6, SBT=BASE_BOARD, PT=ETH, PN=0, IP="110.110.110.2",

MASK="255.255.255.0";

（9）ADD IPRT

STEP1：ADD IPRT ,CN=0, SRN=0, SN=6, SBT=BASE_BOARD, DSTIP="133.133.133.10", DSTMASK="255.255.255.0", RTTYPE=NEXTHOP, NEXTHOP="110.110.110.3", PREF=60;

STEP2：ADD IPRT ,CN=0, SRN=0, SN=6, SBT=BASE_BOARD, DSTIP="122.122.122.10", DSTMASK="255.255.255.0", RTTYPE=NEXTHOP, NEXTHOP="110.110.110.3", PREF=60;

STEP3：ADD IPRT ,CN=0, SRN=0, SN=6, SBT=BASE_BOARD, DSTIP="172.116.100.10", DSTMASK="255.255.255.0", RTTYPE=NEXTHOP, NEXTHOP="110.110.110.3", PREF=60;

（10）ADD VLANMAP

NEXTHOPIP="110.110.110.3", MASK="255.255.255.0", VLANMODE=SINGLEVLAN, VLANID=100, SETPRIO=ENABLE, VLANPRIO=0;

（11）ADD S1SIGIP

CN=0, SRN=0, SN=6, S1SIGIPID="0", LOCIP="110.110.110.2", LOCIPSECFLAG=DISABLE, SECLOCIP="0.0.0.0", SECLOCIPSECFLAG=DISABLE, LOCPORT=3000, RTOMIN=1000, RTOMAX=3000, RTOINIT=1000, RTOALPHA=12, RTOBETA=25, HBINTER=5000, MAXASSOCRETR=10, MAXPATHRETR=5, CHKSUMTX=DISABLE, CHKSUMRX=DISABLE, CHKSUMTYPE=CRC32, SWITCHBACKFLAG=ENABLE, SWITCHBACKHBNUM=10, TSACK=200, CNOPERATORID=0;

（12）ADD MME

MMEID=0, FIRSTSIGIP="122.122.122.10", FIRSTIPSECFLAG=DISABLE, SECSIGIP="0.0.0.0", SECIPSECFLAG=DISABLE, LOCPORT=3000, CNOPERATORID=0, MMERELEASE=Release_R8;

（13）ADD S1SERVIP

CN=0, SRN=0, SN=6, S1SERVIPID="1", S1SERVIP="110.110.110.2", IPSECFLAG=DISABLE, PATHCHK=DISABLE, CNOPERATORID=0;

（14）ADD SGW

SGWID=1, SERVIP1="133.133.133.10", SERVIP1IPSECFLAG=DISABLE, SERVIP2="0.0.0.0", SERVIP2IPSECFLAG=DISABLE, SERVIP3="0.0.0.0", SERVIP3IPSECFLAG=DISABLE, SERVIP4="0.0.0.0", SERVIP4IPSECFLAG=DISABLE,

CNOPERATORID=0;

（15）ADD OMCH

FLAG=MASTER, IP="110.110.110.2", MASK="255.255.255.0", PEERIP="172.116.100.10", PEERMASK="255.255.255.0", BEAR=IPV4, CN=0, SRN=0, SN=6, SBT=BASE_BOARD, BRT=NO;

（16）ADD SECTOR

STEP1：ADD SECTOR, SECN=0, GCDF=DEG, LONGITUDE=0, LATITUDE=0, SECM=NormalMIMO, ANTM=1T1R, COMBM=COMBTYPE_SINGLE_ RRU, ALTITUDE=10, UNCERTSEMIMAJOR=3, UNCERTSEMIMINOR=3, ORIENTOFMAJORAXIS=0, UNCERTALTITUDE=3, CONFIDENCE=0, OMNIFLAG=FALSE, CN1=0, SRN1=60, SN1=0, PN1=R0A;

STEP2：ADD SECTOR, SECN=1, GCDF=DEG, LONGITUDE=1, LATITUDE=1, SECM=NormalMIMO, ANTM=1T1R, COMBM=COMBTYPE_SINGLE_ RRU, ALTITUDE=11, UNCERTSEMIMAJOR=3, UNCERTSEMIMINOR=3, ORIENTOFMAJORAXIS=0, UNCERTALTITUDE=3, CONFIDENCE=0, OMNIFLAG=FALSE, CN1=0, SRN1=61, SN1=0, PN1=R0A;

STEP3：ADD SECTOR, SECN=2, GCDF=DEG, LONGITUDE=2, LATITUDE=2, SECM=NormalMIMO, ANTM=1T1R, COMBM=COMBTYPE_SINGLE_ RRU, ALTITUDE=11, UNCERTSEMIMAJOR=3, UNCERTSEMIMINOR=3, ORIENTOFMAJORAXIS=0, UNCERTALTITUDE=3, CONFIDENCE=0, OMNIFLAG=FALSE, CN1=0, SRN1=62, SN1=0, PN1=R0A;

（17）ADD CELL

STEP1：ADD CELL,LocalCellId=1, CellName="xf-1-01", SectorId=0, CsgInd=BOOLEAN_FALSE, UlCyclicPrefix=NORMAL_CP, DlCyclicPrefix=NORMAL_ CP, FreqBand=39, UlEarfcnCfgInd=NOT_CFG, DlEarfcn=38250, UlBandWidth=CELL_BW_N100, DlBandWidth=CELL_BW_N100, CellId=1, PhyCellId=1, AdditionalSpectrumEmission=1, FddTddInd=CELL_TDD, SubframeAssignment=SA0, SpecialSubframePatterns=SSP7, CellSpecificOffset=dB0, QoffsetFreq=dB0, RootSequenceIdx=0, HighSpeedFlag=LOW_SPEED, PreambleFmt=0, CellRadius=10000, CustomizedBandWidthCfgInd=NOT_ CFG, EmergencyAreaIdCfgInd=NOT_CFG, UePowerMaxCfgInd=NOT_CFG, MultiRruCellFlag=BOOLEAN_FALSE, CPRICompression=NO_COMPRESSION;

STEP2：ADD CELL,LocalCellId=2, CellName="xf01-1", SectorId=1,

CsgInd=BOOLEAN_FALSE, UlCyclicPrefix=NORMAL_CP, DlCyclicPrefix=NORMAL_ CP, FreqBand=39, UlEarfcnCfgInd=NOT_CFG, DlEarfcn=38250, UlBandWidth=CELL_BW_N100, DlBandWidth=CELL_BW_N100, CellId=2, PhyCellId=2, AdditionalSpectrumEmission=1, FddTddInd=CELL_TDD, SubframeAssignment=SA0, SpecialSubframePatterns=SSP7, CellSpecificOffset=dB0, QoffsetFreq=dB0, RootSequenceIdx=0, HighSpeedFlag=LOW_SPEED, PreambleFmt=0, CellRadius=10000, CustomizedBandWidthCfgInd=NOT_ CFG, EmergencyAreaIdCfgInd=NOT_CFG, UePowerMaxCfgInd=NOT_CFG, MultiRruCellFlag=BOOLEAN_FALSE, CPRICompression=NO_COMPRESSION;

STEP3：ADD CELL, LocalCellId=3, CellName="xf01-2", SectorId=2, CsgInd=BOOLEAN_FALSE, UlCyclicPrefix=NORMAL_CP, DlCyclicPrefix=NORMAL_ CP, FreqBand=39, UlEarfcnCfgInd=NOT_CFG, DlEarfcn=38250, UlBandWidth=CELL_BW_N100, DlBandWidth=CELL_BW_N100, CellId=3, PhyCellId=3, AdditionalSpectrumEmission=1, FddTddInd=CELL_TDD, SubframeAssignment=SA0, SpecialSubframePatterns=SSP7, CellSpecificOffset=dB0, QoffsetFreq=dB0, RootSequenceIdx=0, HighSpeedFlag=LOW_SPEED, PreambleFmt=0, CellRadius=10000, CustomizedBandWidthCfgInd=NOT_ CFG, EmergencyAreaIdCfgInd=NOT_CFG, UePowerMaxCfgInd=NOT_CFG, MultiRruCellFlag=BOOLEAN_FALSE, CPRICompression=NO_COMPRESSION;

（18）ADD CELLOP

STEP1：ADD CELLOP,LocalCellId=1, TrackingAreaId=0, CellReserved ForOp=CELL_NOT_RESERVED_FOR_OP, OpUlRbUsedRatio=25, OpDlRbUsedRatio=25;

STEP2：ADD CELLOP,LocalCellId=2, TrackingAreaId=0, CellReserved ForOp=CELL_NOT_RESERVED_FOR_OP, OpUlRbUsedRatio=25, OpDlRbUsedRatio=25;

STEP3：ADD CELLOP,LocalCellId=3, TrackingAreaId=0, CellReserved ForOp=CELL_NOT_RESERVED_FOR_OP, OpUlRbUsedRatio=25, OpDlRbUsedRatio=25;

（19）ACT CELL

ACT CELL：LocalCellId=1;

ACT CELL：LocalCellId=2;

ACT CELL：LocalCellId=3;

（20）MOD PDSCHCFG

LocalCellId=1, ReferenceSignalPwr=90;

（21）ADD GPS

GN=0, CN=0, SRN=0, SN=6, MODE=GPS, PRI=4;

6.6 LTE 仿真规划模式配置及故障排查

6.6.1 LTE 仿真规划模式配置

具体规划数据见附录 4。

LTE 仿真规划模式配置步骤如下。

1. BS1 配置

STEP1：MOD ENODEB,ENODEBID=7, NAME="BS1", ENBTYPE=DBS3900_LTE;

STEP2：AUTOPOWEROFFSWITCH=On, GCDF=DEG, LONGITUDE=0, LATITUDE=0, PROTOCOL=CPRI;

STEP3：ADD CNOPERATOR,CNOPERATORId=0, CNOPERATORNAME="cmcc", CNOPERATORTYPE=CNOPERATOR_PRIMARY, Mcc="460", Mnc="17";

STEP4：ADD CNOPERATORTA,TrackingAreaId=7, CNOPERATORId=0, TAC=17;

STEP5：ADD BRD,CN=0, SRN=0, SN=2, BT=LBBP, WM=TDD;

STEP6：ADD BRD,CN=0, SRN=0, SN=6, BT=UMPT;

STEP7：ADD BRD,CN=0, SRN=0, SN=16, BT=FAN;

STEP8：ADD BRD,CN=0, SRN=0, SN=18, BT=UPEU;

STEP9：ADD BRD,CN=0, SRN=0, SN=19, BT=UPEU;

STEP10：ADD RRUCHAIN,RCN=0, TT=CHAIN, AT=LOCALPORT, HCN=0, HSRN=0, HSN=2, HPN=0, CR=AUTO;

STEP11：ADD RRU,CN=0, SRN=60, SN=0, TP=TRUNK, RCN=0, PS=0, RT=LRRU, ALMPROCSW=ON, ALMPROCTHRHLD=30, ALMTHRHLD=20, RS=TDL, RXNUM=1, TXNUM=1;

STEP12：ADD GPS,GN=0, CN=0, SRN=0, SN=6, CABLETYPE=COAXIAL, CABLE_LEN=20, MODE=GPS, PRI=4;

STEP13：ADD ETHPORT,CN=0, SRN=0, SN=6, SBT=BASE_BOARD, PN=0, PA=COPPER, MTU=1500, SPEED=100M, ARPPROXY=DISABLE, FC=CLOSE, FERAT=10, FERDT=8, DUPLEX=FULL;

STEP14：ADD DEVIP,CN=0, SRN=0, SN=6, SBT=BASE_BOARD, PT=ETH, PN=0,

IP="192.168.162.17", MASK="255.255.255.0";

　　STEP15：ADD IPRT,CN=0, SRN=0, SN=6, SBT=BASE_BOARD, DSTIP="161.161.162.17", DSTMASK="255.255.255.0", RTTYPE=NEXTHOP, NEXTHOP="192.168.100.17", PREF=60, DESCRI="mme";

　　STEP16：ADD IPRT,CN=0, SRN=0, SN=6, SBT=BASE_BOARD, DSTIP="161.161.162.17", DSTMASK="255.255.255.0", RTTYPE=NEXTHOP, NEXTHOP="192.168.100.17", PREF=60, DESCRI="sgw";

　　STEP17：ADD IPRT,CN=0, SRN=0, SN=6, SBT=BASE_BOARD, DSTIP="129.9.2.117", DSTMASK="255.255.255.0", RTTYPE=NEXTHOP, NEXTHOP="192.168.100.17", PREF=60, DESCRI="omc";

　　STEP18：RMV IPRT,CN=0, SRN=0, SN=6, SBT=BASE_BOARD, DSTIP="161.161.162.17", DSTMASK="255.255.255.0", RTTYPE=NEXTHOP, NEXTHOP="192.168.100.17";

　　STEP19：ADD IPRT,CN=0, SRN=0, SN=6, SBT=BASE_BOARD, DSTIP="161.161.163.17", DSTMASK="255.255.255.0", RTTYPE=NEXTHOP, NEXTHOP="192.168.100.17", PREF=60, DESCRI="mme";

　　STEP20：ADD IPRT,CN=0, SRN=0, SN=6, SBT=BASE_BOARD, DSTIP="161.161.162.17", NDSTMASK="255.255.255.0", RTTYPE=NEXTHOP, NEXTHOP="192.168.100.17", PREF=60, DESCRI="sgw";

　　STEP21：ADD VLANMAP,NEXTHOPIP="192.168.100.17", MASK="255.255.255.0", VLANMODE=SINGLEVLAN, VLANID=100, STEPRIO=DISABLE;

　　STEP22：ADD S1SIGIP,CN=0, SRN=0, SN=6, S1SIGIPID="0", LOCIP="192.168.162.17", LOCIPSECFLAG=DISABLE, SECLOCIP="0.0.0.0", SECLOCIPSECFLAG=DISABLE, LOCPORT=3000, RTOMIN=1000, RTOMAX=3000, RTOINIT=1000, RTOALPHA=12, RTOBETA=25, HBINTER=5000, MAXASSOCRETR=10, MAXPATHRETR=5, CHKSUMTX=DISABLE, CHKSUMRX=DISABLE, CHKSUMTYPE=CRC32, SWITCHBACKFLAG=ENABLE, SWITCHBACKHBNUM=10, TSACK=200, CNOPERATORID=0;

　　STEP23：ADD MME,MMEID=0, FIRSTSIGIP="161.161.163.17", FIRSTIPSECFLAG=DISABLE, SECSIGIP="0.0.0.0", SECIPSECFLAG=DISABLE, LOCPORT=3000, CNOPERATORID=0, MMERELEASE=Release_R8;

　　STEP24：ADD S1SERVIP,CN=0, SRN=0, SN=6, S1SERVIPID="0",

S1SERVIP="192.168.162.17", IPSECFLAG=DISABLE, PATHCHK=DISABLE, CNOPERATORID=0;

STEP25： ADD SGW,SGWID=0, SERVIP1="161.161.162.17", SERVIP1IPSECFLAG=DISABLE, SERVIP2="0.0.0.0", SERVIP2IPSECFLAG=DISABLE, SERVIP3="0.0.0.0", SERVIP3IPSECFLAG=DISABLE, SERVIP4="0.0.0.0", SERVIP4IPSECFLAG=DISABLE, DESCRIPTION="s1-u", CNOPERATORID=0;

STEP26： ADD OMCH,FLAG=MASTER, IP="192.168.162.17", MASK="255.255.255.0", PEERIP="129.9.2.117", PEERMASK="255.255.255.0", BEAR=IPV4, CN=0, SRN=0, SN=6, SBT=BASE_BOARD, BRT=NO;

STEP27： ADD SECTOR,SECN=1, GCDF=DEG, LONGITUDE=17, LATITUDE=17, SECM=NormalMIMO, ANTM=1T1R, COMBM=COMBTYPE_ SINGLE_RRU, SECTORNAME="SEC0", ALTITUDE=30, UNCERTSEMIMAJOR=3, UNCERTSEMIMINOR=3, ORIENTOFMAJORAXIS=0, UNCERTALTITUDE=3, CONFIDENCE=0, OMNIFLAG=FALSE, CN1=0, SRN1=60, SN1=0, PN1=R0A;

STEP28： ADD CELL,LocalCellId=1, CellName="xf-1-01", SectorId=1, CsgInd=BOOLEAN_FALSE, UlCyclicPrefix=NORMAL_CP, DlCyclicPrefix=NORMAL_ CP, FreqBand=39, UlEarfcnCfgInd=NOT_CFG, DlEarfcn=38300, UlBandWidth=CELL_BW_N100, DlBandWidth=CELL_BW_N100, CellId=7, PhyCellId=0, AdditionalSpectrumEmission=1, FddTddInd=CELL_TDD, SubframeAssignment=SA5, SpecialSubframePatterns=SSP7, CellSpecificOffset=dB0, QoffsetFreq=dB0, RootSequenceIdx=0, HighSpeedFlag=LOW_SPEED, PreambleFmt=0, CellRadius=10000, CustomizedBandWidthCfgInd=NOT_ CFG, EmergencyAreaIdCfgInd=NOT_CFG, UePowerMaxCfgInd=NOT_CFG, MultiRruCellFlag=BOOLEAN_FALSE, CPRICompression=NO_COMPRESSION;

STEP29： ADD CELLOP,LocalCellId=1, TrackingAreaId=0, CellReserved ForOp=CELL_NOT_RESERVED_FOR_OP, OpUlRbUsedRatio=25, OpDlRbUsedRatio=25;

STEP30： ADD CELLOP,LocalCellId=1, TrackingAreaId=7, CellReserved ForOp=CELL_NOT_RESERVED_FOR_OP, OpUlRbUsedRatio=25, OpDlRbUsedRatio=25;

STEP31： ADD X2SIGIP,CN=0, SRN=0, SN=6, X2SIGIPID="1", LOCIP="192.168.162.17", IPSECFLAG=DISABLE, SECLOCIP="0.0.0.0", SECIPSECFLAG=DISABLE, LOCPORT=36422, RTOMIN=1000, RTOMAX=3000,

RTOINIT=1000, RTOALPHA=12, RTOBETA=25, HBINTER=5000, MAXASSOCRETR=10, MAXPATHRETR=5, CHKSUMTX=DISABLE, CHKSUMRX=DISABLE, CHKSUMTYPE=CRC32, SWITCHBACKFLAG=ENABLE, SWITCHBACKHBNUM=10, TSACK=200, CNOPERATORID=0;

STEP32: ADD X2SERVIP,CN=0, SRN=0, SN=6, X2SERVIPID="1", X2SERVIP="192.168.162.17", IPSECFLAG=DISABLE, PATHCHK=DISABLE, CNOPERATORID=0;

STEP33: ADD X2ENODEB,X2ENODEBID=16, FIRSTSIGIP="192.168.163.17", FIRSTIPSECFLAG=DISABLE, SECSIGIP="0.0.0.0", SECIPSECFLAG=DISABLE, APPPORT=36422, SERVIP1="0.0.0.0", SERVIP1IPSECFLAG=DISABLE, SERVIP2="0.0.0.0", SERVIP2IPSECFLAG=DISABLE, SERVIP3="0.0.0.0", SERVIP3IPSECFLAG=DISABLE, SERVIP4="0.0.0.0", SERVIP4IPSECFLAG=DISABLE, MCC="460", MNC="17", ENODEBID=2, CNOPERATORID=0, TARGETENODEBRELEASE=Release_R10;

STEP34: ADD X2ENODEB,X2ENODEBID=17, FIRSTSIGIP="192.168.164.17", FIRSTIPSECFLAG=DISABLE, SECSIGIP="0.0.0.0", SECIPSECFLAG=DISABLE, APPPORT=36422, SERVIP1="0.0.0.0", SERVIP1IPSECFLAG=DISABLE, SERVIP2="0.0.0.0", SERVIP2IPSECFLAG=DISABLE, SERVIP3="0.0.0.0", SERVIP3IPSECFLAG=DISABLE, SERVIP4="0.0.0.0", SERVIP4IPSECFLAG=DISABLE, MCC="460", MNC="17", ENODEBID=3, CNOPERATORID=0, TARGETENODEBRELEASE=Release_R10;

2. BS2 配置

STEP1: ADD CNOPERATOR,CNOPERATORId=0, CNOPERATORNAME="CMCC", CNOPERATORTYPE=CNOPERATOR_PRIMARY, MCC="460", MNC="17";

STEP2: ADD CNOPERATORTA,TrackingAreaId=7, CNOPERATORId=0, TAC=17;

STEP3: ADD BRD,CN=0, SRN=0, SN=2, BT=LBBP, WM=TDD;

STEP4: ADD BRD,CN=0, SRN=0, SN=6, BT=UMPT;

STEP5: ADD BRD,CN=0, SRN=0, SN=16, BT=FAN;

STEP6: ADD BRD,CN=0, SRN=0, SN=18, BT=UPEU;

STEP7: ADD BRD,CN=0, SRN=0, SN=19, BT=UPEU;

STEP8: ADD RRUCHAIN,RCN=0, TT=CHAIN, AT=LOCALPORT, HCN=0, HSRN=0, HSN=2, HPN=0, CR=AUTO;

STEP9: ADD RRUCHAIN,RCN=1, TT=CHAIN, AT=LOCALPORT, HCN=0, HSRN=0,

HSN=2, HPN=2, CR=AUTO;

STEP10：ADD RRU,CN=0, SRN=60, SN=0, TP=TRUNK, RCN=0, PS=0, RT=LRRU, ALMPROCSW=ON, ALMPROCTHRHLD=30, ALMTHRHLD=20, RS=TDL, RXNUM=1, TXNUM=1;

STEP11：ADD RRU,CN=0, SRN=62, SN=0, TP=TRUNK, RCN=1, PS=0, RT=LRRU, ALMPROCSW=ON, ALMPROCTHRHLD=30, ALMTHRHLD=20, RS=TDL, RXNUM=1, TXNUM=1;

STEP12：ADD GPS,GN=0, CN=0, SRN=0, SN=6, CABLETYPE=COAXIAL, CABLE_LEN=20, MODE=GPS, PRI=4;

STEP13：ADD ETHPORT,CN=0, SRN=0, SN=6, SBT=BASE_BOARD, PN=0, PA=COPPER, MTU=1500, SPEED=100M, ARPPROXY=DISABLE, FC=CLOSE, FERAT=10, FERDT=8, DUPLEX=FULL;

STEP14：ADD DEVIP,CN=0, SRN=0, SN=6, SBT=BASE_BOARD, PT=ETH, PN=0, IP="192.168.163.17", MASK="255.255.255.0";

STEP15：ADD IPRT,CN=0, SRN=0, SN=6, SBT=BASE_BOARD, DSTIP="161.161.163.17", DSTMASK="255.255.255.0", RTTYPE=NEXTHOP, NEXTHOP="192.168.110.18", PREF=60, DESCRI="MME";

STEP16：ADD IPRT,CN=0, SRN=0, SN=6, SBT=BASE_BOARD, DSTIP="161.161.162.17", DSTMASK="255.255.255.0", RTTYPE=NEXTHOP, NEXTHOP="192.168.110.18", PREF=60, DESCRI="SGW";

STEP17：ADD IPRT,CN=0, SRN=0, SN=6, SBT=BASE_BOARD, DSTIP="129.9.2.117", DSTMASK="255.255.255.0", RTTYPE=NEXTHOP, NEXTHOP="192.168.110.18", PREF=60, DESCRI="OMC";

STEP18：ADD VLANMAP,NEXTHOPIP="192.168.110.18", MASK="255.255.255.0", VLANMODE=SINGLEVLAN, VLANID=101, STEPRIO=DISABLE;

STEP19：ADD S1SIGIP,CN=0, SRN=0, SN=6, S1SIGIPID="0", LOCIP="192.168.163.17", LOCIPSECFLAG=DISABLE, SECLOCIP="0.0.0.0", SECLOCIPSECFLAG=DISABLE, LOCPORT=3000, RTOMIN=1000, RTOMAX=3000, RTOINIT=1000, RTOALPHA=12, RTOBETA=25, HBINTER=5000, MAXASSOCRETR=10, MAXPATHRETR=5, CHKSUMTX=DISABLE, CHKSUMRX=DISABLE, CHKSUMTYPE=CRC32, SWITCHBACKFLAG=ENABLE, SWITCHBACKHBNUM=10, TSACK=200, CNOPERATORID=0;

STEP20：ADD MME,MMEID=0, FIRSTSIGIP="161.161.163.17", FIRSTIPSECFLAG=DISABLE, SECSIGIP="0.0.0.0", SECIPSECFLAG=DISABLE, LOCPORT=3000, CNOPERATORID=0, MMERELEASE=Release_R8;

STEP21：ADD S1SERVIP,CN=0, SRN=0, SN=6, S1SERVIPID="0", S1SERVIP="192.168.163.17", IPSECFLAG=DISABLE, PATHCHK=DISABLE, CNOPERATORID=0;

STEP22：ADD SGW,SGWID=0, SERVIP1="161.161.162.17", SERVIP1IPSECFLAG=DISABLE, SERVIP2="0.0.0.0", SERVIP2IPSECFLAG=DISABLE, SERVIP3="0.0.0.0", SERVIP3IPSECFLAG=DISABLE, SERVIP4="0.0.0.0", SERVIP4IPSECFLAG=DISABLE, DESCRIPTION="S1-U", CNOPERATORID=0;

STEP23：ADD OMCH,FLAG=MASTER, IP="192.168.163.17", MASK="255.255.255.0", PEERIP="129.9.2.117", PEERMASK="255.255.255.0", BEAR=IPV4, CN=0, SRN=0, SN=6, SBT=BASE_BOARD, BRT=NO;

STEP24：ADD SECTOR,SECN=1, GCDF=DEG, LONGITUDE=17, LATITUDE=17, SECM=NormalMIMO, ANTM=1T1R, COMBM=COMBTYPE_SINGLE_RRU, SECTORNAME="SEC0", ALTITUDE=15, UNCERTSEMIMAJOR=3, UNCERTSEMIMINOR=3, ORIENTOFMAJORAXIS=0, UNCERTALTITUDE=3, CONFIDENCE=0, OMNIFLAG=FALSE, CN1=0, SRN1=60, SN1=0, PN1=R0A;

STEP25：ADD SECTOR,SECN=2, GCDF=DEG, LONGITUDE=17, LATITUDE=17, SECM=NormalMIMO, ANTM=1T1R, COMBM=COMBTYPE_SINGLE_RRU, SECTORNAME="SEC0", ALTITUDE=15, UNCERTSEMIMAJOR=3, UNCERTSEMIMINOR=3, ORIENTOFMAJORAXIS=0, UNCERTALTITUDE=3, CONFIDENCE=0, OMNIFLAG=FALSE, CN1=0, SRN1=62, SN1=0, PN1=R0A;

STEP26：ADD CELL,LocalCellId=1, CellName="xf-1-01", SectorId=1, CsgInd=BOOLEAN_FALSE, UlCyclicPrefix=NORMAL_CP, DlCyclicPrefix=NORMAL_CP, FreqBand=39, UlEarfcnCfgInd=NOT_CFG, DlEarfcn=38350, UlBandWidth=CELL_BW_N100, DlBandWidth=CELL_BW_N100, CellId=20, PhyCellId=0, AdditionalSpectrumEmission=1, FddTddInd=CELL_TDD, SubframeAssignment=SA5, SpecialSubframePatterns=SSP7, CellSpecificOffset=dB0, QoffsetFreq=dB0, RootSequenceIdx=0, HighSpeedFlag=LOW_SPEED, PreambleFmt=0, CellRadius=10000, CustomizedBandWidthCfgInd=NOT_CFG, EmergencyAreaIdCfgInd=NOT_CFG, UePowerMaxCfgInd=NOT_CFG, MultiRruCellFlag=BOOLEAN_FALSE, CPRICompression=NO_COMPRESSION;

STEP27: ADD CELL,LocalCellId=2, CellName="xf01-1", SectorId=2, CsgInd=BOOLEAN_FALSE, UlCyclicPrefix=NORMAL_CP, DlCyclicPrefix=NORMAL_CP, FreqBand=39, UlEarfcnCfgInd=NOT_CFG, DlEarfcn=38350, UlBandWidth=CELL_BW_N100, DlBandWidth=CELL_BW_N100, CellId=21, PhyCellId=1, AdditionalSpectrumEmission=1, FddTddInd=CELL_TDD, SubframeAssignment=SA5, SpecialSubframePatterns=SSP7, CellSpecificOffset=dB0, QoffsetFreq=dB0, RootSequenceIdx=0, HighSpeedFlag=LOW_SPEED, PreambleFmt=0, CellRadius=10000, CustomizedBandWidthCfgInd=NOT_CFG, EmergencyAreaIdCfgInd=NOT_CFG, UePowerMaxCfgInd=NOT_CFG, MultiRruCellFlag=BOOLEAN_FALSE, CPRICompression=NO_COMPRESSION;

STEP28: ADD CELLOP,LocalCellId=0, TrackingAreaId=7, CellReservedForOp=CELL_NOT_RESERVED_FOR_OP, OpUlRbUsedRatio=25, OpDlRbUsedRatio=25;

STEP29: ADD CELLOP,LocalCellId=1, TrackingAreaId=7, CellReservedForOp=CELL_NOT_RESERVED_FOR_OP, OpUlRbUsedRatio=25, OpDlRbUsedRatio=25;

STEP30: ADD CELLOP,LocalCellId=2, TrackingAreaId=7, CellReservedForOp=CELL_NOT_RESERVED_FOR_OP, OpUlRbUsedRatio=25, OpDlRbUsedRatio=25;

STEP31: ADD X2SIGIP,CN=0, SRN=0, SN=6, X2SIGIPID="1", LOCIP="192.168.163.17", IPSECFLAG=DISABLE, SECLOCIP="0.0.0.0", SECIPSECFLAG=DISABLE, LOCPORT=36422, RTOMIN=1000, RTOMAX=3000, RTOINIT=1000, RTOALPHA=12, RTOBETA=25, HBINTER=5000, MAXASSOCRETR=10, MAXPATHRETR=5, CHKSUMTX=DISABLE, CHKSUMRX=DISABLE, CHKSUMTYPE=CRC32, SWITCHBACKFLAG=ENABLE, SWITCHBACKHBNUM=10, TSACK=200, CNOPERATORID=0;

STEP32: ADD X2SERVIP,CN=0, SRN=0, SN=6, X2SERVIPID="1", X2SERVIP="192.168.163.17", IPSECFLAG=DISABLE, PATHCHK=DISABLE, CNOPERATORID=0;

STEP33: ADD X2ENODEB,X2ENODEBID=16, FIRSTSIGIP="192.168.162.17", FIRSTIPSECFLAG=DISABLE, SECSIGIP="0.0.0.0", SECIPSECFLAG=DISABLE, APPPORT=36422, SERVIP1="0.0.0.0", SERVIP1IPSECFLAG=DISABLE, SERVIP2="0.0.0.0", SERVIP2IPSECFLAG=DISABLE, SERVIP3="0.0.0.0",

SERVIP3IPSECFLAG=DISABLE, SERVIP4="0.0.0.0", SERVIP4IPSECFLAG=DISABLE, MCC="460", MNC="17", ENODEBID=1, CNOPERATORID=0, TARGETENODEBRELEASE=Release_R10;

STEP34：ADD X2ENODEB,X2ENODEBID=17, FIRSTSIGIP="192.168.164.17", FIRSTIPSECFLAG=DISABLE, SECSIGIP="0.0.0.0", SECIPSECFLAG=DISABLE, APPPORT=36422, SERVIP1="0.0.0.0", SERVIP1IPSECFLAG=DISABLE, SERVIP2="0.0.0.0", SERVIP2IPSECFLAG=DISABLE, SERVIP3="0.0.0.0", SERVIP3IPSECFLAG=DISABLE, SERVIP4="0.0.0.0", SERVIP4IPSECFLAG=DISABLE, MCC="460", MNC="17", ENODEBID=3, CNOPERATORID=0, TARGETENODEBRELEASE=Release_R10;

3. BS3 配置

STEP1：ADD CNOPERATOR, CNOPERATORID=0, CNOPERATORNAME="CMCC", CNOPERATORTYPE=CNOPERATOR_PRIMARY, Mcc="460", Mnc="17";

STEP2：ADD CNOPERATORTA, TrackingAreaId=7, CNOPERATORID=0, TAC=17;

STEP3：ADD BRD, CN=0, SRN=0, SN=6, BT=UMPT;

STEP4：ADD BRD, CN=0, SRN=0, SN=2, BT=LBBP, WM=TDD;

STEP5：ADD BRD, CN=0, SRN=0, SN=16, BT=FAN;

STEP6：ADD BRD, CN=0, SRN=0, SN=18, BT=UPEU;

STEP7：ADD BRD, CN=0, SRN=0, SN=19, BT=UPEU;

STEP8：ADD RRUCHAIN, RCN=0, TT=CHAIN, AT=LOCALPORT, HCN=0, HSRN=0, HSN=2, HPN=0, CR=AUTO;

STEP9：ADD RRUCHAIN, RCN=1, TT=CHAIN, AT=LOCALPORT, HCN=0, HSRN=0, HSN=2, HPN=2, CR=AUTO;

STEP10：ADD RRUCHAIN, RCN=2, TT=CHAIN, AT=LOCALPORT, HCN=0, HSRN=0, HSN=2, HPN=4, CR=AUTO;

STEP11：ADD RRU, CN=0, SRN=60, SN=0, TP=TRUNK, RCN=0, PS=0, RT=LRRU, ALMPROCSW=ON, ALMPROCTHRHLD=30, ALMTHRHLD=20, RS=TDL, RXNUM=1, TXNUM=1;

STEP12：ADD RRU, CN=0, SRN=62, SN=0, TP=TRUNK, RCN=1, PS=0, RT=LRRU, ALMPROCSW=ON, ALMPROCTHRHLD=30, ALMTHRHLD=20, RS=TDL, RXNUM=1, TXNUM=1;

STEP13：ADD RRU, CN=0, SRN=81, SN=0, TP=TRUNK, RCN=2, PS=0, RT=LRRU, ALMPROCSW=ON, ALMPROCTHRHLD=30, ALMTHRHLD=20, RS=TDL, RXNUM=1,

TXNUM=1;

STEP14：ADD GPS, GN=0, CN=0, SRN=0, SN=6, CABLETYPE=COAXIAL, CABLE_LEN=20, MODE=GPS, PRI=4;

STEP15：ADD ETHPORT, CN=0, SRN=0, SN=6, SBT=BASE_BOARD, PN=0, PA=COPPER, MTU=1500, SPEED=100M, ARPPROXY=DISABLE, FC=CLOSE, FERAT=10, FERDT=8, DUPLEX=FULL;

STEP16：ADD DEVIP, CN=0, SRN=0, SN=6, SBT=BASE_BOARD, PT=ETH, PN=0, IP="192.168.164.17", MASK="255.255.255.0";

STEP17：ADD IPRT, CN=0, SRN=0, SN=6, SBT=BASE_BOARD, DSTIP="161.161.163.17", DSTMASK="255.255.255.0", RTTYPE=NEXTHOP, NEXTHOP="192.168.120.17", PREF=60, DESCRI="MME";

STEP18：ADD IPRT, CN=0, SRN=0, SN=6, SBT=BASE_BOARD, DSTIP="161.161.162.17", DSTMASK="255.255.255.0", RTTYPE=NEXTHOP, NEXTHOP="192.168.120.17", PREF=60, DESCRI="SGW";

STEP19：ADD IPRT, CN=0, SRN=0, SN=6, SBT=BASE_BOARD, DSTIP="129.9.2.117", DSTMASK="255.255.255.0", RTTYPE=NEXTHOP, NEXTHOP="192.168.120.17", PREF=60, DESCRI="OMC";

STEP20：ADD VLANMAP, NEXTHOPIP="192.168.120.17", MASK="255.255.255.0", VLANMODE=SINGLEVLAN, VLANID=102, STEPRIO=DISABLE;

STEP21：ADD S1SIGIP, CN=0, SRN=0, SN=6, S1SIGIPID="0", LOCIP="192.168.164.17", LOCIPSECFLAG=DISABLE, SECLOCIP="0.0.0.0", SECLOCIPSECFLAG=DISABLE, LOCPORT=3000, RTOMIN=1000, RTOMAX=3000, RTOINIT=1000, RTOALPHA=12, RTOBETA=25, HBINTER=5000, MAXASSOCRETR=10, MAXPATHRETR=5, CHKSUMTX=DISABLE, CHKSUMRX=DISABLE, CHKSUMTYPE=CRC32, SWITCHBACKFLAG=ENABLE, SWITCHBACKHBNUM=10, TSACK=200, CNOPERATORID=0;

STEP22：ADD MME, MMEID=0, FIRSTSIGIP="161.161.163.17", FIRSTIPSECFLAG=DISABLE, SECSIGIP="0.0.0.0", SECIPSECFLAG=DISABLE, LOCPORT=3000, CNOPERATORID=0, MMERELEASE=Release_R8;

STEP23：ADD S1SERVIP, CN=0, SRN=0, SN=6, S1SERVIPID="0", S1SERVIP="192.168.164.17", IPSECFLAG=DISABLE, PATHCHK=DISABLE, CNOPERATORID=0;

STEP24: ADD SGW, SGWID=0, SERVIP1="161.161.162.17", SERVIP1IPSECFLAG=DISABLE, SERVIP2="0.0.0.0", SERVIP2IPSECFLAG=DISABLE, SERVIP3="0.0.0.0", SERVIP3IPSECFLAG=DISABLE, SERVIP4="0.0.0.0", SERVIP4IPSECFLAG=DISABLE, DESCRIPTION="S1-U", CNOPERATORID=0;

STEP25: ADD OMCH, FLAG=MASTER, IP="192.168.164.17", MASK="255.255.255.0", PEERIP="129.9.2.117", PEERMASK="255.255.255.0", BEAR=IPV4, CN=0, SRN=0, SN=6, SBT=BASE_BOARD, BRT=NO;

STEP26: ADD SECTOR, SECN=1, GCDF=DEG, LONGITUDE=17, LATITUDE=17, SECM=NormalMIMO, ANTM=1T1R, COMBM=COMBTYPE_ SINGLE_RRU, SECTORNAME="SEC0", ALTITUDE=10, UNCERTSEMIMAJOR=3, UNCERTSEMIMINOR=3, ORIENTOFMAJORAXIS=0, UNCERTALTITUDE=3, CONFIDENCE=0, OMNIFLAG=FALSE, CN1=0, SRN1=60, SN1=0, PN1=R0A;

STEP27: ADD SECTOR, SECN=2, GCDF=DEG, LONGITUDE=17, LATITUDE=17, SECM=NormalMIMO, ANTM=1T1R, COMBM=COMBTYPE_ SINGLE_RRU, SECTORNAME="SEC0", ALTITUDE=11, UNCERTSEMIMAJOR=3, UNCERTSEMIMINOR=3, ORIENTOFMAJORAXIS=0, UNCERTALTITUDE=3, CONFIDENCE=0, OMNIFLAG=FALSE, CN1=0, SRN1=62, SN1=0, PN1=R0A;

STEP28: ADD SECTOR, SECN=3, GCDF=DEG, LONGITUDE=17, LATITUDE=17, SECM=NormalMIMO, ANTM=1T1R, COMBM=COMBTYPE_ SINGLE_RRU, SECTORNAME="SEC0", ALTITUDE=12, UNCERTSEMIMAJOR=3, UNCERTSEMIMINOR=3, ORIENTOFMAJORAXIS=0, UNCERTALTITUDE=3, CONFIDENCE=0, OMNIFLAG=FALSE, CN1=0, SRN1=81, SN1=0, PN1=R0A;

STEP29: ADD CELL, LocalCellId=1, CellName="xf-1-7", SectorId=1, CsgInd=BOOLEAN_FALSE, UlCyclicPrefix=NORMAL_CP, DlCyclicPrefix=NORMAL_ CP, FreqBand=39, UlEarfcnCfgInd=NOT_CFG, DlEarfcn=38400, UlBandWidth=CELL_BW_N100, DlBandWidth=CELL_BW_N100, CellId=30, PhyCellId=0, AdditionalSpectrumEmission=1, FddTddInd=CELL_TDD, SubframeAssignment=SA5, SpecialSubframePatterns=SSP7, CellSpecificOffset=dB0, QoffsetFreq=dB0, RootSequenceIdx=0, HighSpeedFlag=LOW_SPEED, PreambleFmt=0, CellRadius=10000, CustomizedBandWidthCfgInd=NOT_ CFG, EmergencyAreaIdCfgInd=NOT_CFG, UePowerMaxCfgInd=NOT_CFG, MultiRruCellFlag=BOOLEAN_FALSE, CPRICompression=NO_COMPRESSION;

STEP30: ADD CELL, LocalCellId=2, CellName="xf-1-8", SectorId=2,

CsgInd=BOOLEAN_FALSE, UlCyclicPrefix=NORMAL_CP, DlCyclicPrefix=NORMAL_CP, FreqBand=39, UlEarfcnCfgInd=NOT_CFG, DlEarfcn=38400, UlBandWidth=CELL_BW_N100, DlBandWidth=CELL_BW_N100, CellId=31, PhyCellId=1, AdditionalSpectrumEmission=1, FddTddInd=CELL_TDD, SubframeAssignment=SA5, SpecialSubframePatterns=SSP7, CellSpecificOffset=dB0, QoffsetFreq=dB0, RootSequenceIdx=0, HighSpeedFlag=LOW_SPEED, PreambleFmt=0, CellRadius=10000, CustomizedBandWidthCfgInd=NOT_CFG, EmergencyAreaIdCfgInd=NOT_CFG, UePowerMaxCfgInd=NOT_CFG, MultiRruCellFlag=BOOLEAN_FALSE, CPRICompression=NO_COMPRESSION;

STEP31: ADD CELL, LocalCellId=3, CellName="xf-1-9", SectorId=3, CsgInd=BOOLEAN_FALSE, UlCyclicPrefix=NORMAL_CP, DlCyclicPrefix=NORMAL_CP, FreqBand=39, UlEarfcnCfgInd=NOT_CFG, DlEarfcn=38400, UlBandWidth=CELL_BW_N100, DlBandWidth=CELL_BW_N100, CellId=32, PhyCellId=3, AdditionalSpectrumEmission=1, FddTddInd=CELL_TDD, SubframeAssignment=SA5, SpecialSubframePatterns=SSP7, CellSpecificOffset=dB0, QoffsetFreq=dB0, RootSequenceIdx=0, HighSpeedFlag=LOW_SPEED, PreambleFmt=0, CellRadius=10000, CustomizedBandWidthCfgInd=NOT_CFG, EmergencyAreaIdCfgInd=NOT_CFG, UePowerMaxCfgInd=NOT_CFG, MultiRruCellFlag=BOOLEAN_FALSE, CPRICompression=NO_COMPRESSION;

STEP32: ADD CELLOP, LocalCellId=1, TrackingAreaId=7, CellReservedForOp=CELL_NOT_RESERVED_FOR_OP, OpUlRbUsedRatio=25, OpDlRbUsedRatio=25;

STEP33: ADD CELLOP, LocalCellId=2, TrackingAreaId=7, CellReservedForOp=CELL_NOT_RESERVED_FOR_OP, OpUlRbUsedRatio=25, OpDlRbUsedRatio=25;

STEP34: ADD CELLOP, LocalCellId=3, TrackingAreaId=7, CellReservedForOp=CELL_NOT_RESERVED_FOR_OP, OpUlRbUsedRatio=25, OpDlRbUsedRatio=25;

STEP35: ADD X2SIGIP, CN=0, SRN=0, SN=6, X2SIGIPID="1", LOCIP="192.168.164.17", IPSECFLAG=DISABLE, SECLOCIP="0.0.0.0", SECIPSECFLAG=DISABLE, LOCPORT=36422, RTOMIN=1000, RTOMAX=3000, RTOINIT=1000, RTOALPHA=12, RTOBETA=25, HBINTER=5000, MAXASSOCRETR=10, MAXPATHRETR=5, CHKSUMTX=DISABLE, CHKSUMRX=DISABLE,

CHKSUMTYPE=CRC32, SWITCHBACKFLAG=ENABLE, SWITCHBACKHBNUM=10, TSACK=200, CNOPERATORID=0;

STEP36：ADD X2SERVIP, CN=0, SRN=0, SN=6, X2SERVIPID="1", X2SERVIP="192.168.164.17", IPSECFLAG=DISABLE, PATHCHK=DISABLE, CNOPERATORID=0;

STEP37：ADD X2ENODEB, X2ENODEBID=16, FIRSTSIGIP="192.168.162.17", FIRSTIPSECFLAG=DISABLE, SECSIGIP="0.0.0.0", SECIPSECFLAG=DISABLE, APPPORT=36422, SERVIP1="0.0.0.0", SERVIP1IPSECFLAG=DISABLE, SERVIP2="0.0.0.0", SERVIP2IPSECFLAG=DISABLE, SERVIP3="0.0.0.0", SERVIP3IPSECFLAG=DISABLE, SERVIP4="0.0.0.0", SERVIP4IPSECFLAG=DISABLE, MCC="460", MNC="17", ENODEBID=1, CNOPERATORID=0, TARGETENODEBRELEASE=Release_R10;

STEP38：ADD X2ENODEB, X2ENODEBID=17, FIRSTSIGIP="192.168.163.17", FIRSTIPSECFLAG=DISABLE, SECSIGIP="0.0.0.0", SECIPSECFLAG=DISABLE, APPPORT=36422, SERVIP1="0.0.0.0", SERVIP1IPSECFLAG=DISABLE, SERVIP2="0.0.0.0", SERVIP2IPSECFLAG=DISABLE, SERVIP3="0.0.0.0", SERVIP3IPSECFLAG=DISABLE, SERVIP4="0.0.0.0", SERVIP4IPSECFLAG=DISABLE, MCC="460", MNC="17", ENODEBID=2, CNOPERATORID=0, TARGETENODEBRELEASE=Release_R10;

6.6.2 LTE 仿真规划模式故障排查

具体规划数据见附录 5。

1. 故障描述

故障描述如图 6-7 所示。

...	告警编号	名称	级别	发生时间	网管分类	定位信息	告警来源
1	#ALM_BS2-2720	目的网元不可达告警	重要	2019-04-22 15:18:50	运行系统	没有可连接的路由	ADD OMCH 或 MOD OMCH
2	#ALM_BS1-2720	目的网元不可达告警	重要	2019-04-24 13:14:45	运行系统	没有可连接的路由	ADD OMCH 或 MOD OMCH
3	#ALM_BS1-2818	逻辑组网未成功告警	紧急	2019-04-26 12:15:32	运行系统	BBU-1-UMPT-0端口	OMC-1IP错误
4	#ALM_BS1-2838	OMC不可达告警	重要	2019-04-26 12:15:32	运行系统		OMC-1IP错误
5	#ALM_BS2-2813	s1链路故障告警	紧急	2019-04-26 12:15:32	运行系统	BBU-2-UMPT-0端口路由不匹配	MML中未配置此下一跳路由
6	#ALM_BS2-2832	小区不可用告警	重要	2019-04-26 12:15:32	运行系统		MML中未配置此下一跳路由
7	#ALM_BS2-2834	S1链路故障告警	重要	2019-04-26 12:15:32	运行系统		MML中未配置此下一跳路由
8	#ALM_BS2-2835	IPPATH故障告警	重要	2019-04-26 12:15:32	运行系统		MML中未配置此下一跳路由
9	#ALM_BS2-2836	MME不可达告警	重要	2019-04-26 12:15:32	运行系统		MML中未配置此下一跳路由
...	#ALM_BS2-2837	SGW不可达告警	重要	2019-04-26 12:15:32	运行系统		MML中未配置此下一跳路由
...	#ALM_BS2-2838	OMC不可达告警	重要	2019-04-26 12:15:33	运行系统		MML中未配置此下一跳路由
...	#ALM_BS3-2812	x2链路故障告警	紧急	2019-04-26 12:15:33	运行系统	BBU-3-UMPT-0端口	BBU-3-UMPT IP及X2端口不匹配
...	#ALM_BS3-2832	小区不可用告警	重要	2019-04-26 12:15:33	运行系统		BBU-3-UMPT IP及X2端口不匹配
...	#ALM_BS3-2834	S1链路故障告警	重要	2019-04-26 12:15:33	运行系统		BBU-3-UMPT IP及X2端口不匹配
...	#ALM_BS3-2835	IPPATH故障告警	重要	2019-04-26 12:15:33	运行系统		BBU-3-UMPT IP及X2端口不匹配
...	#ALM_BS3-2836	MME不可达告警	重要	2019-04-26 12:15:33	运行系统		BBU-3-UMPT IP及X2端口不匹配
...	#ALM_BS3-2837	SGW不可达告警	重要	2019-04-26 12:15:33	运行系统		BBU-3-UMPT IP及X2端口不匹配

图 6-7　LTE 仿真规划模式故障描述

2. 故障排查

（1）BS1 故障排查

STEP1：LST OMCH;

STEP2：MOD OMCH, FLAG=MASTER, IP="192.168.162.27", MASK="255.255.255.0", PEERIP="127.9.2.127", PEERMASK="255.255.255.0", BEAR=IPV4, CN=0, SRN=0, SN=6, SBT=BASE_BOARD, BRT=NO;

STEP3：LST IPRT;

STEP4：LST OMCH;

STEP5：MOD OMCH, FLAG=MASTER, IP="192.168.162.27", MASK="255.255.255.0", PEERIP="129.9.2.127", PEERMASK="255.255.255.0", BEAR=IPV4, CN=0, SRN=0, SN=6, SBT=BASE_BOARD, BRT=NO;

STEP6：LST CELL;

ACT CELL：LocalCellId=0;

ACT CELL：LocalCellId=1;

（2）BS2 故障排查

STEP1：ADD VLANMAP, NEXTHOPIP="192.168.110.27", MASK="255.255.255.0", VLANMODE=SINGLEVLAN, VLANID=100, STEPRIO=DISABLE;

STEP2：LST VLANMAP;

STEP3：STEPRMV VLANMAP, NEXTHOPIP="192.168.110.28", MASK="255.255.255.0";

LST VLANMAP;

STEP4：LST IPRT;

STEP5：RMV IPRT, CN=0, SRN=0, SN=6, SBT=BASE_BOARD, DSTIP="161.161.162.27", DSTMASK="255.255.255.0", RTTYPE=NEXTHOP, NEXTHOP="192.168.110.28";

STEP6：RMV IPRT, CN=0, SRN=0, SN=6, SBT=BASE_BOARD, DSTIP="161.161.163.27", DSTMASK="255.255.255.0", RTTYPE=NEXTHOP, NEXTHOP="192.168.110.28";

STEP7：RMV IPRT, CN=0, SRN=0, SN=6, SBT=BASE_BOARD, DSTIP="192.9.2.127", DSTMASK="255.255.255.0", RTTYPE=NEXTHOP, NEXTHOP="192.168.110.28";

STEP8：ADD IPRT, CN=0, SRN=0, SN=6, SBT=BASE_BOARD,

DSTIP="161.161.163.27", DSTMASK="255.255.255.0", RTTYPE=NEXTHOP, NEXTHOP="192.168.110.27", PREF=60, DESCRI="mme";

STEP9: ADD IPRT, CN=0, SRN=0, SN=6, SBT=BASE_BOARD, DSTIP="161.161.162.27", DSTMASK="255.255.255.0", RTTYPE=NEXTHOP, NEXTHOP="192.168.110.27", PREF=60, DESCRI="sgw";

STEP10: ADD IPRT, CN=0, SRN=0, SN=6, SBT=BASE_BOARD, DSTIP="129.9.2.127", DSTMASK="255.255.255.0", RTTYPE=NEXTHOP, NEXTHOP="192.168.110.27", PREF=60, DESCRI="omc";

STEP11: ACT CELL, LocalCellId=1;

STEP12: ACT CELL,LocalCellId=2;

STEP13: LST CELL;

STEP14: ACT CELL, LocalCellId=0;

（3）BS3 故障排查

STEP1: LST X2SIGIP;

STEP2: LST X2SERVIP;

STEP3: LST CNOPERATOR;

STEP4: LST X2ENODEB;

STEP5: MOD X2ENODEB, X2ENODEBID=16, FIRSTSIGIP="192.168.162.27", FIRSTIPSECFLAG=DISABLE, SECSIGIP="0.0.0.0", SECIPSECFLAG=DISABLE, APPPORT=36422, SERVIP1="0.0.0.0", SERVIP1IPSECFLAG=DISABLE, SERVIP2="0.0.0.0", SERVIP2IPSECFLAG=DISABLE, SERVIP3="0.0.0.0", SERVIP3IPSECFLAG=DISABLE, SERVIP4="0.0.0.0", SERVIP4IPSECFLAG=DISABLE, MCC="460", MNC="27", ENODEBID=1, CNOPERATORID=0, TARGETENODEBRELEASE=Release_R10;

STEP6: MOD X2ENODEB, X2ENODEBID=17, FIRSTSIGIP="192.168.163.27", FIRSTIPSECFLAG=DISABLE, SECSIGIP="0.0.0.0", SECIPSECFLAG=DISABLE, APPPORT=36422, SERVIP1="0.0.0.0", SERVIP1IPSECFLAG=DISABLE, SERVIP2="0.0.0.0", SERVIP2IPSECFLAG=DISABLE, SERVIP3="0.0.0.0", SERVIP3IPSECFLAG=DISABLE, SERVIP4="0.0.0.0", SERVIP4IPSECFLAG=DISABLE, MCC="460", MNC="27", ENODEBID=2, CNOPERATORID=0, TARGETENODEBRELEASE=Release_R10;

STEP7: LST ETHPORT;

STEP8: LST DEVIP;

STEP9： LST X2SERVIP;

STEP10： LST X2SIGIP;

STEP11： LST DEVIP;

STEP12： LST ETHPORT;

STEP13： LST CELL;

STEP14： ACT CELL, LocalCellId=1;

STEP15： ACT CELL, LocalCellId=2;

STEP16： ACT CELL, LocalCellId=3;

STEP17： LST X2ENODEB;

STEP18： LST X2SERVIP;

STEP19： LST X2SIGIP;

STEP20： LST S1SERVIP;

STEP21： LST MME;

STEP22： LST SGW;

STEP23： LST X2SERVIP;

STEP24： LST X2SIGIP;

第七章　4G_LTE 实战数据配置

知识简介

- 配置准备
- LTE 全局、传输、无线等数据配置
- 邻区概念及邻区数据配置
- 脚本验证与业务演示
- 基站配置调整实践

7.1　配置准备

单站数据配置前需要进行的准备工作包括掌握单站数据配置流程、了解设备组网拓扑结构、对接协商数据的采集。准备目标包括配置基站前要准备什么、站点配置基本流程与模块、规划数据分别从何获取等。

通过前面章节的学习我们知道 TD-LTE 网络扁平化，无线资源管理类功能由 eNode B 来实现，用户终端通过 eNode B 设备在高层直接与核心交换网络实现对话，完成快速数据交换业务。LTE 网络组网拓扑如图 7-1 所示。

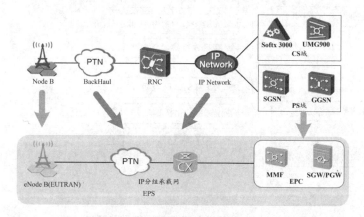

图 7-1　LTE 网络组网拓扑

无线设备数据配置主体为 eNode B，其配置数据包含以下三方面内容。

①设备数据配置——配置 eNode B 使用单板、RRU 设备信息，所属的 EPC 运营商信息。

②传输数据配置——配置 eNode B 传输 S1/X2/OMCH 对接接口信息。

③无线全局数据配置——配置 eNode B 空口扇区、小区信息。

7.1.1 单站数据配置流程与承接关系

单站数据配置需要按照一定的流程来进行配置，如果顺序流程混乱，有的数据可能无法配置，或者配置着配置着就忘了配到哪了。因此我们在做数据配置的时候需要按照流程一步一步来配置。图 7-2 即是 TD-LTE 单站数据配置流程与承接关系。

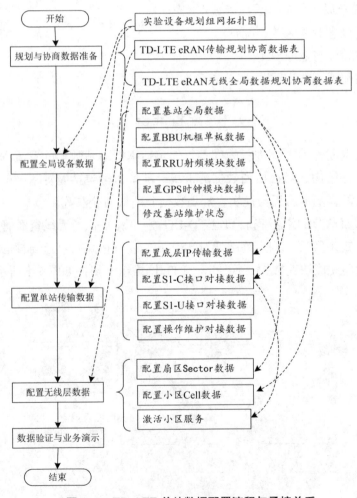

图 7-2　TD-LTE 单站数据配置流程与承接关系

7.1.2　单站配置协商规划数据准备

在做数据配置前，需要对整个网络有所了解，并对需要协商的数据参数进行协商，获得相应的数据配置参数协商表。

1. 实验设备规划组网拓扑图

它可以直观了解 EPS 网络基本的组网情况与对接业务流情况，用于进行设备数据、传输数据配置，EPS 实验网络基本组网结构如图 7-3 所示。

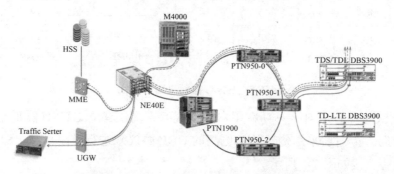

图 7-3　EPS 实验网络基本组网结构

本传输网络采用 PTN+CE 的方案。实验网络基础站点硬件配置如图 7-4 所示。

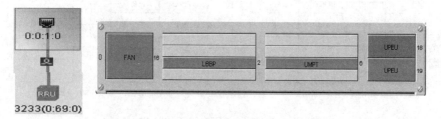

图 7-4　实验网络基础站点硬件配置

实验网络基础站采用 1*UMPT+1*LBBPc+1*DRRU3233 的最简配置，单站数据配置以此为基础。

配置上机目标是学员独立完成单站配置开通基本业务。

2.TD-LTE eRAN 传输规划协商数据表

它用于传输接口对接配置，单站配置重点包括 eNode B 到 MME 的 S1-C 接口、eNode B 到 SGW/UGW 的 S1-U 接口。

主要配置参数参考接口协议栈，包含底层物理端口属性、以太网层 VLAN、网络层 IP 与路由，高层 S1-C 信令承载链路、S1-U 用户数据承载链路。

与 MME 对接只存在信令交互，传输层采用 SCTP 传输协议来承载 S1 接口信令链路 S1-AP。S1-C 控制平面协议栈如图 7-5 所示。

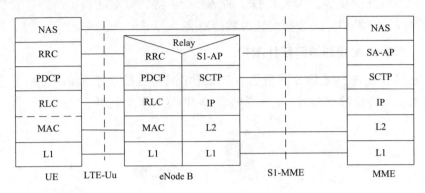

图 7-5　S1-C 控制平面协议栈

与 SGW/UGW 对接只存在用户数据交互，高层建立 GTP-U 隧道来传递用户数据，传输层采用传输效率更高的 UDP 协议来进行链路承载。S1-U 用户平面协议栈如图 7-6 所示。

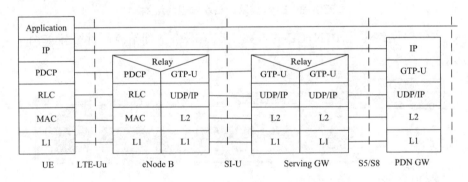

图 7-6　S1-U 用户平面协议栈

在接口对接数据协商过程中，底层对接协商路由数据、IP&VLAN 数据需要与传输岗位人员进行协商获取，高层对接协商数据 SCTP 链路参数需要与核心网岗位人员进行协商获取。

3.TD-LTE eRAN 无线全局数据规划协商数据表

它用于无线空口资源的全局规划，配置重点包括扇区资源配置、小区资源配置，以及全局运营商信息配置。邻区配置工作主要由网优工程师来完成，内容将在多站配置规范课程中进行描述与实际操作。

扇区是指覆盖一定地理区域的最小无线覆盖区。每个扇区使用一个或多个载频（Radio Carrier）完成无线覆盖，每个无线载频使用某一载波频点

（Frequency）。扇区和载频组成了提供 UE 接入的最小服务单位，即小区，小区与扇区载频是一一对应的关系。

　　TD-SCDMA 站型表示方式采用 Sx/x/x 表示，如 S6/6/6 表示 3 个扇区，每扇区有 6 个载频，而 TD-SCDMA 的小区就是指扇区。

　　TD-LTE 站型表示方式采用 A×B，A 表示扇区数，B 表示每个扇区的载频数，如图 7-7 所示为典型的 3×2 配置站型，整个圆形区域分为 3 个扇区（扇区 0/1/2）进行覆盖，每扇区使用 2 个载频，每个载频组成一个小区，共 6 个小区。一个 TD-LTE 基站支持的小区数由"扇区数 × 每扇区载频数"确定。

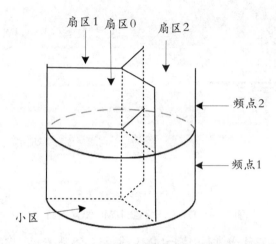

图 7-7　扇区、载频和小区之间的关系

　　扇区分为全向扇区和定向扇区。全向扇区常用于室分、低话务量覆盖，它以全向收发天线为圆心，覆盖 360° 的圆形区域。当覆盖区域的话务量较大时使用定向扇区，定向扇区由多副定向天线完成各自区域的覆盖，如 3 扇区每副定向天线覆盖 120° 的扇形区域，典型使用场景为室外宏站场景。

7.1.3　单站数据配置工具

　　Offline-MML 工具用于不在线登录到现网设备的情况下，在本地计算机上模拟运行 MML 命令执行模块，可制作、保存 eNode B 配置数据脚本，如图 7-8 所示登录界面。

图 7-8　TD-LTE 离线 MML 登录界面

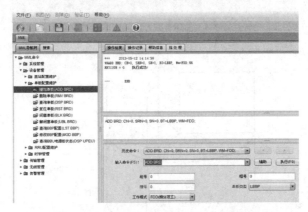

图 7-9　TD-LTE 离线 MML 配置界面

Offline-MML 工具通常仅用于 MML 命令、参数查询。本书将以 Ofline-MML 工具为基础，学习 MML 配置流程与命令功能，为后续日常操作维护与故障处理过程打基础。

7.2　DBS3900 全局设备数据配置

7.2.1　1×1 基础站型硬件配置

配置基站全局设备数据需要知晓基站侧相关信息，如基站基础信息、单板配置等。本节基于图 7-10 和图 7-11 进行数据配置学习。

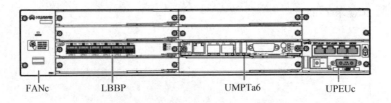

图 7-10　BBU3900 机框配置拓扑

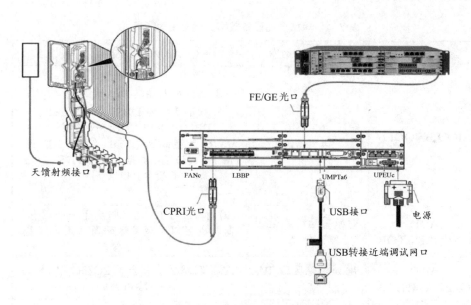

图 7-11　BBU&RRU 设备连接拓扑

图 7-12 是单站全局设备数据配置流程和相关命令。

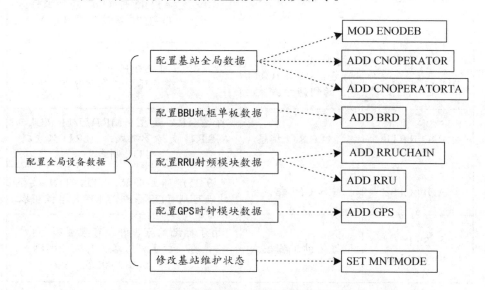

图 7-12　单站全局设备数据配置流程和相关命令

7.2.2　单站全局设备数据配置 MML 命令集

进行数据配置需要对配置命令比较熟悉，即知晓配置命令的作用和相关参数的选择原则等。表 7-1 是对单站全局设备数据配置的相关命令的说明解释。

表7-1　单站全局设备数据配置命令功能表

命令 + 对象	MML 命令用途	命令使用注意事项
MOD ENODEB	配置 eNode B 基本站型信息	基站标识在同一 PLMN 中唯一；基站类型为 DBS3900_LTE；BBU-RRU 接口协议类型：CPRI 类型协议（TDL 单模 RRU 使用）、TD_IR 类型协议（TDS-TDL 多模 RRU 使用）
ADD CNOPERATOR	增加基站所属运营商信息	国内 TD-LTE 站点归属于一个运营商，也可以实现多运营商共用无线基站共享接入
ADD OPERATORTA	增加跟踪区域 TA 信息	TA（跟踪区）相当于 2G/3G 中 PS 的路由区
ADD BRD	添加 BBU 单板	主要单板类型：UMPT/LBBP/UPEU/FAN；LBBPc 支持 FDD 与 TDD 两种工作方式，TD-LTE 基站选择 TDD
ADD RRUCHAIN	增加 RRU 链环确定 BBU 与 RRU 的组网方式	可选组网方式：链型 / 环型 / 负荷分担
ADD RRU	增加 RRU 信息	可选 RRU 类型：MRRU/LRRU，MRRU 支持多制式，LRRU 只支持 TDL 制式
ADD GPS	增加 GPS 信息	现场 TDL 单站必配，TDS-TDL 共框站点可从 TDS 系统 WMPT 单板获取
SET MNTMODE	设置基站工程模式	用于标记站点告警，可配置项目：普通 / 新建 / 扩容 / 升级 / 调测（默认出厂状态）

7.2.3　单站全局设备数据配置步骤

下面介绍单站全局设备数据的配置。

1. 配置 eNode B 与 BBU 单板数据

打开 Offline-MML 工具，在命令输入窗口执行 MML 命令，如图 7-13 所示。

图 7-13 MOD ENODEB 命令参数输入

MOD ENODEB 命令重点参数如下。

基站标识：在一个 PLMN 内编号唯一，是小区全球标识（CGI）的一部分。

基站类型：TD-LTE 只采用 DBS3900_LTE（分布式基站）类型。

协议类型：BBU-RRU 通信接口协议类型，CPRI 协议类型在 TDL 单模 RRU 建站时使用；TDL_IR 协议类型在 TDL 多模 RRU 建站时使用。

命令脚本示例：

MOD ENODEB： ENODEBID=1001, NAME="TDD eNodeB101", ENBTYPE=DBS3900_LTE, PROTOCOL=CPRI;

首次执行 MML 命令时，会弹出保存窗口进行脚本保存，继续执行命令会自动追加保存在此脚本文件中，如图 7-14 所示。

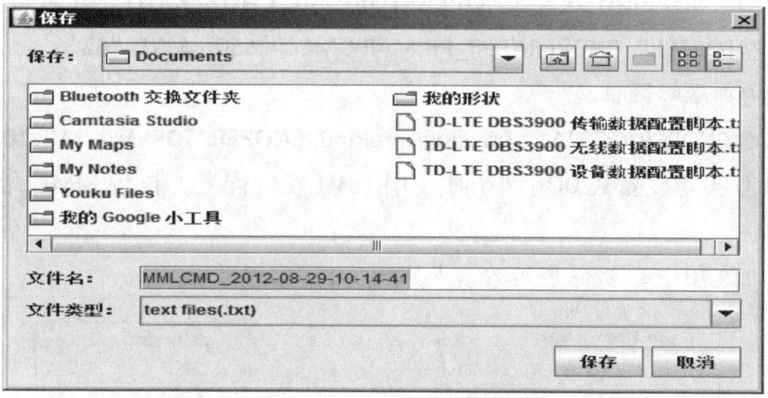

图 7-14 MML 命令脚本保存窗口

增加基站所属运营商配置信息，如图 7-15 和图 7-16 所示。

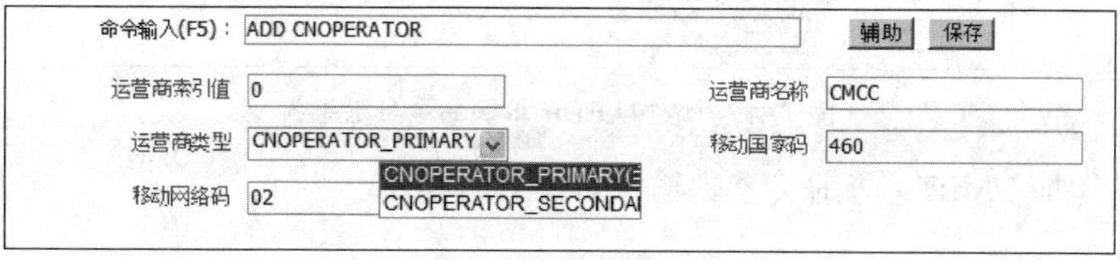

图 7-15 增加运营商信息参数输入

227

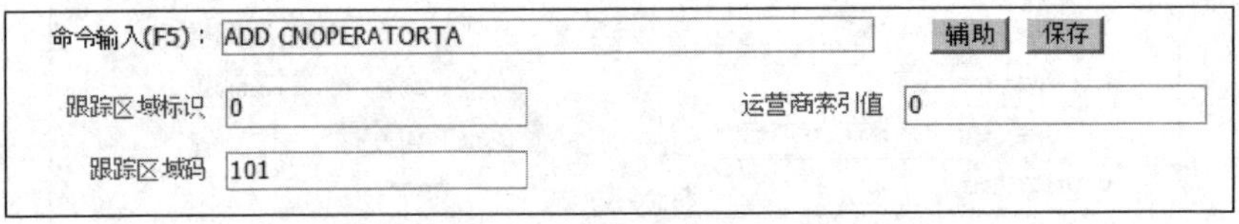

命令输入(F5)： ADD CNOPERATORTA　　　　　　　　　　　辅助　保存

跟踪区域标识 0　　　　　　　　　　　运营商索引值 0

跟踪区域码 101

图 7-16　增加跟踪区域信息参数输入

ADD CNOPERATOR/ADD CNOPERATORTA 命令重点参数如下。

运营商索引值：范围 0 ~ 3，最多可配置 4 个运营商信息。

运营商类型：与基站共享模式配合使用，当基站共享模式为独立运营商模式时，只能添加一个运营商且必须为主运营商；当基站共享模式为载频共享模式时，添加主运营商后，最多可添加 3 个从运营商。

后续配置模块中通过运营商索引值、跟踪区域标识来索引绑定站点信息所配置的全局信息数据。

移动国家码、移动网络码、跟踪区域码需要与核心网 MME 配置协商一致。

通过 MOD ENODEBSHARINGMODE 命令可修改基站共享模式。

命令脚本示例：

// 增加主运营商配置信息

ADD CNOPERATOR： CNOPERATORID=0, CNOPERATORNAME="CMCC", CNOPERATORTYPE=CNOPERATOR_PRIMARY, MCC="460", MNC="02";

// 增加跟踪区信息

ADD CNOPERATORTA： TrackingAreaId=0, CNOPERATORID=0, TAC=101;

参考实验设备规划组网拓扑图中 BBU 硬件配置，执行 MML 命令增加 BBU 单板。

增加 LBBP 单板命令参数输入如图 7-17 所示。

图 7-17　增加 LBBP 单板命令参数输入

增加 UMPT 单板命令参数输入如图 7-18 所示。

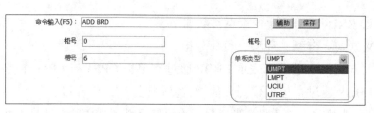

图 7-18 增加 UMPT 单板命令参数输入

ADD BRD 命令重点参数如下。

LBBP 单板工作模式：TDD 为时分双工模式。

TDD_ENHANCE 表示支持 TDD 多波束赋形。

TDD_8T8R 表示支持 TD-LTE 单模 8T8R，支持波束赋，其 BBU 和 RRU 之间的接口协议为 CPRI 协议。

TDD_TL 表示支持 TD-LTE&TDS-CDMA 双模或者 TD-LTE 单模，包括 8T8R 波束赋以及 2T2R MIMO，其 BBU 和 RRU 之间采用 CMCC TD-LTE IR 协议规范。

UMPT 单板增加命令执行成功后会要求单板重启动加载，维护链路会中断。

命令脚本示例：

ADD BRD：SRN=0, SN=1, BT=LBBP, WM=TDD;

ADD BRD：SRN=0, SN=16, BT=FAN;

ADD BRD：SRN=0, SN=19, BT=UPEU;

ADD BRD：SRN=0, SN=6, BT=UMPT;

2. 配置 RRU 设备数据

（1）增加 RRU 链环数据

增加 RRU 链环命令参数输入如图 7-19 所示。

图 7-19 增加 RRU 链环命令参数输入

ADD RRUCHAIN 命令重点参数如下。

组网方式：链型、环型、负荷分担。

接入方式：本端端口表示 LBBP 通过本单板 CPRI 与 RRU 连接；对端端口表示 LBBP 通过背板汇聚到其他槽位基带板与 RRU 连接。

链/环头槽号、链/环头光口号：表示链环头 CPRI 端口所在单板的槽号/端口号。

CPRI 线速率：用户设定速率，设置 CPRI 线速率与当前运行的速率不一致时，会产生 CPRI 相关告警。

命令脚本示例：

ADD RRUCHAIN： RCN=0, TT=CHAIN, AT=LOCALPORT, HCN=0, HSRN=0, HSN=3, HPN=0, CR=AUTO;

（2）增加 RRU 设备数据

增加 RRU 设备参数输入如图 7-20 所示。

图 7-20　增加 RRU 设备参数输入

ADD RRU 命令重点参数如下。

RRU 类型：TD-LTE 网络只用 MRRU&LRRU，MRRU 根据不同的硬件版本可以支持多种工作制式，LRRU 支持 LTE – FDD/LTE – TDD 两种工作制式。

RRU 工作制式：TDL 单站选择 TDL（LTE – TDD），多模 MRRU 可选择 TL（TDS – TDL）工作制式。

DRRU3233 类型为 LRRU，工作制式为 TDL（LTE – TDD）。

命令脚本示例：

ADD RRU： CN=0, SRN=69, SN=0, TP=TRUNK, RCN=0, PS=0, RT=LRRU, RS=TDL, RXNUM=8, TXNUM=8;

3. 配置 GPS、修改基站维护态

（1）增加 GPS 设备信息

增加 GPS 设备参数输入如图 7-21 所示。

图 7-21　增加 GPS 设备参数输入

设置参考时钟源工作模式参数输入如图 7-22 所示。

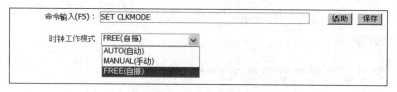

图 7-22　设置参考时钟源工作模式参数输入

ADD GPS/SET CLKMODE 命令重点参数如下。

GPS 工作模式：支持多种卫星同步系统信号接入。

优先级：取值范围 1 ～ 4，1 表示优先级最高，现场通常设置 GPS 最高优先级，UMPTa6 单板自带晶振时钟优先级默认为 0，优先级最低，可用于测试使用。

时钟工作模式：AUTO（自动），MANUAL（手动），FREE（自振）；

自动模式表示系统根据参考时钟源的优先级和可用状态自动选择参考时钟源，手动模式表示用户手动指定某一路参考时钟源，自振模式表示系统工作于自由振荡状态，不跟踪任何参考时钟源。

对实验设备设置时钟工作时采用自振，SET CLKMODE：MODE=FREE。

命令脚本示例：

ADD GPS：SN=6, MODE=GPS, PRI=4;

SET CLKMODE：MODE=FREE;

（2）设置基站维护态

设置基站维护态参数输入如图 7-23 所示。

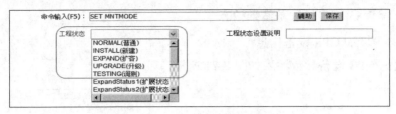

图 7-23　设置基站维护态参数输入

SET MNTMODE 命令重点参数如下。

工程状态：网元处于特殊状态时，告警上报方式将会改变。

主控板重启不会影响工程状态的改变，自动延续复位前的网元特殊状态。

设备出厂默认状态为"TESTING"（调测）。

命令脚本示例：

SET MNTMODE： MNTMode=INSTALL, MMSetRemark=" 实验室新建培训测试站点 101";

7.2.4　单站全局设备数据配置脚本示例

1. TD-LTE eNode B101 单站全局设备数据配置示例

// 全局配置参数

MOD ENODEB： ENODEBID=1001, NAME="TDD eNodeB101", ENBTYPE=DBS3900_LTE, PROTOCOL=CPRI;

ADD CNOPERATOR： CNOPERATORID=0, CNOPERATORNAME="CMCC", CNOPERATORTYPE=CNOPERATOR_PRIMARY, MCC="460", MNC="02";

ADD CNOPERATORTA： TrackingAreaId=0, CNOPERATORID=0, TAC=101;

//BBU 机框单板数据

ADD BRD： SRN=0, SN=3, BT=LBBP, WM=TDD;

ADD BRD： SRN=0, SN=16, BT=FAN;

ADD BRD： SRN=0, SN=19, BT=UPEU;

ADD BRD： SRN=0, SN=6, BT=UMPT;

// 增加 UMPT 单板会引起单板复位重启，执行脚本数据时会中断

//RRU、GPS 数据

ADD RRUCHAIN： RCN=0, TT=CHAIN, AT=LOCALPORT, HCN=0, HSRN=0, HSN=3, HPN=0, CR=AUTO;

ADD RRU： CN=0, SRN=69, SN=0, TP=TRUNK, RCN=0, PS=0, RT=LRRU, RS=TDL, RXNUM=8, TXNUM=8;

ADD GPS：SN=6, MODE=GPS, PRI=4;

SET CLKMODE：MODE=FREE;

// 基站维护态数据

SET MNTMODE：MNTMode=INSTALL, MMSetRemark=" 实验室新建培训测试站点 101";

2. TD–LTE eNode B 单站全局设备数据配置知识点与疑问小结

①增加 GPS 设备信息配置包括哪些配置模块？配置流程是怎样的？

②配置需要哪些协商规划参数？各自从哪些协商规划数据表中查找？

③输出脚本中哪些配置会影响后面的配置？各自影响关系如何？

7.3　DBS3900 传输数据配置

7.3.1　DBS3900 单站传输组网

单站传输数据的配置首先需要对接口，其次传输的路由走向要熟悉，这样在配置数据的时候才能做到心中有数。

1. eNode B 网络传输接口

图 7-24 是基站相关的各种接口，包括 Uu、S1-C、S1-U、X2 等。

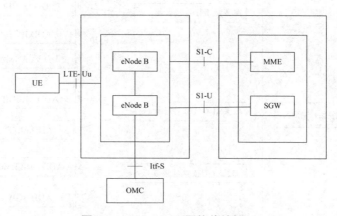

图 7–24　eNode B 网络传输接口

2. eNode B 网络传输接口单站 S1 接口组网拓扑示例

单站传输接口只考虑维护链路与 S1 接口，包括 S1-C、S1-U。DBS3900 单站传输组网拓扑图如图 7-25 所示。

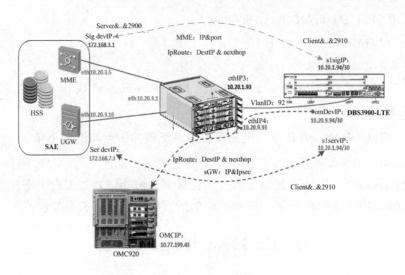

图 7-25　DBS3900 单站传输组网拓扑图

7.3.2　DBS3900 单站传输数据配置流程

图 7-26 是单站传输数据配置的流程和相关命令。

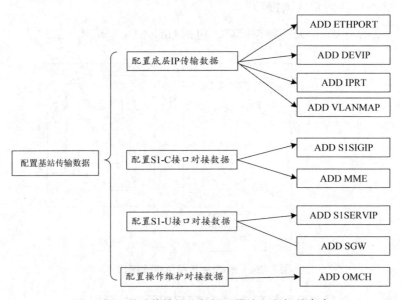

图 7-26　单站传输接口数据配置流程和相关命令

7.3.3　DBS3900 单站传输数据 MML 命令集

单站传输接口数据配置命令功能集如表 7-2 所示。

表 7-2　单站传输接口数据配置命令功能集

命令 + 对象	MML 命令用途	命令使用注意事项
ADD ETHPORT	增加以太网端口以太网端口、速率、双工模式、端口属性参数	TD-LTE 基站端口配置属性需要与 PTN 协商，推荐配置固定 1 Gbps、全双工模式
ADD RSCGRP	增加传输资源组	基于链路层对上层逻辑链路进行带宽限制
ADD DEVIP	端口增加设备 IP 地址	每个端口最多可增加 8 个设备 IP、现网规划单站使用 IP 不能重复
ADD IPRT	增加静态路由信息	单站必配路由有三条：S1-C 接口到 MME、S1-U 接口到 UGW、OMCH 到网管；如采用 IPCLK 时钟需额外增加路由信息，多站配置 X2 接口也需新增站点间路由信息。目的 IP 地址与掩码取值相与必须为网络地址
ADD VLANMAP	根据下一跳增加 VLAN 标识	现网通常规划多个 LTE 站点使用一个 VLAN 标识
ADD S1SIGIP	增加基站 S1 接口信令 IP	采用自建立方式（End-point）配置时的应用：配置 S1/X2 接口的端口信息，系统根据端口信息自动创建 S1/X2 接口控制平面承载（SCTP 链路）和用户平面承载（IP Path），Link 配置方式采用手工参考协议栈模式进行配置
ADD MME	增加对端 MME 信息	
ADD S1SERVIP	增加基站 S1 接口服务 IP	
ADD SGW	增加对端 SGW/UGW 信息	
ADD OMCH	增加基站远程维护通道	最多增加主 / 备两条，绑定路由后，无须单独增加路由信息

7.3.4　单站传输数据配置步骤

1. 配置底层 IP 传输数据

（1）增加物理端口设置

物理以太网端口属性参数输入如图 7-27 所示。

图 7-27　物理以太网端口属性参数输入

235

ADD ETHPORT 命令重点参数如下。

端口属性：UMPT 单板 0 号端口为 FE/GE 电口，1 号端口为 FE/GE 光口（现场使用光口）。

端口速率 / 双工模式：需要与传输协商一致，现场使用 1000 Mbps/FULL（全双工）。

设备出厂默认端口速率 / 双工模式为自协商。

命令脚本示例：

ADD ETHPORT：SRN=0, SN=6, SBT=BASE_BOARD, PN=1, PA=FIBER, MTU=1500, SPEED=1000M, DUPLEX=FULL;

（2）增加传输资源组

增加传输资源组参数输入如图 7-28 所示。

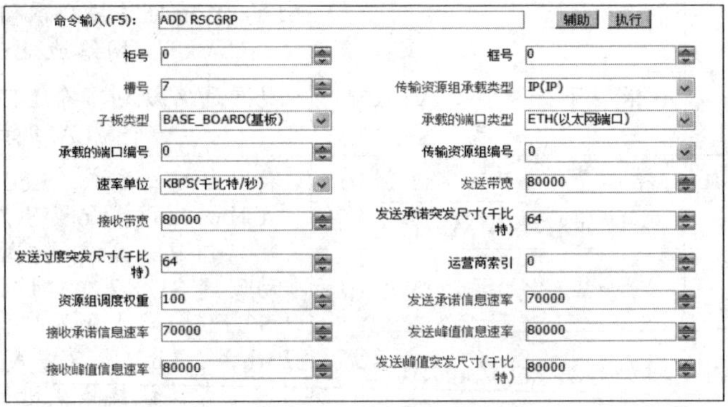

图 7-28 增加传输资源组参数输入

ADD RSCGRP 命令重点参数如下。

传输资源组的带宽和速率信息：基于链路层计算，TDL 单站现场规划为 80 Mbps 传输带宽要求。

发送 / 接收带宽：传输资源组的 MAC 层上行 / 下行最大带宽，该参数值用作上行 / 下行传输准入带宽和发送流量成型带宽。

CIR/PIR 受 BW 影响，参数高于传输网络最大带宽，容易引起业务丢包，影响业务质量；参数低于传输网络最大带宽，会造成传输带宽浪费，影响接入业务数和吞吐量。

命令脚本示例：

// 增加 0 号传输资源组，限制基站传输带宽为 80 Mbps

ADD RSCGRP：SN=7, BEAR=IP, SBT=BASE_BOARD, PT=ETH, PN=0, RSCGRPID=0, RU=KBPS, TXBW=80000, RXBW=80000, TXCIR=70000, RXCIR=70000, TXPIR=80000, RXPIR=80000, TXPBS=80000;

（3）以太网端口业务维护通道 IP 配置

增加以太网端口业务 IP 参数输入如图 7-29 所示。

图 7-29 增加以太网端口业务 IP 参数输入

增加以太网端口维护通道 IP 参数输入如图 7-30 所示。

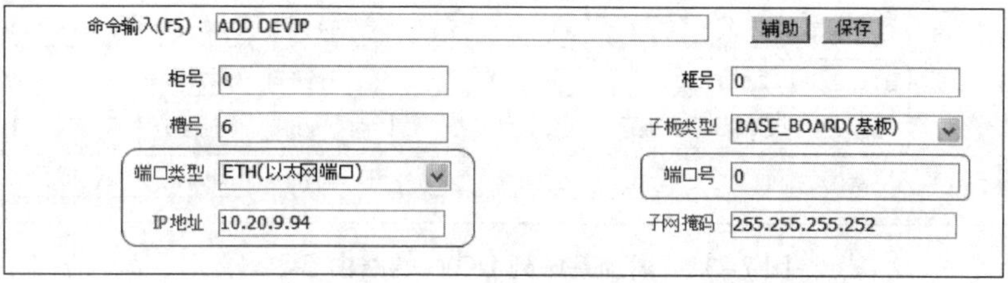

图 7-30 增加以太网端口维护通道 IP 参数输入

ADD DEVIP 命令重点参数如下。

端口类型：在未采用 Trunk 配置方式的场景下选择以太网端口即可，目前 TD-LTE 现网均未使用 Trunk 连接方式。

IP 地址：同一端口最多配置 8 个设备 IP 地址，IP 资源紧张的情况下，单站可以只采用一个 IP 地址，即用于业务链路通信，也用于维护链路互通。

端口 IP 地址与子网掩码确定基站端口连接传输设备的子网范围大小，多个基站可以配置在同一子网内。

实验室规划基站维护与业务子网段分开配置，便于识别与区分。

命令脚本示例：

// 分别增加用于 S1 接口与远程维护通道建立对接的 IP 地址信息

ADD DEVIP： CN=0, SRN=0, SN=6, SBT=BASE_BOARD, PT=ETH, PN=1, IP="10.20.1.94", MASK="255.255.255.252";

ADD DEVIP： CN=0, SRN=0, SN=6, SBT=BASE_BOARD, PT=ETH, PN=1, IP="10.20.9.94", MASK="255.255.255.252";

（4）配置业务路由信息

增加基站到 MME 的路由参数输入如图 7-31 所示。

图 7-31　增加基站到 MME 的路由参数输入

增加基站到 UGW 的路由参数输入如图 7-32 所示。

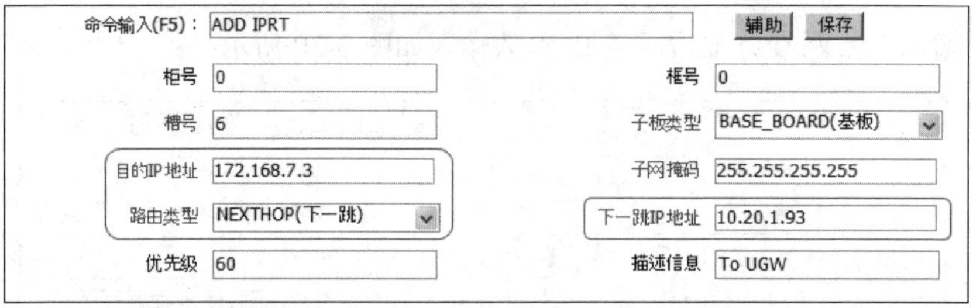

图 7-32　增加基站到 UGW 的路由参数输入

ADD IPRT 命令重点参数如下。

目的 IP 地址：该地址是主机地址时，子网掩码配置为 32 位掩码；如需要添加网段路由，配置子网掩码小于 32 位，目的 IP 地址必须是网段网络地址。

示例：目的 IP 地址为 172.168.0.0，子网掩码 16 位为 255.255.0.0；如果写目的 IP 为 172.168.7.3，子网掩码为 255.255.0.0，系统会提示出错，原因为目的 IP 地址不是一个网络地址。

基站远程维护通道的路由信息，可以在增加 OMCH 配置时一起添加。

命令脚本示例：

ADD IPRT： SRN=0, SN=6, SBT=BASE_BOARD, DSTIP="172.168.3.1", DSTMASK="255.255.255.255", RTTYPE=NEXTHOP, NEXTHOP="10.20.1.93", PREF=60, DESCRI="To MME";

ADD IPRT： SRN=0, SN=6, SBT=BASE_BOARD, DSTIP="172.168.7.3", DSTMASK="255.255.255.255", RTTYPE=NEXTHOP, NEXTHOP="10.20.1.93", PREF=60, DESCRI="To UGW";

（5）配置基站业务 / 维护 VLAN 标识

增加基站业务 VLAN 标识参数输入如图 7-33 所示。

图 7-33 增加基站业务 VLAN 标识参数输入

增加基站维护 VLAN 标识参数输入如图 7-34 所示。

图 7-34 增加基站维护 VLAN 标识参数输入

现网站点业务对接、维护通道采用同一 IP 地址时，VLAN 标识通常也只规划一个，为节省 VLAN 资源，甚至同一 PLMN 网络中多个基站使用同一个 VLAN 标识。

目前网络业务服务质量需求不明显，未区分不同优先级业务类型，VLAN 模式使用单 VLAN 即可，不需要涉及 VLAN 组的配置，也不涉及 VLAN 优先级配置。

命令脚本示例：

//S1 业务接口数据打 VLAN

ADD VLANMAP： NEXTHOPIP="10.20.1.93", MASK="255.255.255.255", VLANMODE=SINGLEVLAN, VLANID=92, SETPRIO=DISABLE;

// 基站远程维护通道打 VLAN

ADD VLANMAP： NEXTHOPIP="10.20.9.93", MASK="255.255.255.255", VLANMODE=SINGLEVLAN, VLANID=92, SETPRIO=DISABLE;

2. 自建立方式配置 S1 接口对接数据

S1 接口对接数据配置方式有两种，一种是自建立方式，另一种是 Link 方式。先介绍自建立方式，自建立方式较 Link 方式简单，配置重点为基站本端信令 IP、地址、本端端口号；基站侧端口号上报给 MME 后会自动探测添加，不需要与核心网进行人为协商。

（1）配置基站本端 S1-C 信令链路参数

增加基站本端 S1-C 信令链路参数输入如图 7-35 所示。

图 7-35　增加基站本端 S1-C 信令链路参数输入

现场采用信令链路双归属组网时，可配置备用信令 IP 地址，与主用实现 SCTP 链路层的双归属保护倒换。

现场使用安全组网场景时需要将 IPSec 开关打开，详细配置内容在后续数据配置规范课程中阐述。

运营商索引值：默认为 0，单站归属一个运营商，建议不更改，后续配置无线全局数据时存在索引关系。

命令脚本示例：

ADD S1SIGIP： SN=6, S1SIGIPID="To MME", LOCIP="10.20.1.94", LOCIPSECFLAG=DISABLE, SECLOCIP="0.0.0.0", SECLOCIPSECFLAG=DISABLE, LOCPORT=2910, SWITCHBACKFLAG=ENABLE;

（2）配置对端 MME 侧 S1-C 信令链路参数

增加对端 MME 侧 S1-C 信令链路参数输入如图 7-36 所示。

图 7-36　增加对端 MME 侧 S1-C 信令链路参数输入

MME 协商参数包括信令 IP、应用层端口，MME 协议版本号也需要与对端 MME 配置协商一致。

现场采用信令链路双归属组网时，对端 MME 侧也需要配置备用信令 IP 地址，与主用实现 SCTP 链路层的双归属保护倒换。

现场使用安全组网场景时需要将 IPSec 开关打开，详细配置内容在后续数据配置规范课程中阐述。

运营商索引值：默认为 0，单站归属一个运营商，建议不更改，后续配置无线全局数据时存在索引关系。

命令脚本示例：

ADD MME：MMEID=0, FIRSTSIGIP="172.168.3.1", FIRSTIPSECFLAG=DISABLE, SECSIGIP="0.0.0.0", SECIPSECFLAG=DISABLE, LOCPORT=2900, DESCRIPTION="BH01R 实验室公共 USN9810", MMERELEASE=Release_R8;

（3）配置基站本端与对端 MME 的 S1-U 业务链路参数

增加基站本端 S1-U 业务链路参数输入如图 7-37 所示。

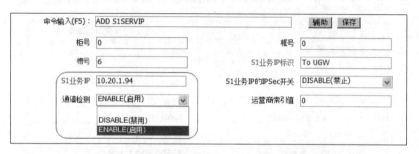

图 7-37　增加基站本端 S1-U 业务链路参数输入

增加基站对端 SGW/UGW 侧 S1-U 业务链路参数输入如图 7-38 所示。

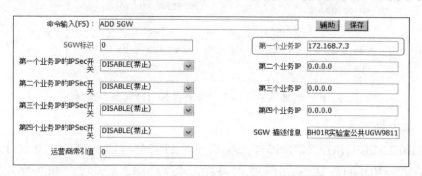

图 7-38　增加基站对端 SGW/UGW 侧 S1-U 业务链路参数输入

配置 S1-U 链路重点为基站本端与对端 MME 的 S1 业务 IP 地址，建议打开通道检测开关，实现 S1-U 业务链路的状态监控。

运营商索引值：默认为 0，单站归属一个运营商，建议不更改，后续配置无线全局数据时存在索引关系。

命令脚本示例：

// 增加基站本端业务 IP 与对端 SGW/UGW 业务 IP

ADD S1SERVIP： SRN=0, SN=6, S1SERVIPID="To UGW", S1SERVIP="10.20.1.94", IPSECFLAG=DISABLE, PATHCHK=ENABLE;

ADD SGW： SGWID=0, SERVIP1="172.168.7.3", SERVIP1IPSECFLAG=DISABLE, SERVIP2IPSECFLAG=DISABLE, SERVIP3IPSECFLAG=DISABLE, SERVIP4IPSECFLAG=DISABLE, DESCRIPTION="BH01R 实验室公共 UGW9811";

3. *Link 方式配置 S1 接口对接数据（可选）

采用 Link 方式进行配置时，需要手工添加传输层承载链路，相关参数更为详细，重点协商参数包括两端 IP 地址与端口号。

（1）配置 SCTP 链路数据

增加基站 S1-C 信令承载 SCTP 链路参数输入如图 7-39 所示。

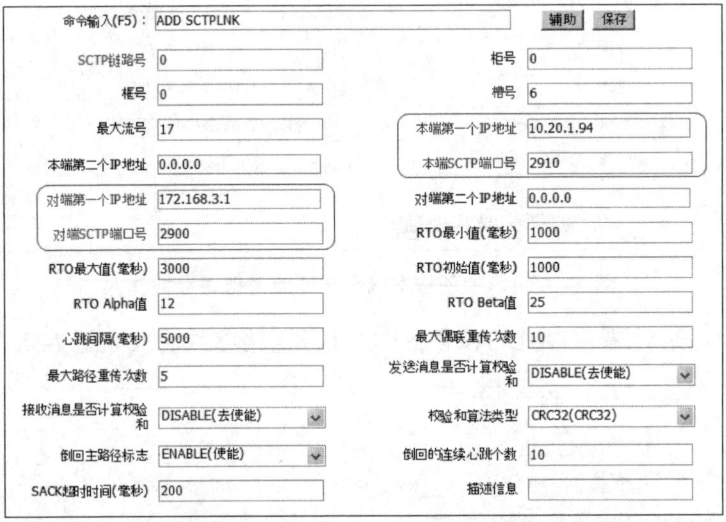

图 7-39　增加基站 S1-C 信令承载 SCTP 链路参数输入

命令脚本示例：

ADD SCTPLNK： SCTPNO=0, SN=6, MAXSTREAM=17, LOCIP="10.20.1.94", SECLOCIP="0.0.0.0", LOCPORT=2910, PEERIP="172.168.3.1", SECPEERIP="0.0.0.0", PEERPORT=2900, RTOMIN=1000, RTOMAX=3000, RTOINIT=1000, RTOALPHA=12, RTOBETA=25, HBINTER=5000, MAXASSOCRETR=10, MAXPATHRETR=5, AUTOSWITCH=ENABLE, SWITCHBACKHBNUM=10, TSACK=200;

（2）配置基站 S1-C 接口信令链路数据

增加基站 S1-C 接口信令链路参数输入如图 7-40 所示。

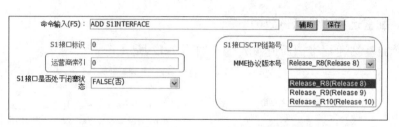

图 7-40 增加基站 S1-C 接口信令链路参数输入

S1 接口信令承载链路需要索引底层 SCTP 链路以及全局数据中的运营商信息；MME 对端协议版本号需要与核心网设备协商一致。

命令脚本示例：

ADD S1INTERFACE： S1InterfaceId=0, S1SctpLinkId=0, CnOperatorId=0, MmeRelease=Release_R8;

（3）配置 S1-U 接口 IPPATH 链路数据

增加基站 S1-U 接口业务链路参数输入如图 7-41 所示。

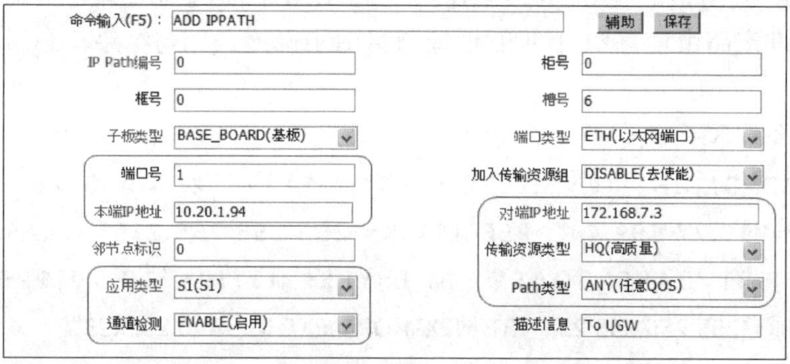

图 7-41 增加基站 S1-U 接口业务链路参数输入

S1 接口数据承载链路 IPPATH 配置重点协商 IP 地址，目前场景未区分业务优先级，传输 IPPATH 只配置一条即可。

命令脚本示例：

// 未增加传输资源组进行限速配置示例

ADD IPPATH： PATHID=0, CN=0, SRN=0, SN=6, SBT=BASE_BOARD, PT=ETH, PN=1, JNRSCGRP=DISABLE, LOCALIP="10.20.1.94", PEERIP="172.168.7.3", ANI=0, APPTYPE=S1, PATHTYPE=ANY, PATHCHK=ENABLE, DESCRI="To UGW";

// 已增加传输资源组进行限速配置示例

ADD IPPATH： PATHID=0, SN=6, SBT=BASE_BOARD, PT=ETH, PN=1, JNRSCGRP=ENABLE, RSCGRPID=0, LOCALIP="10.20.1.94", PEERIP="172.168.7.3", ANI=0, APPTYPE=S1, PATHTYPE=ANY, PATHCHK=ENABLE, DESCRI="to UGW";

4. 配置远程维护通道数据

增加基站远程维护通道参数输入如图 7-42 所示。

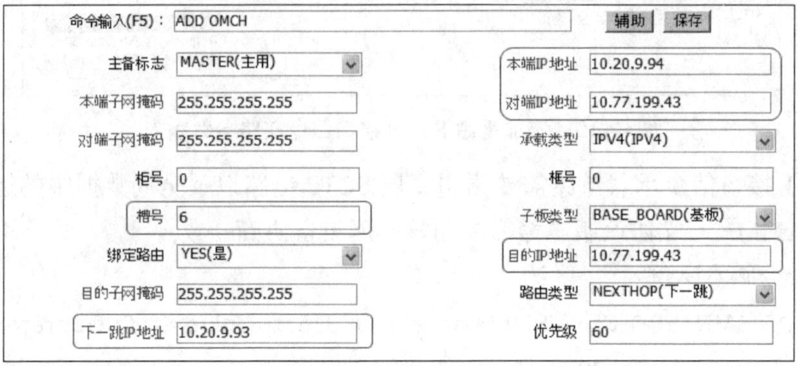

图 7-42　增加基站远程维护通道参数输入

增加 OMCH 远程维护通道到网管系统，绑定路由选择"是"时，增加远程维护通道路由，不需要再单独执行 ADD IPRT 命令添加维护通道的路由信息；绑定路由信息中目的 IP 地址与目的子网掩码相与结果，必须为网络地址。

命令脚本示例：

```
ADD OMCH：IP="10.20.9.94"，MASK="255.255.255.255"，
PEERIP="10.77.199.43"，PEERMASK="255.255.255.255"，BEAR=IPV4,
SN=6，SBT=BASE_BOARD，BRT=YES，DSTIP="10.77.199.43"，
DSTMASK="255.255.255.255", RT=NEXTHOP, NEXTHOP="10.20.9.93";
```

7.3.5　单站传输接口数据配置脚本示例

1. TD-LTE eNode B101 传输数据配置示例

// 增加底层 IP 传输数据

```
ADD ETHPORT：SRN=0, SN=6, SBT=BASE_BOARD, PN=1, PA=FIBER,
MTU=1500, SPEED=1000M, DUPLEX=FULL;

ADD DEVIP：CN=0, SRN=0, SN=6, SBT=BASE_BOARD, PT=ETH, PN=1,
IP="10.20.1.94", MASK="255.255.255.252";

ADD IPRT：SRN=0, SN=6, SBT=BASE_BOARD, DSTIP="172.168.3.1",
DSTMASK="255.255.255.255", RTTYPE=NEXTHOP, NEXTHOP="10.20.1.93",
PREF=60, DESCRI="To MME";

ADD IPRT：SRN=0, SN=6, SBT=BASE_BOARD, DSTIP="172.168.7.3",
```

DSTMASK="255.255.255.255", RTTYPE=NEXTHOP, NEXTHOP="10.20.1.93", PREF=60, DESCRI="To UGW";

ADD VLANMAP：NEXTHOPIP="10.20.1.93", MASK="255.255.255.255", VLANMODE=SINGLEVLAN, VLANID=92, SETPRIO=DISABLE;

S1 接口数据配置自建立方式与 Link 方式二选一。

// 自建立方式配置 S1 接口数据

ADD S1SIGIP：SN=6, S1SIGIPID="To MME", LOCIP="10.20.1.94", LOCIPSECFLAG=DISABLE, SECLOCIP="0.0.0.0", SECLOCIPSECFLAG=DISABLE, LOCPORT=2910, SWITCHBACKFLAG=ENABLE;

ADD MME：MMEID=0, FIRSTSIGIP="172.168.3.1", FIRSTIPSECFLAG=DISABLE, SECSIGIP="0.0.0.0", SECIPSECFLAG=DISABLE, LOCPORT=2900, DESCRIPTION="BH01R 实验室公共 USN9810", MMERELEASE=Release_R8;

ADD S1SERVIP：SRN=0, SN=6, S1SERVIPID="To UGW", S1SERVIP= "10.20.1.94", IPSECFLAG=DISABLE, PATHCHK=ENABLE;

ADD SGW：SGWID=0, SERVIP1="172.168.7.3", SERVIP1IPSECFLAG=DISABLE, SERVIP2IPSECFLAG=DISABLE, SERVIP3IPSECFLAG=DISABLE, SERVIP4IPSECFLAG=DISABLE, DESCRIPTION="BH01R 实验室公共 UGW9811";

//Link 方式配置 S1 接口数据

ADD SCTPLNK：SCTPNO=0, SN=6, MAXSTREAM=17, LOCIP="10.20.1.94", SECLOCIP="0.0.0.0", LOCPORT=2910, PEERIP="172.168.3.1", SECPEERIP="0.0.0.0", PEERPORT=2900, RTOMIN=1000, RTOMAX=3000, RTOINIT=1000, RTOALPHA=12, RTOBETA=25, HBINTER=5000, MAXASSOCRETR=10, MAXPATHRETR=5, AUTOSWITCH=ENABLE, SWITCHBACKHBNUM=10, TSACK=200;

ADD S1INTERFACE：S1InterfaceId=0, S1SctpLinkId=0, CNOPERATORID=0, MMERELEASE=Release_R8;

ADD IPPATH：PATHID=0, CN=0, SRN=0, SN=6, SBT=BASE_BOARD, PT=ETH, PN=1, JNRSCGRP=DISABLE, LOCALIP="10.20.1.94", PEERIP="172.168.7.3", ANI=0, APPTYPE=S1, PATHTYPE=ANY, PATHCHK=ENABLE, DESCRI="To UGW";

// 增加基站远程操作维护通道数据

ADD DEVIP：CN=0, SRN=0, SN=6, SBT=BASE_BOARD, PT=ETH, PN=1, IP="10.20.9.94", MASK="255.255.255.252";

ADD VLANMAP：NEXTHOPIP="10.20.9.93", MASK="255.255.255.255", VLANMODE=SINGLEVLAN, VLANID=92, SETPRIO=DISABLE;

ADD OMCH： IP="10.20.9.94", MASK="255.255.255.255", PEERIP= "10.77.199.43", PEERMASK="255.255.255.255", BEAR=IPV4, SN=6, SBT=BASE_ BOARD, BRT=YES, DSTIP="10.77.199.43", DSTMASK="255.255.255.255", RT=NEXTHOP, NEXTHOP="10.20.9.93";

2. TD-LTE eNode B 单站传输数据配置流程与疑问小结

①基础传输配置包括哪些接口数据？配置方式、流程是怎样的？

②配置需要哪些协商规划参数？各自从哪些协商规划数据表中查找？

③输出脚本中哪些配置会影响后面的配置？各自影响关系如何？

7.4　DBS3900 无线数据配置

7.4.1　无线层规划数据示意图

图 7-43 是本节数据配置的参数规划，实际工程中这些参数由网规网优人员提供。

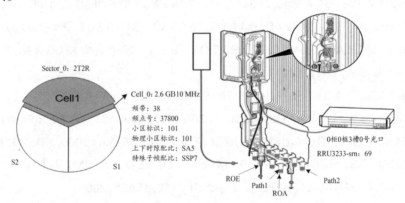

图 7-43　eNode B101 无线基础规划数据示意图

7.4.2　单站无线数据配置流程图及 MML 命令集

单站无线数据配置流程图如图 7-44 所示。

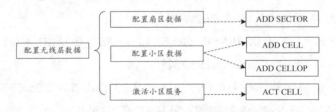

图 7-44　单站无线数据配置流程图

单站无线数据配置 MML 命令功能集如表 7-3 所示。

表 7-3　单站无线数据配置命令功能集

命令 + 对象	MML 命令用途	命令使用注意事项
ADD SECTOR	增加扇区信息数据	指定扇区覆盖所用射频器件，设置天线收发模式、MIMO 模式 TD-LTE 支持普通 MIMO：1T1R、2T2R、4T4R、8T8R， 2T2R 场景可支持 UE 互助 MIMO
ADD CELL	增加无线小区数据	配置小区频点、带宽： TD-LTE 小区带宽只有两种有效：10 MHz（50 RB）与 20 MHz（100 RB）， 小区标识 CellID+eNode B 标识 +PLMN（MCC&MNC）=eUTRAN 全球唯一小区标识号（ECGI）
ADD CELLOP	添加小区与运营商对应关系信息	绑定本地小区与跟踪区信息，在开启无线共享模式情况下可通过绑定不同运营商对应的跟踪区信息，分配不同运营商可使用的无线资源的个数
ACT CELL	激活小区使其生效	是否激活的结果使用 DSP CELL 进行查询

7.4.3　单站无线数据配置步骤

1. 配置基站扇区数据

单站无线扇区数据配置输入如图 7-45 所示。

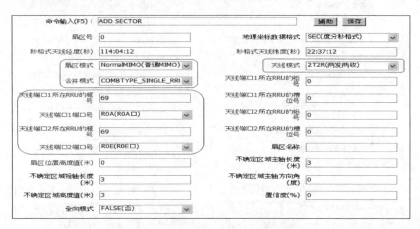

图 7-45　单站无线扇区数据配置输入

注意：

①TD-LTE制式下，扇区支持1T1R、2T2R、4T4R、8T8R四种天线模式，其中2T2R可以支持双拼，双拼只能用于同一LBBP单板上的一级链上的两个RRU。

②普通MIMO扇区的情况下，扇区使用的天线端口分别在两个RRU上，称为双拼扇区。

③普通MIMO扇区，在8个发送通道和8个接收通道的RRU上建立2T2R的扇区，需要保证使用的通道成对。即此时扇区使用的天线端口必须为以下组合：R0A（Path1）和R0E（Path5），或R0B（Path2）和R0F（Path6），或R0C（Path3）和R0G（Path7），或R0D（Path4）和R0H（Path8）。

④不使用的射频通道可使用MOD TXBRANCH/RXBRANCH命令关闭。

命令脚本示例：

ADD SECTOR：SECN=0, GCDF=SEC, ANTLONGITUDESECFORMAT="114：04：12", ANTLATITUDESECFORMAT="22：37：12", SECM=NormalMIMO, ANTM=2T2R, COMBM=COMBTYPE_SINGLE_RRU, CN1=0, SRN1=69, SN1=0, PN1=R0A, CN2=0, SRN2=69, SN2=0, PN2=R0E, ALTITUDE=0。

2. 配置基站小区数据

（1）配置基站小区信息数据

单站无线小区数据配置输入如图7-46所示。

图7-46　单站无线小区数据配置输入

注意：

① TD-LTE 制式下，载波带宽只有 10 MHz 与 20 MHz 两种配置有效。

②小区标识用于 MME 标识引用，物理小区标识用于空口 UE 接入识别。

③ CELL_TDD 模式下，上下行子帧配比使用 SA5，下行获得速率最高，特殊子帧配比一般使用 SSP7，能保证在有效覆盖前提下提供合理上行接入资源。

④配置 10 MHz 带宽载波，2T2R 预期单用户下行速率能达到 40 ～ 50 Mbps。

命令脚本示例：

ADD CELL：LocalCellId=0, CellName="ENB101CELL_0", SectorId=0, FreqBand=38, UlEarfcnCfgInd=NOT_CFG, DlEarfcn=37800, UlBandWidth=CELL_BW_N50, DlBandWidth=CELL_BW_N50, CellId=101, PhyCellId=101, FddTddInd=CELL_TDD, SubframeAssignment=SA5, SpecialSubframePatterns=SSP7, RootSequenceIdx=0, CustomizedBandWidthCfgInd=NOT_CFG, EmergencyAreaIdCfgInd=NOT_CFG, UePowerMaxCfgInd=NOT_CFG, MultiRruCellFlag=BOOLEAN_FALSE;

（2）配置小区运营商信息数据并激活小区

单站无线小区运营商数据配置输入如图 7-47 所示。

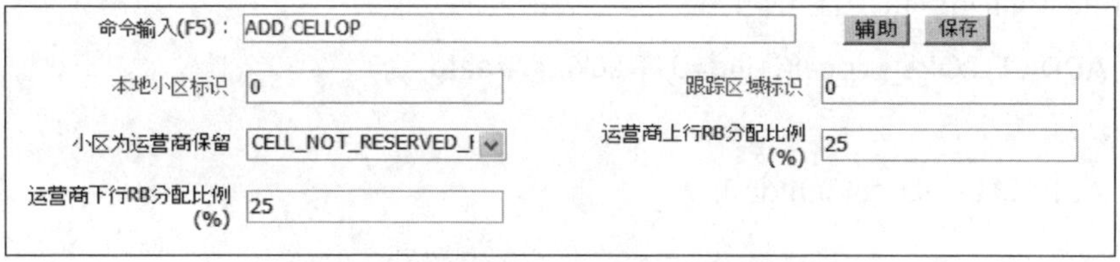

图 7-47 单站无线小区运营商数据配置输入

注意：

①小区为运营商保留：通过 UE 的 AC 接入等级划分，决定是否将本小区作为终端重选过程中的候补小区，默认关闭。

②运营商上行 RB 分配比例：在 RAN 共享模式下，且小区算法开关中的 RAN 共享模式开关打开时，一个运营商所占下行数据共享信道（PDSCH）传输 RB 资源的百分比。当数据量足够的情况下，各个运营商所占 RB 资源的比例将达到设定的值，所有运营商占比之和不能超过 100%。

③现网站点未使用 Sharing RAN 方案，不开启基站共享模式。

命令脚本示例：

ADD CELLOP：LocalCellId=0, TrackingAreaId=0;

// 激活小区

ACT CELL：LocalCellId=0;

7.4.4 单站无线数据配置脚本示例

TD-LTE eNode B101 无线数据配置示例如下。

// 增加基站无线扇区数据

ADD SECTOR：SECN=0, GCDF=SEC, ANTLONGITUDESECFORMAT="114：04：12", ANTLATITUDESECFORMAT="22：37：12", SECM=NormalMIMO, ANTM=2T2R, COMBM=COMBTYPE_SINGLE_RRU, CN1=0, SRN1=69, SN1=0, PN1=R0A, CN2=0, SRN2=69, SN2=0, PN2=R0E, ALTITUDE=0;

// 增加基站无线小区数据

ADD CELL：LocalCellId=0, CellName="ENB101CELL_0", SectorId=0, FreqBand=38, UlEarfcnCfgInd=NOT_CFG, DlEarfcn=37800, UlBandWidth=CELL_BW_N50, DlBandWidth=CELL_BW_N50, CellId=101, PhyCellId=101, FddTddInd=CELL_TDD, SubframeAssignment=SA5, SpecialSubframePatterns=SSP7, RootSequenceIdx=0, CustomizedBandWidthCfgInd=NOT_CFG, EmergencyAreaIdCfgInd=NOT_CFG, UePowerMaxCfgInd=NOT_CFG, MultiRruCellFlag=BOOLEAN_FALSE;

ADD CELLOP：LocalCellId=0, TrackingAreaId=0;

// 激活小区

ACT CELL：LocalCellId=0;

7.5 邻区数据配置

7.5.1 邻区概述

无线通信中，邻区即为相邻关系的小区，即两个覆盖有重叠并设置有切换关系的小区，一个小区可以有多个相邻小区。源小区和邻区是一个相对的概念，当指定一个特定小区为源小区时，与之邻近的小区称为该小区的邻区。同一系统内，邻区又分为同频邻区、异频邻区；而不同系统间的邻区称为异系统邻区。同一个基站内的邻区称为站内邻区，除站内邻区外的邻区称为外部邻区。邻区示意图如图 7-48 所示。

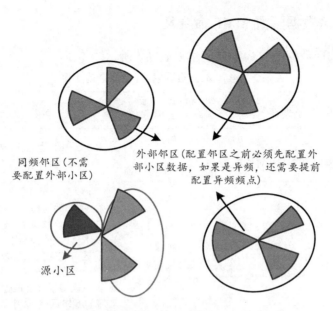

同频邻区（不需要配置外部小区）

外部邻区（配置邻区之前必须先配置外部小区数据，如果是异频，还需要提前配置异频频点）

源小区

图 7-48　邻区示意图

邻区的作用，简单地说就是使手机等终端在移动状态下可以在多个定义了邻区关系的小区之间进行业务的平滑交替，不会中断；或者使手机等终端在空闲状态下，实现无缝重选。只有添加了邻区，手机等终端才能在不同网络如 LTE、GSM、UMTS 等之间切换或重选。

LTE 网络中添加相邻小区配置流程如图 7-49 所示。

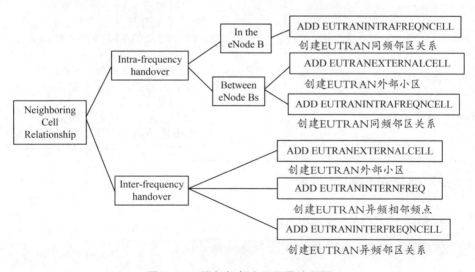

图 7-49　添加相邻小区配置流程图

7.5.2 邻区数据配置 MML 命令集

单站邻区数据配置命令功能集如表 7-4 所示。

表 7–4 单站邻区数据配置命令功能集

命令 + 对象	MML 命令用途	命令使用注意事项
ADD EUTRANEXTERNALCELL	创建 EUTRAN 外部小区	最大允许配置 EUTRAN 外部小区的个数为 2304
ADD EUTRANINTRAFREQNCELL	创建 EUTRAN 同频邻区关系	当同频邻区和服务小区为异站时，对应的 EUTRAN 外部小区必须先配置。EUTRAN 同频邻区所依赖的外部小区的下行频点必须与本地小区的下行频点相同。每个小区最大允许配置 EUTRAN 同频邻区关系个数为 64。同频邻区所依赖的外部小区的物理小区标识不能与服务小区相同
ADD EUTRANINTERNFREQ	创建 EUTRAN 异频相邻频点	EUTRAN 异频相邻频点的下行频点与本地小区的下行频点不能一致。每个小区最大允许配置 EUTRAN 异频相邻频点个数为 8
ADD EUTRANINTERFREQNCELL	创建 EUTRAN 异频邻区关系	每个小区最大允许配置 EUTRAN 异频邻区关系个数为 64。当异频邻区和服务小区为异站时，对应的 EUTRAN 外部小区必须先配置。EUTRAN 异频邻区所依赖的外部小区的频点不能与服务小区频点相同。EUTRAN 异频邻区所依赖的外部小区的频点信息必须先配置在 EUTRAN 异频频点信息中

7.5.3 邻区数据配置步骤

1. 创建 EUTRAN 外部小区

创建 EUTRAN 外部小区如图 7-50 所示。

图 7-50　创建 EUTRAN 外部小区

注意：添加非同站的邻区之前先要配置外部小区，同站邻区则不必配置外部小区。基站标识 eNode B ID、小区标识 Cell ID、物理小区标识 Physical Cell ID 是对端 eNode B 的参数。

2. 创建 EUTRAN 同频邻区关系

创建 EUTRAN 同频邻区关系如图 7-51 所示。

图 7-51　创建 EUTRAN 同频邻区关系

本地小区标识表示源小区的本地小区 ID，基站标识和小区标识分别为需要增加的邻区的 eNode B ID 和 Cell ID。

3. 创建 EUTRAN 异频相邻频点

创建 EUTRAN 异频相邻频点如图 7-52 所示。

图 7-52　创建 EUTRAN 异频相邻频点

下行频点是对端 eNode B 的值，其应该与本端 eNode B 的下行频点不同。

4. 创建 EUTRAN 异频邻区关系

创建 EUTRAN 异频邻区关系如图 7-53 所示。

图 7-53　创建 EUTRAN 异频邻区关系

Note：基站标识 eNode B ID、小区标识 Cell ID 是对端 eNode B 的参数。

7.6　脚本验证与业务演示

7.6.1　参数对象索引关系

数据配置流程很重要，因为后面的命令需在前面命令的基础之上，按部就班地配置。就像盖房子，先需要打好地基然后才能在上面堆砖砌瓦。因此熟悉参数对象的索引关系对我们排查脚本配置问题有很大帮助。图 7-54 正是参数对象的一个索引关系图。

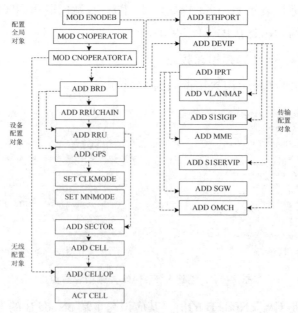

图 7-54　命令对象索引关系

7.6.2 单站脚本执行与验证

1. 操作维护中心代理 Web 方式登录基站

操作维护中心代理 Web 方式登录基站如图 7-55 所示。

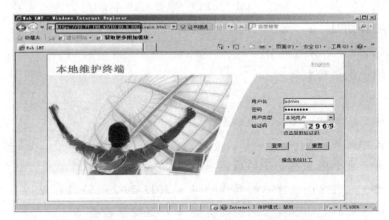

图 7-55 操作维护中心代理 Web 方式登录基站

2. 批处理执行 MML 脚本

如果脚本已经提前做好，就不需要一条或者几条复制再粘贴去执行命令，而只需要通过批处理功能将所有命令一道执行即可。另外，批处理命令还有语法检查等功能。采用批处理方式执行配置脚本如图 7-56 所示。

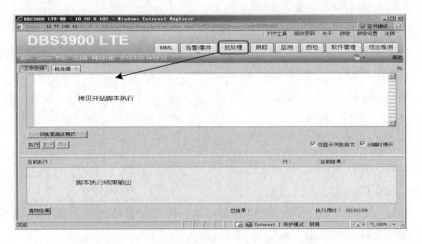

图 7-56 采用批处理方式执行脚本配置

7.6.3 单站业务验证体验

数据配置完成后，如何验证我们的脚本配置没有问题呢，下面介绍具体的验证步骤和方法。

首先，使用 MML 命令 DSP CELL，检查 Cell 状态是否为"正常"。

%%DSP CELL：；%%

RETCODE = 0 执行成功

查询小区动态参数

－－－－－－－－－－－－－

本地小区标识 = 0

小区的实例状态 = 正常

最近一次小区状态变化的原因 = 小区建立成功

最近一次引起小区建立的操作时间 = 2012-09-25 15：19：29

最近一次引起小区建立的操作类型 = 小区健康检查

最近一次引起小区删除的操作时间 = 2012-09-25 15：19：26

最近一次引起小区删除的操作类型 = 小区建立失败

小区节能减排状态 = 未启动

符号关断状态 = 未启动

基带板槽位号 = 2

小区 topo 结构 = 基本模式

最大发射功率（0.1 dBm）：400

（结果个数 = 1）

小区使用的 RRU 或 RFU 信息

－－－－－－－－－－－－－

柜号　框号　槽号

　0　　69　　0

（结果个数 = 1）

－－－ END

其次，使用 MML 命令 DSP BRDVER，检查设备单板是否能显示版本号，如显示则说明状态正常。

%%DSP BRDVER：；%%

RETCODE = 0 执行成功

单板版本信息查询结果

－－－－－－－－－－－－－

柜号	框号	槽号	类型	软件版本	硬件版本	BootROM 版本	操作结果
0	0	2	LBBP	V100R005C 00SPC340	45570	04.018.01.001	执行成功
0	0	6	UMPT	V100R005C 00SPC340	2576	00.012.01.003	执行成功
0	0	16	FAN	101	FAN.2	NULL	执行成功
0	0	18	UPEU	NULL	NULL	NULL	执行成功
0	0	19	UPEU	NULL	NULL	NULL	执行成功
0	69	0	LRRU	1B.500.10.017	TRRU.HWEI. x0A120002	18.235.10.017	执行成功

（结果个数＝6）

－－－END

再次，使用MML命令DSP S1INTERFACE，检查S1-C接口状态是否正常。

%%DSP S1INTERFACE：；%%

RETCODE＝0 执行成功

查询S1接口链路

－－－－－－－－－－－－－

S1接口标识＝0

S1接口SCTP链路号＝0

运营商索引＝0

MME协议版本号＝Release 8

S1接口是否处于闭塞状态＝否

S1接口状态信息＝正常

S1接口SCTP链路状态信息＝正常

核心网是否处于过载状态＝否

接入该S1接口的用户数＝0

核心网的具体名称＝NULL

服务公共陆地移动网络＝460-02

服务核心网的全局唯一标识＝460-02-32769-1

核心网的相对负载＝255

S1链路故障原因＝无

（结果个数＝1）

－－－END

最后，使用 MML 命令 DSP IPPATH，检查 S1-U 接口状态是否正常。

%%DSP IPPATH：；%%

RETCODE = 0 执行成功

查询 IP Path 状态

－－－－－－－－－－－－－

IP Path 编号 = 0

非实时预留发送带宽（kbps）= 0

非实时预留接收带宽（kbps）= 0

实时发送带宽（kbps）= 0

实时接收带宽（kbps）= 0

非实时发送带宽（kbps）= 0

非实时接收带宽（kbps）= 0

传输资源类型 = 高质量

IP Path 检测结果 = 正常

（结果个数 = 1）

－－－END

7.7 基站配置调整实践

7.7.1 修改基站名称

修改基站名称，主要对那些因为前期规划不当，或者影响级别的基站重新更改名称。

1. 调整影响及工程准备

调整影响：修改基站名称时，需要复位基站，以使配置调整生效。在基站复位过程中，该基站承载的业务不可用。

工程准备：修改基站名称的工程准备包括：调整前的信息收集、硬件准备、软件准备、License 准备、安全证书准备、数据准备和数据方式准备。其中主要涉及调整前的信息收集和数据准备。

①调整前的信息收集：进行数据准备前，需要收集如表 7-57 所示的信息。

表 7–5　修改基站名称信息收集

信息	说明
基站信息	包括基站标识、基站原名称和基站新名称

②数据准备：准备需要修改基站名称的数据信息包括基站 ID、基站原名称、基站新名称。

MOD ENODEB： ENODEBID=1001, NAME="实验室 ENB";

RST ENODEB：;

2. 工程实施

在所需要的信息和数据已经准备好的前提下，对修改基站名称进行工程实施过程，包括近端操作和远端操作。

近端操作：必须在基站现场执行的操作，如按照硬件、在 LMT 上执行操作。

远端操作：通过操作维护中心执行的操作。

3. 工程验证

通过执行 MML 命令：LST ENODEBFUNCTION，确认"eNode B 名称"与规划的一致，验证修改基站名称的配置调整是否成功。

如果不一致，按照工程实施的操作步骤，再执行一次，如依然失败，联系华为客户服务中心。如果一致，表示修改基站名称成功。

写出实验室 eNode B 的基站名称修改脚本，执行脚本并验证是否修改成功。

MOD ENODEB： NAME=" 规划的新名称 ";

RST ENODEB：;

LST ENODEB：;

4. 工程回退

如需将基站名称修改为基站的原名称，可执行工程回退。即将名称修改回来，同样在修改完成后需要验证核实。

7.7.2　修改基站标识

由于基站标识前期规划不当，需要重新规划。修改某基站的基站标识时，只需将 eNode B 功能的 "eNode B 标识"修改为目标值。

如果相邻基站的配置引用了该基站的基站标识，基站标识会被联动修改为目标值：SFN 辅站资源绑定关系、EUTRAN 外部小区、EUTRAN 同频邻区关系、EUTRAN 异频邻区关系、EUTRAN 外部小区 PLMN 列表。

1. 调整影响及工程准备

调整影响：修改基站标识时，基站需要复位，使配置调整生效。在复位过程中，该基站承载的业务不可用。

工程准备：修改基站标识信息收集如表 7-6 所示。

表 7-6　修改基站标识信息收集

信息	说明
基站信息	基站的旧基站标识和新基站标识

MOD ENODEB： ENODEBID=1002;

（可选）MOD EUTRANEXTERNALCELL： Mcc="460", Mnc="00", eNodeBId=1002, CellId=1;

（可选）MOD EUTRANINTRAFREQNCELL： LocalCellId=11, Mcc="460", Mnc="00", eNodeBId=1002, CellId=1;

（可选）MOD EUTRANINTERFREQNCELL： LocalCellId=11, Mcc="460", Mnc="00", eNodeBId=1002, CellId=1;

2. 工程实施及验证

写出实验室 eNode B 的基站 ID 修改脚本，执行脚本并验证是否修改成功。

MOD ENODEB： ENODEBID=****;

（可选）MOD EUTRANEXTERNALCELL： Mcc="460", Mnc="00", eNodeBId=****, CellId=1;

（可选）MOD EUTRANINTRAFREQNCELL： LocalCellId=11, Mcc="460", Mnc="00", eNodeBId=****, CellId=1;

（可选）MOD EUTRANINTERFREQNCELL： LocalCellId=11, Mcc="460", Mnc="00", eNodeBId=****, CellId=1;

RST ENODEB： ;

LST ENODEB： ;

（可选）LST EUTRANEXTERNALCELL： ;

（可选）LST EUTRANINTRAFREQNCELL： ;

（可选）LST EUTRANINTERFREQNCELL： ;

注意：可选命令需要在邻区基站执行，前提是已经配置为邻区关系。例如，基站 A 和基站 B 彼此配置为邻区关系，此时若要调整 A 的基站 ID，则需要同时在基站 B 中执行可选命令来修改邻区的 CGI。

3. 工程回退

当配置调整失败后，为了不影响业务运行，可以执行工程回退，将基站的配置回退到调整前。

7.7.3 增加 TDD 小区

在不增加站点的情况下增加 TDD 小区，包括增加 TDD 小区的应用场景、调整方案、调整影响、工程准备、工程实施、工程验证和工程回退。

增加 TDD 小区主要应用于以下三个场景：①覆盖弱信号区或盲信号区，需要增加小区补充覆盖；②运营商话务量增加，原有的小区容量已经无法满足边缘用户的话务量需求，需要缩小原小区覆盖范围并增加新的小区；③运营商使用新频段。

1.调整影响

当修改 RRU 链环所在基带板位置时，该链环上已建立的小区不可用。

以增加基带处理板和射频模块为例，调整前后的组网示意图如图 7-59 所示。

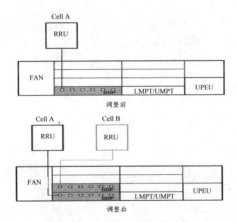

图 7-57 调整前后的组网示意图

在已有站点上增加 TDD 小区时，根据以下条件确定调整流程。

①当基带资源不足时，需要新增基带板。

②射频资源不足时，可以在已有 RRU 链环上新增射频单元和天馈设备；新增 RRU 链环，并且新增射频单元和天馈设备。

③射频资源充足时，可以在已有的 RRU 中使用不同的通道建立小区。例如，在一个 4 通道 RRU 的 R0A 通道和 R0B 通道已经建立了一个载波，需要在 R0C 通道和 R0D 通道上建立载波，则可以将 R0C 通道和 R0D 通道作为一个扇区进行载波扩容。判断 RRU 的 CPRI 资源是否足够，如果不足可以增加一条光纤，采用环形负荷分担组网，增加 CPRI 资源；或者更换光模块设备，增加 CPRI 带宽；或者将已有的小区修改成 CPRI 压缩方式。例如，8T8R 的 RRU 链型连接，在不压缩的场景下仅支持一个载波，如果要增加一个载波需

要增加一条光纤，采用环形负荷分担组网。

④当需要远程调节天线的下倾角时，需要增加电调天线。

⑤当增加的 TDD 小区为支持波束赋形特性的小区时，必须打开小区的波束赋形算法开关。

增加 TDD 小区配置流程图如图 7-58 所示。

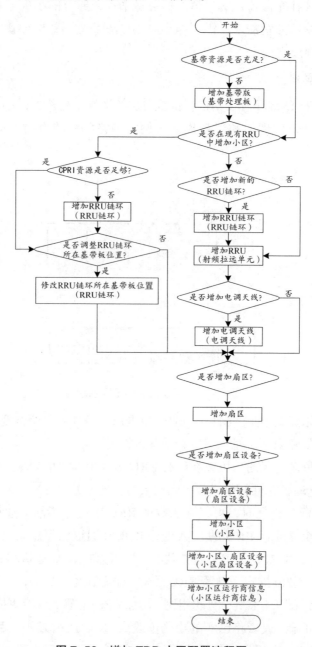

图 7-58 增加 TDD 小区配置流程图

2. 工程准备

增加 TDD 小区的工程准备，包括：信息收集、硬件准备、软件准备、License 准备、证书准备、数据准备和 MML 配置样例。增加 TDD 小区需收集的信息如表 7-7 所示。

表 7-7　增加 TDD 小区需收集的信息

信息	说明
站型	要增加 TDD 小区的基站类型，如 DBS3900LTE
基带板型号	基带板的对外型号，如 LBBPc、LBBPd 或 UBBP
射频单元类型	新增的射频单元类型，如 LRRU、MRRU、MPMU
组网方式	射频单元的 CPRI 组网方式，如星型组网、链型组网或跨板负荷分担。新增 RRU 在 CPRI 组网中的位置，如链尾
天馈设备	电调天线的对外型号
扇区信息	扇区中 RRU 的天线数、天线通道号、柜框槽及端口信息
扇区设备信息	扇区设备中接收和发送天线的通道号、天线的收发类型
小区信息	小区的基本信息包括带宽、频点、双工模式等。小区的多 RRU 共小区模式，如非多 RRU 合并、两 RRU 合并或小区合并或 SFN 等
小区扇区设备信息	小区中包含的扇区设备信息包括扇区设备 ID、参考信号功率、基带设备等

硬件准备如表 7-8 所示。

表 7-8　硬件准备清单

环境	准备硬件
基带板资源不足	根据基带板支持的小区规格，判断新增加的小区所需的基带资源是否足够。例如，单 LBBPd 单板支持 3 个小区，如果扩容一个小区就需要新增加一块基带板。判断当前小区与已有小区是否允许共基带板，如果不允许共基带板，则需要增加基带板。约束条件可以参照"绑定小区基带设备"场景。例如，不同子帧配比的小区不允许同一块基带板，新增加不同子帧配比的小区需要新增加一块基带板
射频资源不足	根据网络规划，对盲区或信号弱覆盖区增加 RRU 进行覆盖。在已有 RRU 上扩容，需要根据 RRU 支持的带宽和频点，确认是否在已有的 RRU 上进行载波扩容，如果当前 RRU 载波资源不足，需要新增加 RRU。RRU 足够则需要计算 CPRI 资源是否足够，CPRI 带宽不足则需要修改 CPRI 压缩方式或增加 CPRI 线缆与光模块。射频相关硬件包括射频单元、CPRI 线缆、天馈设备、光模块
需要配置电调天线	远程控制单元（RCU）、AISG 多芯线、跳线

配置样例：新增扇区小区，增加 RRU 链环，增加 RRU。

// 增加 RRU 链环

ADD RRUCHAIN： RCN=0, TT=CHAIN, HSN=0, HPN=0;

// 增加 RRU

ADD RRU： CN=0, SRN=60, SN=0, RCN=0, PS=0, RT=LRRU, RS=TDL, RXNUM=4, TXNUM=4;

// 增加扇区

ADD SECTOR： SECN=0, GCDF=DEG, LONGITUDE=0, LATITUDE=0, SECM=NormalMIMO, ANTM=2T2R, COMBM=COMBTYPE_SINGLE_RRU, CN1=0, SRN1=60, SN1=0, PN1=R0A, CN2=0, SRN2=60, SN2=0, PN2=R0B, ALTITUDE=1000;

// 增加小区

ADD CELL： LocalCellId=0, CellName="0", SectorId=0, FreqBand=38, UlEarfcnCfgInd=NOT_CFG, DlEarfcn=38000, UlBandWidth=CELL_BW_N50, DlBandWidth=CELL_BW_N50, CellId=0, PhyCellId=0, FddTddInd=CELL_TDD, SubframeAssignment=SA1, SpecialSubframePatterns=SSP7, RootSequenceIdx=0, CustomizedBandWidthCfgInd=NOT_CFG, EmergencyAreaIdCfgInd=NOT_CFG, UePowerMaxCfgInd=NOT_CFG, MultiRruCellFlag=BOOLEAN_FALSE;

// 增加小区运营商信息

ADD CELLOP： LocalCellId=0, TrackingAreaId=0;

// 激活小区

ACT CELL： LocalCellId=0;

3. 工程实施及验证

操作步骤如下：

①执行 MML 命令 DSP CELL，确认"小区的实例状态"为"正常"。如果"小区的实例状态"为"未建立"，根据命令执行结果中"最近一次小区状态变化的原因"的提示，检查小区配置信息或硬件环境。

②执行 MML 命令 LST CELL，确认小区的信息与规划的一致。

如果小区的信息与规划的不一致，执行如下操作。检查 MML 脚本中的参数是否正确：如果不正确，先将 MML 脚本中的参数修改正确，然后执行 MML 命令 RMV CELL，删除此小区，再执行 MML 命令 ADD CELL，重新增加小区。

③确认无小区相关的告警，如"29240 小区不可用告警""29243 小区服务能力下降告警"。如果有小区相关的告警，清除告警。

根据实验室 eNode B 实际配置新增一个 TDD 小区，并验证。

LST RRUCHAIN：；

LST RRU：；

LST SECTOR：；

LST CELL：；

LST CELLOP：；

如果实验室具备开通新建扇区小区的条件，可以执行命令 DSP CELL 查看小区是否正常建立。

7.7.4 修改小区频点

修改小区频点主要应用于以下两种场景：小区频点不合理和运营商重新规划频谱资源。

1. 调整影响

修改小区频点时，小区会自动复位，使配置调整生效。在复位过程中，该小区承载的业务不可用。

修改小区频点的调整流程图如图 7-59 所示。

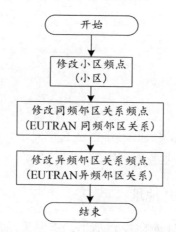

图 7-59 修改小区频点的调整流程图

修改邻区信息时，根据网络规划，删除冗余或错误邻区，新增加规划的邻区。

2. 工程准备

修改小区频点的信息收集如表 7-9 所示。

表7-9　修改小区频点的信息收集

信息	说明
小区信息	包括本地小区标识和新的上下行频点
邻区信息	包括同频邻区和异频邻区。小区频点变更后，需要根据网络规划，删除错误邻区，新增加规划的邻区

MML脚本准备，范例如下：

DEA CELL：LocalCellId=0;

MOD CELL：LocalCellId=0, DlEarfcn=37900;

ACT CELL：LocalCellId=0;

2. 工程实施及验证

在修改小区频点需要的信息和数据等已准备好的前提下，进行修改小区频点的工程实施过程，包括近端操作和远端操作。

近端操作：必须在基站现场执行的操作，如按照硬件、在LMT上执行操作。

远端操作：通过操作维护中心执行的操作。

以实验室eNode B为基础修改小区频点，并验证。

DEA CELL：;

MOD CELL：;

ACT CELL：;

LST CELL：;

LST ALMAF：;

DSP CELL：;

调整影响：修改小区频点时，小区会自动复位，使配置调整生效。在复位过程中，该小区承载的业务不可用。

7.7.5　修改近端维护IP地址

由于近端维护IP地址前期规划不当，需要重新规划。修改近端维护IP地址时，只需将MO近端维护IP地址的"IP地址"和"子网掩码"修改为目标值。

1. 调整影响及工程准备

调整影响：修改近端维护IP地址的过程中，基站与LMT的连接会中断。在调整完成后，需使用新的近端维护IP地址登录LMT。

工程准备包括信息收集及MML脚本准备。

修改近端维护 IP 地址的信息收集如表 7-10 所示。

表 7-10　修改近端维护 IP 地址的信息收集

信息	说明
基站信息	基站标识
近端维护 IP 信息	新的近端维护 IP 地址和子网掩码

MML 脚本准备，范例如下：

设置近端维护 IP 地址，IP 地址为"192.168.211.158"，子网掩码为"255.255.255.0"。

SET LOCALIP：IP="192.168.211.158", MASK="255.255.255.0";

2. 工程实施及验证

操作步骤如下：

执行 MML 命令 LST LOCALIP，确认"IP 地址"和"子网掩码"与规划的一致。如果"IP 地址"和"子网掩码"与规划的不一致，需查看修改后的配置数据文件，检查修改的参数是否填写错误。

以实验室 eNode B 为基础修改近端维护 IP 地址，并验证。

SET LOCALIP：IP="2.2.2.2", MASK="255.255.255.0";

修改近端维护 IP 地址的过程中，基站与 LMT 的连接会中断，需要设置计算机网卡地址为新的本端地址，同网段 IP 地址重新登录。

工程验证：执行 MML 命令 LST LOCALIP，确认"IP 地址"和"子网掩码"与规划的一致。

第八章 4G_LTE 网优优化

知识简介

● 网优软件的安装与调试
● 路测工程建立及设备连接
● 网优软件的延时测试设置
● HTTP-Web 测试模板设置与执行
● 网优软件的 FTP 测试设置
● 网优软件的路测测试方法
● 网优路测数据的分析方法

8.1 软件安装与硬件设备安装调试

8.1.1 实训设备

DT 测试设备：车载逆变器、环天 GPS、三星 Note 3 N9005 或 N9008V 等测试 UE，或使用 LTE 数据终端也可匹配软件测试，如在室内测试则无须连接 GPS。

8.1.2 软件安装

在提供的 AirBridge 系统安装程序包里，找到 AirBridgeSetup.msi 文件，双击后按提示进行安装，直至安装成功。

第一次安装软件系统时可以按照默认的路径进行安装，也可以指定计算机硬盘上任意的目录进行安装。

注意：

①在安装 AirBridge 软件之前，关闭 Windows 的防火墙以及自动更新功能。

②如果不关闭防火墙需确保防火墙设置允许 AirBridge 程序收发数据。

③如安装有安全卫士360或其他杀毒软件，需添加AirBridge程序设置为信任。

8.1.3 UE测试设备安装与调试

AirBridge支持的测试终端包括创毅终端Innofidei、高通终端。

创毅终端Innofidei安装步骤如下。

步骤1：在讯方公司提供的软件程序安装包里找到Driver-v1.3.10.0文件夹。如果目标的计算机操作系统是64 bit Windows 7，选择安装DrvPreInstall_x64.exe；如计算机操作系统是Windows XP或32 bit的Windows 7，选择相对应的安装程序DrvPreInstall_win32.exe。

步骤2：在正确安装了创毅驱动程序，第一次插入创毅终端后，系统会启动【找到新硬件向导】，如图8-1所示。

图8-1　安装创毅终端

由于测试计算机已经安装过驱动程序，所以直接单击【下一步】即可。期间会进行Bootloader Interface、创毅客户端软件（Innofidei TEClient）、NetCard Interface、AT Interface、Trace Interface、Modem Interface的安装，每次都选择【自动安装软件】和单击【下一步】即可完成安装。

步骤3：找到新硬件后，在Windows系统的【网络连接】里，会出现一个Innofidei的本地连接，这就是创毅终端的网络适配器。将创毅网络适配器的IP地址设为固定的169.254.166.200,子网掩码为255.255.255.0,其他不填，如图8-2所示。

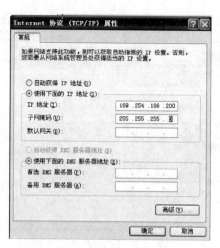

图 8-2　创毅 IP 设置

步骤 4：创建 PPPOE 拨号网络。在【网络连接】中选择【新建连接向导】，单击【下一步】后选择【连接到 Internet】，再单击【下一步】选择【手动设置我的连接】，再单击【下一步】选择【用要求用户名和密码的宽带连接来连接】，设置 ISP 名称（如"LTE"），单击【下一步】后，用户名密码为空，去掉【把它设为默认的 Internet 连接】前面的"ü"。

8.1.4 GPS 驱动的安装

步骤 1：如果采用的是环天（BU353）GPS，则安装环天相应的 GPS 驱动程序，如果测试笔记本电脑是 Windows XP 系统则安装 XP 驱动，如果是 Windows 7 系统则安装压缩包里面提供的 VISTA 驱动。

步骤 2：采用其他 GPS，则安装 GPS 提供的驱动，如果默认接口不是 NMEA 则需要设置为 NMEA。

8.1.5 软件注册或加密狗授权

步骤 1：如果采用软件狗授权许可则需要按如下方法进行软件 License 注册。

先从技术支持人员那儿获取序列号，填写详细的用户信息，并将注册文件保存，然后可以将该注册文件通过电子邮件或其他方式发送给技术服务人员，确认用户信息后，将授权文件发送给用户。用户可以通过导入授权文件，完成授权。收到技术支持人员发送的注册授权文件后，在软件注册向导界面（图 8-3）选择【导入授权文件】，进而选择前台测试 AirBridge-C 或后台分析 AirBridge-A 分别导入 Probe.lic 及 Analyzer.lic 授权文件，导入后关闭注册向导窗口，即注册授权成功。

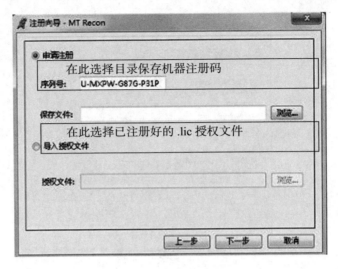

图 8-3　软件注册向导

步骤 2：如果采用硬件加密狗方式授权则需要进行加密狗安装。

如果采用的是 AirBridge 软件的硬件加密狗，则需要将硬件加密狗插入计算机 USB 接口，找到安装目录下的"Dog_Driver\Sentinel Protection Installer 7.6.6.exe"，进行硬件加密狗驱动程序的安装，如图 8-4 所示。

图 8-4　硬件加密狗安装界面

8.1.6 启动前台 AirBridge 路测系统

步骤 1：双击桌面 AirBridge-C 图标，右击，在弹出的快捷菜单中选择【属性】，在弹出的【AirBridge-C 属性】对话框中选择【兼容性】选项，并在【特权等级】中勾选【以管理员身份运行此程序】关闭对话框，如图 8-5 所示。

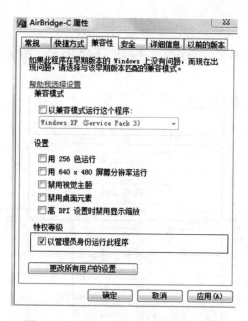

图 8-5 运行 AirBridge 前的特别设置

步骤 2: 双击桌面 AirBridge-C 图标,运行前台 DT 路测系统,如图 8-6 所示。

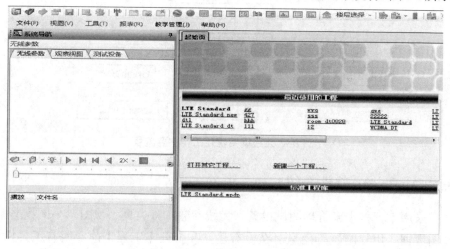

图 8-6 启动 AirBridge 前台路测系统

8.2　路测工程建立与设备连接

8.2.1 无线网络优化路测流程

无线网络优化工作主要流程如图 8-7 所示。

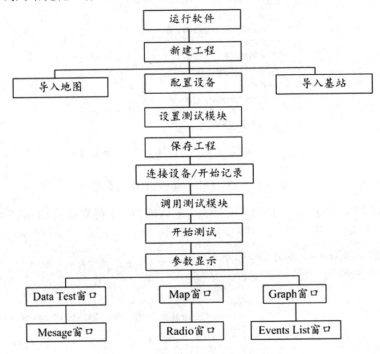

图 8-7 无线网络优化工作主要流程

8.2.2 AirBridge 软件介绍

采用【工程】来管理测试设备、无线参数、分类页、视图、小区数据库、地图数据、用户配置等信息。在没有建立和打开【工程】前，所有工具栏中的工具基本都是灰色不可操作的状态。建立起一个适合自己使用的【工程】，可以对路测的工作起到事半功倍的效果，新建立工程有以下两种方法。

方法一：选择【文件】菜单，在弹出的菜单中选择【新建工...】，在弹出的对话框中选择保存工程的文件夹及文件名，如填写工程文件名为：DT_TEST.mpdt，如图 8-8 所示。

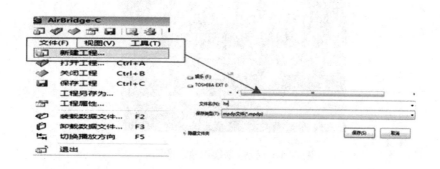

图 8-8 新建工程

方法二：打开 AirBridge-C 后，在软件界面的【标准工程库】中选择 "LTE Standard.mpdp" 工程文件（即软件出厂默认工程）并单击，在弹出的对话框内直接选择需保存默认工程文件的对应文件夹即可，如图 8-9 所示。

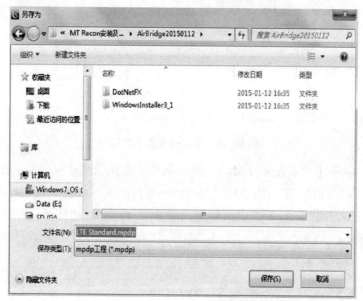

图 8-9 在标准工程库新建测试工程

8.2.3 设备配置

在使用 AirBridge-C 进行 LTE 网络路测前需进行与测试 UE 的连接，此时需要对测试 UE 进行必要的端口确认等配置，具体配置步骤如下。

步骤 1: 将华为 E392 LTE 数据卡插入计算机 USB 接口，连接方式如图 8-10 所示。

图 8-10　设备物理连接示意图

步骤 2：打开已保存的工程文件，在工具栏单击图标，进入 UE【设备配置】窗口，如图 8-11 所示。

图 8-11　【设备配置】窗口

步骤 2：在【设备配置】窗口左侧导航栏，选择已知连接的 UE 硬件设备，如支持高通芯片的 UE，则选中【Qualcomm】，进行双击，在 UE 默认安装好相应驱动程序的环境下，应正常进入图 8-12 自动端口识别配置窗口。

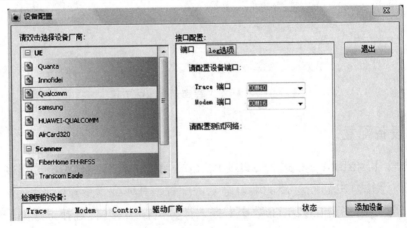

图 8-12　UE 端口配置

8.3 AirBridge-C Ping 延时测试

8.3.1 Ping 配置

在【工具】菜单中选择【脚本配置】，如图 8-13 所示。再在弹出的【业务配置】对话框左侧的【选择业务类型】中选择【Ping】，单击【新建】按钮，进入 Ping 业务脚本配置详细页面。

工具(T)	报表(R)	教学管理
信令配置…	F6	
事件配置…	F7	
参数配置…	▶	
小区数据管理器…		
数据文件处理	▶	
统一数据格式转换		
脚本配置	F8	
脚本生成器…	F9	
数据导出		

图 8-13　Ping 业务测试步骤 1

8.3.2 拨号设置

在【配置】选项的【地址】框内填写百度网页地址"www.baidu.com"；【数据包】框内填写"500"，【超时】框内填写"2000"，然后在下方的【应用 QoS 配置】及【自动拨号】，如图 8-14 所示。

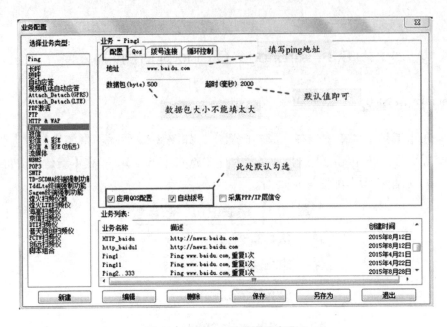

图 8-14　Ping 业务测试步骤 2

8.3.3 QoS 设置

在【QoS】选项【APN 设置】栏的【APN】框内填写"cmnet"；【PDP 类型】选择"PPP"即可，如图 8-15 所示。

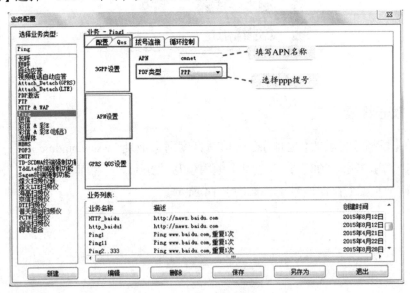

图 8-15　Ping 业务测试步骤 3

8.3.4 拨号连接

在【拨号连接】选项的【拨号号码】框内填写"*99#"，【用户名】和【密码】默认为空，【尝试连接次数】选择"1"次，如图 8-16 所示。

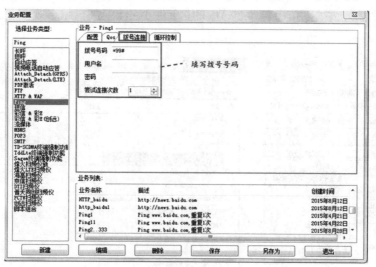

图 8-16　Ping 业务测试步骤 4

8.3.5 循环配置

在【循环控制】选项中，【循环次数】选择为"10"次，【循环方式】勾选【有限循环】，【间隔时长】选择"5"，如图 8-17 所示。

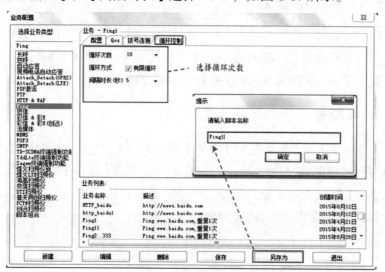

图 8-17　Ping 业务测试步骤 5

8.3.6 Ping 测试

要执行设置好的 Ping 脚本则需在【系统导航】的【测试设备】管理中，选择【Ping】测试项，单击右侧下拉箭头选择已设置好的脚本【Ping1】，然后确定执行，并在【信令与事件】中的【事件】统计中进行结果观察，如图 8-18 所示。

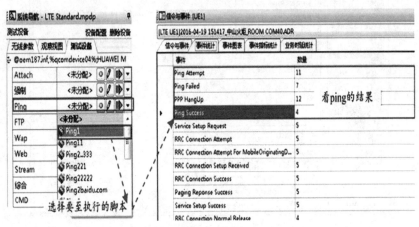

图 8-18　Ping 业务测试步骤 6

8.4　HTTP-Web 测试模版设置与执行

8.4.1 HTTP & WAP 设置

HTTP 业务测试步骤 1：在【工具】菜单中选择【脚本配置】，再在弹出的【业务配置】对话框左侧的【选择业务类型】中选择【HTTP & WAP】，单击【新建】按钮，进入 HTTP & WAP 业务脚本配置详细页面。

8.4.2　业务配置

在【配置】选项【基本配置】内的【业务类型】中点选【HTTP】；【网址】框内填写百度新闻首页地址"news.baidu.com"；登录【端口】默认为"80"；【登录次数】和【刷新次数】分别选择"5"次；然后勾选下方的【应用 QoS 配置】及【自动拨号】即可，如图 8-19 所示。

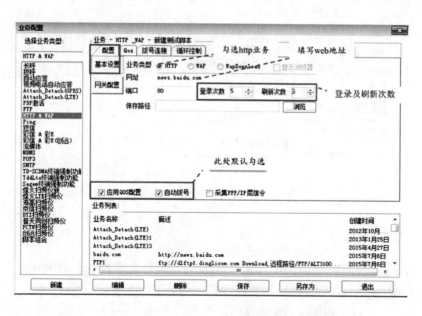

图 8-19 HTTP 业务测试步骤 2

8.4.3 APN 配置

在【QoS】选项【APN 设置】栏的【APN】框内填写"cmnet";【PDP 类型】选择"PPP"即可,如图 8-20 所示。

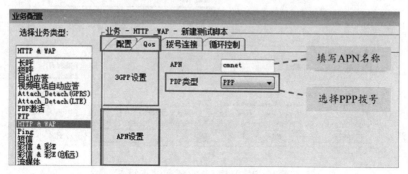

图 8-20 HTTP 业务测试步骤 3

8.4.4 拨号连接

在【拨号连接】选项【拨号号码】框内填写"*99#",【用户名】和【密码】默认为空,【尝试连接次数】选择"1"次,如图 8-21 所示。

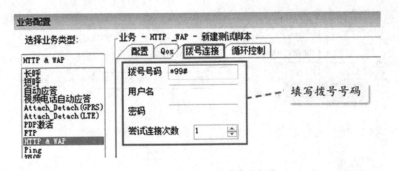

图 8-21　HTTP 业务测试步骤 4

8.4.5 循环控制

　　在【循环控制】选项中，【循环次数】选择为"5"次，【循环方式】勾选【有限循环】，【间隔时长】选择"5"，如图 8-22 所示。

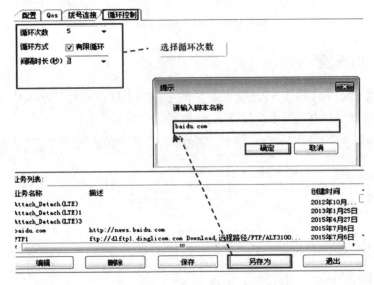

图 8-22　HTTP 业务测试步骤 5

8.4.6 系统导航

　　要执行设置好的 HTTP 脚本则需在【系统导航】的【测试设备】管理中，选择【Wap】测试项，单击右侧的下拉箭头选择已设置好的脚本"baidu.com"，然后确定执行，并在【信令与事件】中的【事件】统计中进行结果观察，如图 8-23 所示。

图 8-23 HTTP 业务测试步骤 6

8.5 FTP 下载测试模版设置与执行

8.5.1 FTP 设置

在【工具】菜单选择【脚本配置】，再在弹出的【业务配置】对话框左侧的【选择业务类型】中选择【FTP】，单击【新建】按钮，进入 FTP 业务脚本配置详细页面。在【服务器名】框内填写上传 FTP 地址 "ftp://dlftp1.dinglicom.com"，【登录账号】框内填写 "chinatelecom"，【登录密码】框内填写 "ct\$2009"，然后选择【远程文件】为 "PioneerSetup4.2.0.1_20100816.exe"，并在【保存文件】框内选择需要保存的本地路径，如 "C:\"。【循环方式】勾选【有限循环】，并填写【循环次数】为 "3" 次，其他选项按系统默认设置并保存脚本即可，如图 8-24 所示。

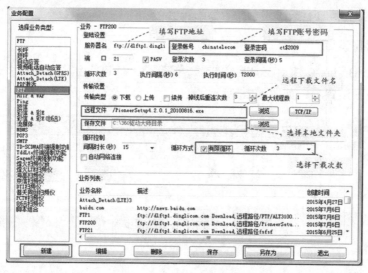

图 4-24 FTP 下载业务脚本设置

8.5.2 测试设备管理

FTP上传测试项目设置好后，在【系统导航】的【测试设备】中的【FTP】测试项内，选择已设置的FTP上传脚本【FTP22】，并执行，如图8-25所示。

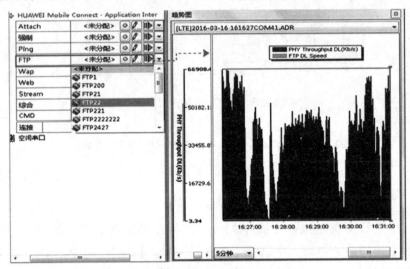

图8-25　FTP上传业务执行脚本

8.6　FTP下载室内室外多场景测试

8.6.1　FTP下载室内多场景打点测试

本节UE配置同8.2.3设备配置中步骤。

1. 楼层设置

在AirBridge-C快捷工具栏单击 🏠 缺省的楼房1 ▾，进入【室内配置】中的【楼层】平面图设置项，如图8-26所示。

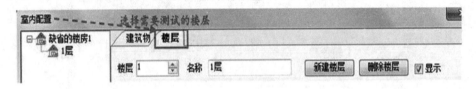

图8-26　室内平面图配置步骤1

2. 建筑物设置

在【室内配置】对话框中的【建筑物】选项中增加建筑物名称，如"通信学院"，【楼层数】填写"6"，设置后则显示建筑物名称及对应的楼层数量，如图 8-27 所示。

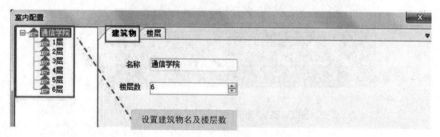

图 8-27 室内平面图配置步骤 2

3. 添加楼层平面图

在【室内配置】对话框中的【楼层】选项中，【楼层】设置为"6"层，单击右侧的【选择图片】按钮，选择已制作好的楼层平面图文件，并打开，如图 8-28 所示。

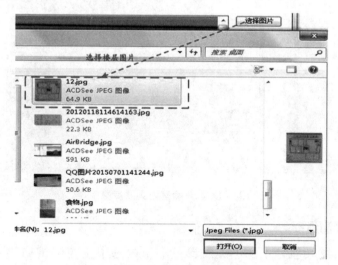

图 8-28 室内平面图配置步骤 3

当选择好所测试的楼层平面图文件并打开后，转入 AirBridge-CMap 视图即可看到所选的楼层平面图区域，如图 8-29 所示。

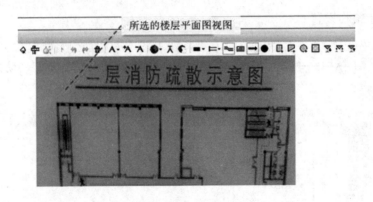

图 8-29　室内平面图配置步骤 4

4. 选择室内测试

在工具栏单击按钮的下拉箭头，选择【室内测试】选项，弹出【保存测试】对话框，如图 8-30 所示。

图 8-30　开始室内测试步骤 7

5. 选择测量参数

在【系统导航栏】的【无线参数】组内选中正在测试的"云南邮电_roomCOM40.A"文件，并单击该路测 LOG 文件中的"+"展开栏目，在展开的【参数与事件】选项中选中【Serving Cell Measurements Information】，并单击"+"展开参数组，在展开的【参数】中分别选择【SINR】与【RSRP】参数，并按住鼠标拖动参数至 Map 视图的【参数图层】选项卡中，如图 8-31 所示。

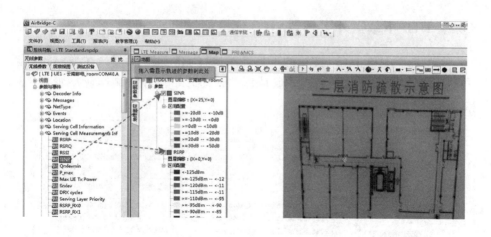

图 8-31　开始室内测试步骤 8

6. 保存测试

选中 Map 视图工具栏中的 ⬚，按楼层平面图指示匀速行走并分别确认当前行走的楼层位置，单击完成打点测试任务，如图 8-32 所示。

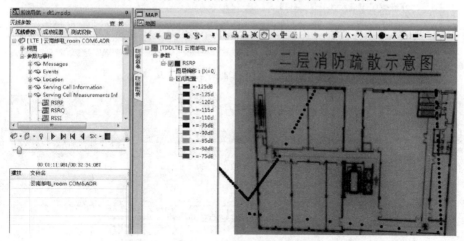

图 8-32　开始室内测试步骤 9

8.6.2 FTP 下载室外多场景 GPS 连接测试

在工具栏中单击 按钮的下拉箭头选择 室外测试 ，在弹出的对话框中填写路测 LOG 文件名，并确认保存，即开始室外路测作业，如图 8-33 和图 8-34 所示。

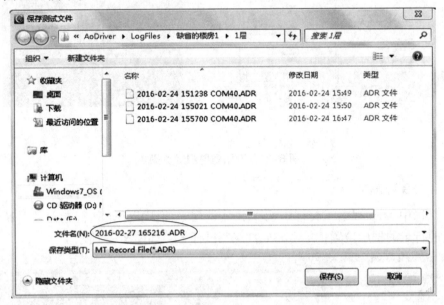

图 8-33　室外测试保存 LOG 文件

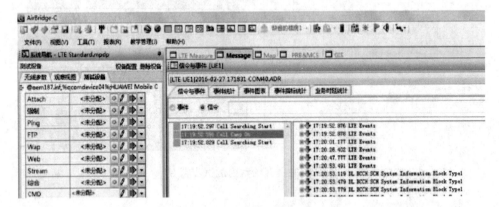

图 8-34　室外测试前台显示状态

8.7 AirBridge-A 路测后台分析系统新建工程和数据导入

AirBridge-A 软件介绍如图 8-35 所示。

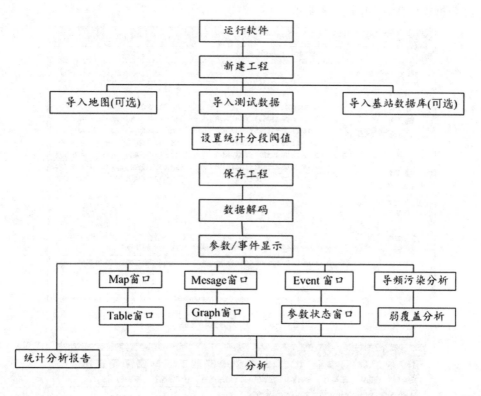

图 8-35 AirBridge-A 软件介绍

8.7.1 新建工程

打开 AirBridge-A 软件后会新建一个工程，新建工程的方法：选择【文件】菜单下的【新建工程】，如图 8-36 所示。

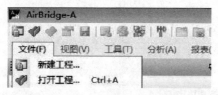

图 8-36 AirBridge-A 中新建工程

单击【新建工程】后弹出对话框，文件名命名为"dttest.mpda"，单击【保存】按钮进入 AirBridge-A 后台工作模式。

8.7.2 导入测试数据

进入 AirBridge-A 后台工作模式后选择系统信息栏下面的文件夹，如图 8-37 所示。选择文件夹的作用就是把前期测试的数据导入 AirBridge-A 后台分析软件中，如图 8-38 所示。

图 8-37　打开测试数据

图 8-38　导入测试数据

8.7.3 新建分类页

新建分类页如图 8-39 所示。

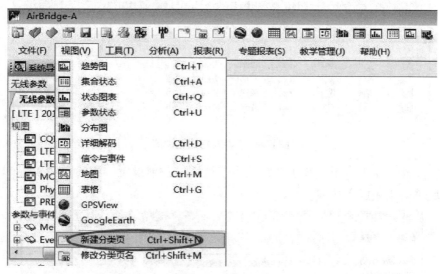

图 8-39　新建分类页

8.7.4 导入基站数据库

步骤 1：选择【工具】菜单中的【小区数据管理器】，在右侧的观察栏便有导入小区数据，便可导入基站数据库，如图 8-40 所示。

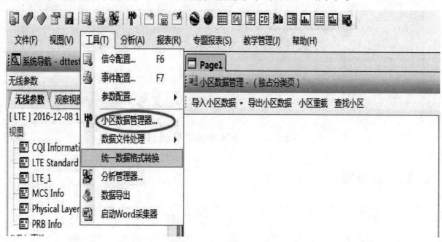

图 8-40　小区管理器

步骤 2：导入基站数据库界面如图 8-41 所示。

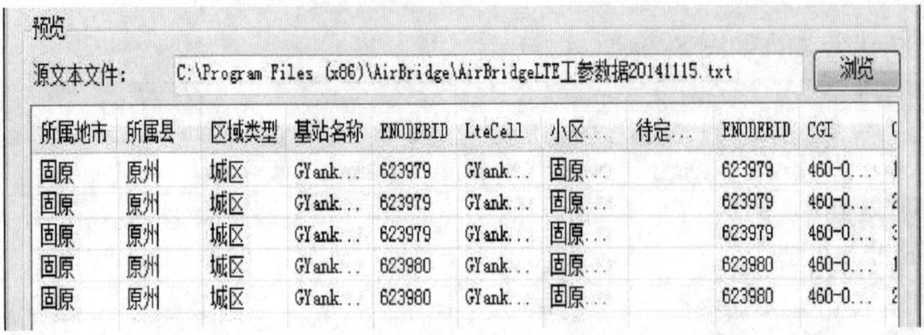

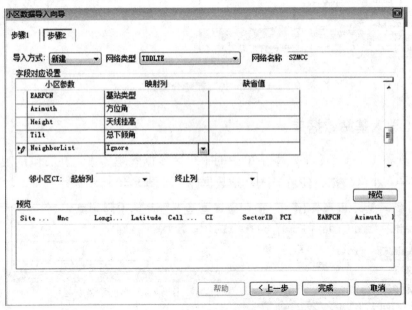

图 8-41　导入基站数据库

步骤：单击【下一步】按钮便可进行字段映射设置，如图 8-42 所示，设置后单击【完成】按钮。

图 8-42　小区参数字段映射

8.7.5 导入地图层

单击【地理图层】和上方的"+"，便可导入地图，如图 8-43 所示。

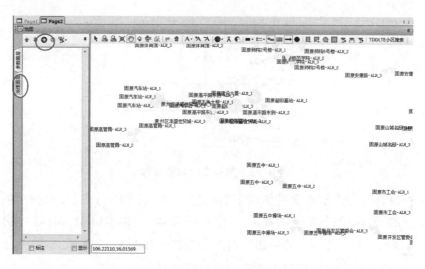

图 8-43　导入地图

导入基数站数据库、地图图层完成情况如图 8-44 所示。

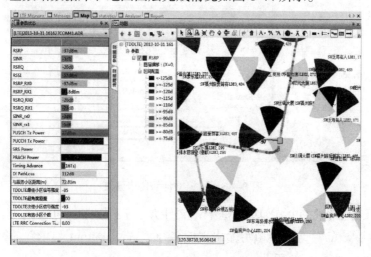

图 8-44　导入基站数据库、地图完成

8.8　AirBridge-A 路测后台分析系统数据文件的切割与合并

8.8.1 数据文件切割

步骤 1：在【工具】菜单中选择【数据文件处理】→【数据文件切割】，如图 8-45 所示。

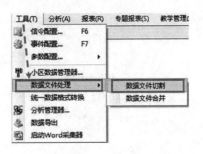

图 8-45　数据文件切割步骤 1

步骤 2：进入【数据文件切割】对话框后，单击【浏览】按钮，在弹出的【打开】LOG 文件对话框中选择 C 盘根目录下的 "2013-10-31 161627COM41. ADR" 测试 LOG 文件，并单击【打开】按钮，如图 8-46 所示。

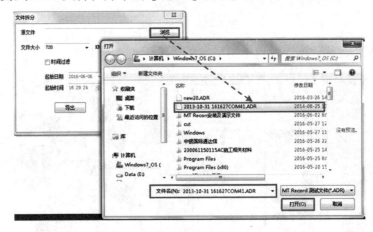

图 8-46　数据文件切割步骤 2

目录 3：在【文件拆分】对话框中，【文件大小】框内填写 "4000"，单击【导出】按钮，在弹出的对话框中填写输出文件名 "C: \new_output.ADR"，并单击【打开】按钮，如图 8-47 所示。

图 8-47　数据文件切割步骤 3

步骤 4：在执行文件拆分的过程中可能需要等待比较长的时间，直到弹出"文件已成功生成至：C：\new_output.ADR"消息后，即完成了 LOG 文件的切割作业，如图 8-48 所示。

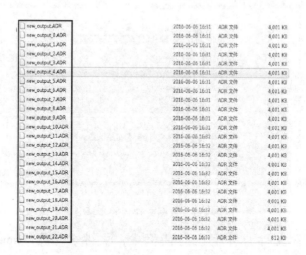

图 8-48　数据文件切割步骤 4

8.8.2 数据文件合并

步骤 1：在【工具】菜单中选择【数据文件处理】→【数据文件合并】，如图 8-49 所示。

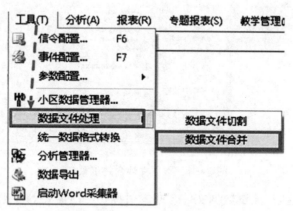

图 8-49　数据文件合并步骤 1

步骤 2：弹出【文件合并】对话框后，单击【增加文件】按钮，在弹出的【打开】LOG 文件对话框中选择 C 盘根目录下的"new_out.ADR~ new_out_22.ADR"测试 LOG 文件，并单击【打开】按钮，如图 8-50 所示。

图 8-50 数据文件合并步骤 2

步骤 3：在文件合并输出对话框中，文件名填写"new_output_new. ADR"，单击【打开】按钮，如图 8-51 所示。

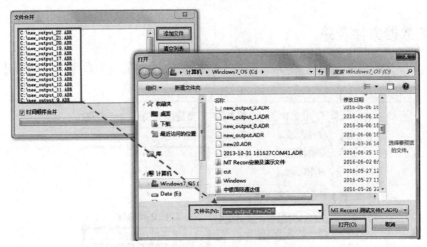

图 8-51 数据文件合并步骤 3

步骤 4：在执行测试数据文件合并的过程中可能需要等待比较长的时间，直到弹出"文件已成功生成至：C：\new_output_new.ADR"消息后，即完成了测试 LOG 文件的合并操作，如图 8-52 所示。

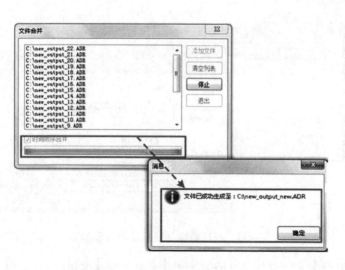

图 8-52　数据文件合并步骤 4

8.9　讯方 AirBridge-A 路测后台分析系统路测数据的无线参数

8.9.1 无线参数导出

步骤 1：在【工具】菜单中选择【数据导出】，如图 8-53 所示，进入测试数据【文件导出】对话框。

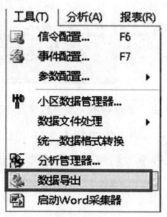

图 8-53　测试数据无线参数导出步骤 1

步骤 2：进入测试数据文件导出对话框后，单击【浏览】按钮，在弹出的【打开】LOG 文件对话框中选择 C 盘根目录下的"2013-10-31 161627COM41.ADR"测试 LOG 文件，并单击【打开】按钮，如图 8-54 所示。

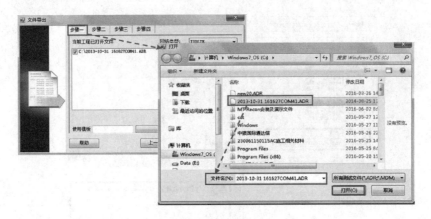

图 8-54 测试数据无线参数导出步骤 2

步骤 3: 在【文件导出】对话框中单击【下一步】按钮进入向导【步骤二】, 在【导出文件类型】选项中选择 "Excel(*.CSV)", 在【导出文件名】中填写 "C: \outputlte.csv", 并单击【打开】按钮, 如图 8-55 所示。

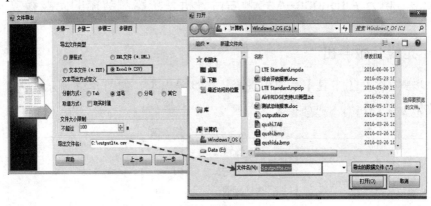

图 8-55 测试数据无线参数导出步骤 3

步骤 4: 继续单击【下一步】按钮进入向导【步骤三】, 在【导出参数】选项栏选择所需导出的无线参数后按 >> 按钮, 增加至右侧的导出参数显示框, 如图 8-56 所示。

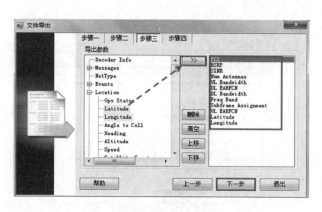

图 8-56　测试数据无线参数导出步骤 4

步骤 5：增加好导出参数后单击【下一步】进入【向导】按钮【步骤四】，并单击【导出】按钮开始导出所选无线参数，直至提示导出完毕信息后即可打开 Excel 文件查看所导出的无线参数值，如图 8-57 所示。

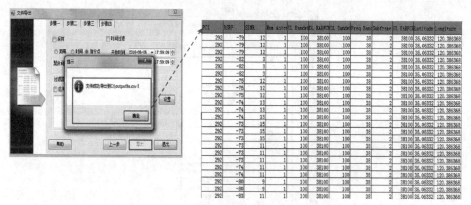

图 8-57　测试数据无线参数导出步骤 5

8.9.2 数据回放

步骤 1：在装载的测试 LOG 数据文件"2016-05-17 171829_outdoor COM6.ADR"的【系统导航】栏【无线参数】选项中单击该路测 LOG 文件中的"+"展开栏目，在展开的【参数与事件】选项中选中【Serving Cell Measurements Information】，并单击"+"展开参数组，在展开的参数中分别选择 RSRP 和 RSRQ 参数，如图 8-58 所示。

图 8-58 LOG 回放路测轨迹图显示步骤 1

步骤 2：选择 RSRP 和 RSRQ 参数后按住鼠标，分别将选中的参数拖入 MAP 视图的参数图层，如图 8-59 所示。

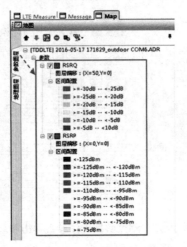

图 8-59 LOG 回放路测轨迹图显示步骤 2

步骤 3：将 RSRP 和 RSRQ 参数拖入 MAP 视图，并设置无线参数的分段显示区间和显示颜色后，即可在 MAP 视图中显示所选的路测轨迹图，如在 LOG 回放显示的测试轨迹与实时显示的一致，如图 8-60 所示。

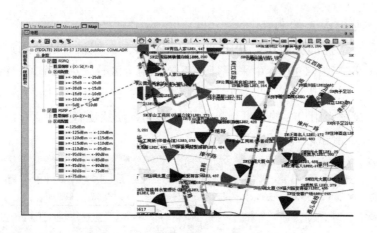

图 8-60　LOG 回放路测轨迹图显示步骤 3

8.9.3 常见参数

1. RSRP

RSRP 可以用来衡量下行的覆盖，类似 GSM 网络的 RXLEV 及 3G 网络的 RSCP 参数。3GPP 协议中规定终端上报的范围为 -140 ~ -44 dBm，其在测试软件中如图 8-61 所示。

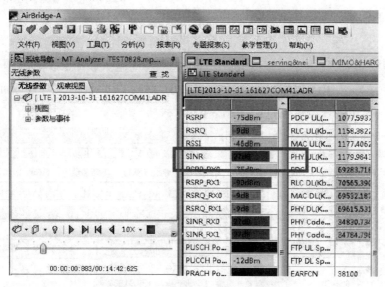

图 8-61　路测无线参数 RSRP

2. SINR

SINR 是指接收到的有用信号的强度与接收到的干扰信号（噪声和干扰）的强度的比值。可以简单地理解为信噪比，也可以理解为类似 GSM 的 C/I（载干比），或 CDMA 的 Ec/Io。

信号与干扰加噪声比最初出现在多用户检测。假设有两个用户 1、2 发射天线两路信号（OFDM 中采用频谱正交，用于区分发给两个用户的不同数据）；接收端，用户 1 接收发射天线发给 1 的数据，这是有用的信号，也接收发射天线发给用户 2 的数据，这是干扰影响，当然还有噪声。

SINR 在测试软件中如图 8-62 所示。

图 8-62　路测无线参数 SINR

3. RSRQ

RSRQ 主要衡量下行特定小区参考信号的接收质量，范围为 -19.5 ~ 3 dB。随着网络负荷和干扰发生变化，负荷越大干扰越大，RSRQ 测试值越小。公式定义即 RSRQ=N*RSRP/RSSI。详细解释可以参照相关协议规范 3GPP 36.214，RSRQ 在测试软件中如图 8-63 所示。

图 8-63　路测无线参数 RSRQ

4. RSSI

UE 探测带宽内一个 OFDM 符号所有 RE 上的总接收功率（若是 20 MB 的系统带宽，当没有下行数据时，则为 200 个 RE 上接收功率总和，当有下行数据时，则为 1200 个 RE 上接收功率总和）包括服务小区和非服务小区信号、相邻信道干扰、系统内部热噪声等。即总功率 $=S+I+N$，其中 I 为干扰功率，N 为噪声功率。反映当前信道的接收信号强度和干扰程度，其在 OFDM 子载波的位置分布如图 8-64 所示。

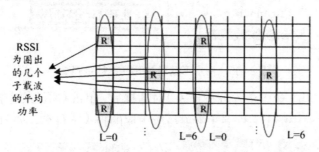

图 8-64　路测无线参数 RSSI

8.9.4 各项 KPI 报表统计

步骤 1: 在【文件】菜单中选择【装载数据文件】或在工具栏中单击 图标，进入数据文件装载对话框，在弹出的【打开】LOG 文件对话框中选择 C 盘根目录下的 "2016-04-19 160537 COM6.ADR" 测试 LOG 文件，并单击【打开】按钮，如图 8-65 所示。

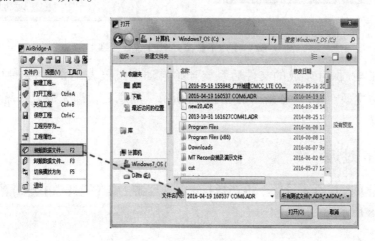

图 8-65　用户下载感知 KPI 统计步骤 1

步骤2：在无线参数观察区选择【Report】进入报告，生成视图，并依次选择【报表】→【TDDLTE】→【业务统计分析报表】，如图8-66所示。

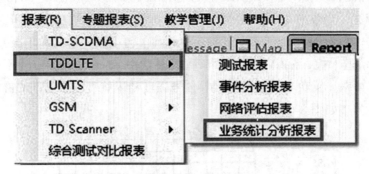

图8-66　用户下载感知KPI统计步骤2

步骤3：弹出【业务统计分析报表】对话框后，单击右下角的【报表】按钮，在弹出的对话框中的【文件名】中填写所生成的报表文件名，如图8-67所示。

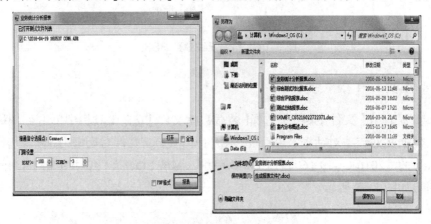

图8-67　用户下载感知KPI统计步骤3

步骤4：保存生成的文件后系统开始自动生成报表，等待系统弹出"报表已成功生成至C:业务统计分析报表.doc!"消息后，即完成业务统计分析报表生成。

8.9.5 覆盖过远

步骤1：在【工具】菜单中选择【分析管理器】或在工具栏中单击 图标，如图8-68所示。

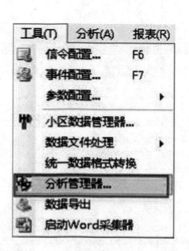

图 8-68　LTE 覆盖过远过滤器步骤 1

步骤 2：弹出【分析管理器】对话框后，选择【TDDLTE】网络制式，并在【过滤器】栏内选择【TDDLTE 覆盖过远】专项，如图 8-69 所示。

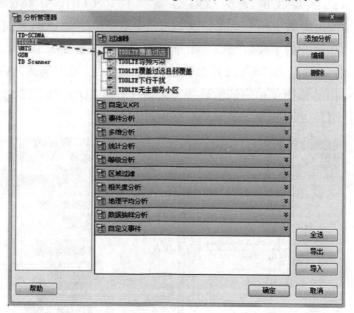

图 8-69　LTE 覆盖过远过滤器步骤 2

步骤 3：单击【编辑】按钮弹出【过滤器定义】对话框，输入覆盖过远公式，并单击【确定】按钮关闭对话框，如图 8-70 所示。

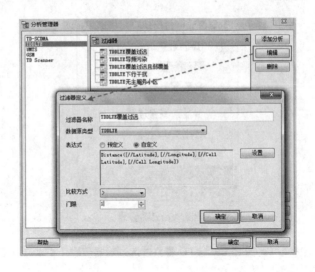

图 8-70　LTE 覆盖过远过滤器步骤 3

步骤 4：在装载的测试 LOG 数据文件"2013-10-31 161627COM41. ADR"的【系统导航】栏【无线参数】选项中单击该路测 LOG 文件中的"+"展开栏目，在展开的【参数与事件】选项中选中【Serving Cell Measurements Information】，并单击"+"展开参数组，在展开的参数中选择 RSRP 参数，右击，在弹出的快捷菜单中依次选择【过滤】→【TDDLTE 覆盖过远】，即可自动执行覆盖过远过滤器分析，如图 8-71 所示。

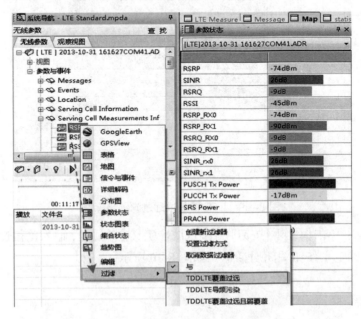

图 8-71　LTE 覆盖过远过滤器步骤 4

8.9.6 测试数据掉线问题

步骤1：打开标准工程文件，在【文件】菜单中选择【装载数据文件】或在工具栏中单击 图标，进入数据文件装载对话框，在弹出的【打开】LOG 文件对话框中选择 C 盘根目录下的"测试数据 161627COM41.ADR"测试 LOG 文件，装载路测数据文件后进行回放，并切换至 Message 视图，定位信令窗口的时间点"16:19:44.280 EventA3"的位置，如图 8-72 所示。

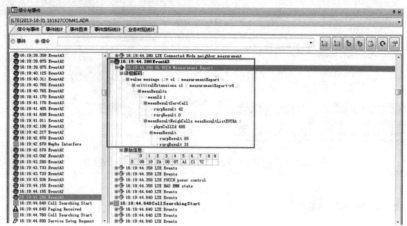

图 8–72　结合信令与事件分析掉线问题步骤 1

步骤2：由信令窗口的时间点"16:19:44.280"并结合左侧事件时间点"16:19:44.640"发生了一次切换失败引起的小区搜索"Cell Searching Start"事件，由此可知这是由于未能切换成功，且无线环境不断恶化导致的 UE 脱网而引起的数据业务掉线事件，如图 8-73 所示。

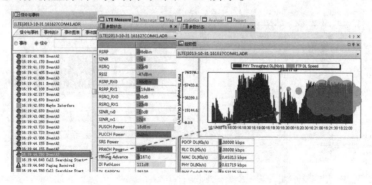

图 8–73　结合信令与事件分析掉线步骤 2

步骤3：问题分析及基本结论。测试车辆在南京路由南向北行驶至 SN 丝绸大厦（SN 福州路爱尊客）LDE3（PCI:487）时，收到同频 A3 事件，从信令解读来看本应触发向 SN 丝绸大厦（SN 福州路爱尊客）LDE1（PCI:488）

切换,但未进行切换导致脱网掉线,经后台监控人员核查告警信息,发现测试时间段 SN 丝绸大厦(SN 福州路爱尊客)LDE1 小区 RRU 有故障进行过闪断,因此该问题主要由于切换目标不及时。对应的信令及无线参数等分析截图如图 8-74 所示。

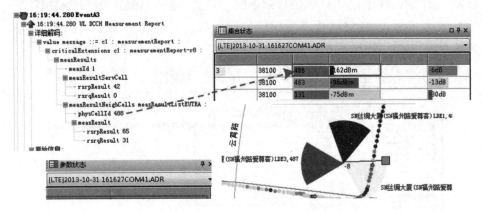

图 8-74　结合信令与事件分析掉线问题步骤 3

8.9.7 吞吐率低问题

步骤 1:打开标准工程文件,在【文件】菜单中选择【装载数据文件】或在工具栏中单击 图标,进入数据文件装载对话框,在弹出的【打开】LOG 文件对话框中选择 C 盘根目录下的"161627COM41.ADR"测试 LOG 文件,装载路测数据文件后进行回放,并切换至 LE Measure 视图,定位至趋势图的数据下载低位置,如图 8-75 所示。

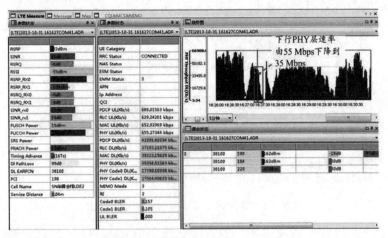

图 8-75　结合多参数结合视图分析小区吞吐率不达标问题步骤 1

步骤 2:新建无线参数分类页 CQI&MCS&MIMO 后,在【系统导航】栏的【无线参数】选项中选中已导入或正在测试的 LOG 文件，并单击该路测 LOG 文件中的 "+" 展开栏目，在展开的【参数与事件】选项中分别选中【MIMO Information】【CQI Stat Information】【MCS Stat Information】无线参数组，右击分别增加所选的参数组状态显示，如图 8-76 所示。

图 8-76　结合多参数结合视图分析小区吞吐率不达标问题步骤 2

步骤 3：通过对 MIMO、CQI、MCS 等参数分析可知该测试点 CQI 索引取值为 10，对应的 MCS 编码为 16QAM；综合分析判定为弱覆盖引起无线环境恶化导致下载速率低，如图 8-77 所示。

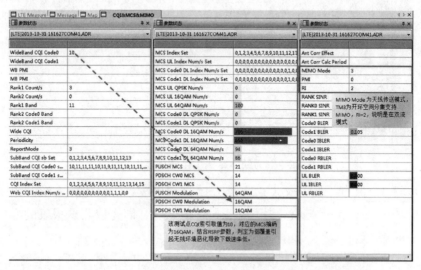

图 8-77　结合多参数结合视图分析小区吞吐率不达标问题步骤 3

8.9..8 撰写整体路测优化分析报告

步骤1：打开标准工程文件"LTE Standard.mpda"，在【文件】菜单中选择【报表】→【TDDLTE】→【测试报表】，进入 LTE 报表项目，如图 8-78 所示。

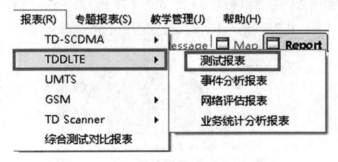

图 8-78　撰写整体路测优化分析报告步骤 1

步骤 2：在【测试报表】对话框中的【关心参数与事件列表】文本框中选中【Serving Cell Measurements Information】，并单击"+"展开参数组，在展开的参数中分别选择 RSRP、SINR、RSSI、RSRQ 参数，并单击 按钮增加所选参数，选择好无线参数后，单击【报表】按钮，在弹出的对话框的【文件名】中填写所生成的报表文件名，如图 8-79 所示。

图 8-79　撰写整体路测优化分析报告步骤 2

步骤 3：保存生成的文件后系统开始自动生成报表，等待系统弹出"报表已成功生成至 :C: 测试总结报表 .doc!"消息后，即完成测试报表的生成，如图 8-80 所示。

测试文件统计分析报告

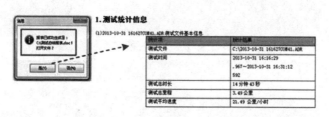

图 8-80 撰写整体路测优化分析报告步骤 3

相应的也可以做其他的分析报告，如业务统计分析报告等。

第九章　4G_LTE 典型流程

知识简介

● LTE 信号
● 信道与信号之间的关系
● 小区搜索流程
● 寻呼流程
● 了解随机接入流程

　　手机和网络在进行信息交互时涉及多个物理层的过程，终端需要搜索服务自己的网络，这就涉及小区搜索；终端需要接入网络，这就涉及随机接入。网络中找到某一个终端以建立业务连接，这就涉及寻呼过程。类似的关键流程还有很多，物理层过程是无线工程师定位和解决无线侧问题时很重要的知识。

　　LTE 无线系统的物理层过程非常繁杂，同时也非常重要。由于无线信道环境不断变化，需要不断地调整系统参数；终端开机、重新激活时，需要和系统重新建立连接；终端移动时，需要实现切换和漫游。这些都需要物理层过程的参与，从而完成各种配置的预设和重调。

　　LTE 中，下行的物理层过程有小区搜索、寻呼过程、下行共享信道物理过程等。上行的物理层过程有随机接入过程、上行共享信道物理层过程等。

9.1　LTE 信号

9.1.1 同步信号

　　TDD 同步信号在每个无线帧中出现两次，包括主同步信号（PSS）和从同步信号（SSS）。时域上，分别占用一个 10 ms 无线帧的第 1、2 号及第

11、12 号时隙中的一个符号。即都出现在下行的符号上。频域上，同步信号占用最中间的 6 个 RB。

通过同步信号，UE 可以实现下行的同步，同时通过对主同步信号和从同步信号的识别，UE 可以获取当前小区的物理小区 ID（PCI），用以对下行信号的解扰及发送信号的加扰。

由于上下行子帧分配的约束，TD-LTE 的同步信号与 LTE FDD 的位置略有不同。

主同步信号和从同步信号在相应时隙中占用的 OFDM 符号位置，针对普通 CP 和扩展 CP 的不同而有所不同，具体如图 9-1 所示。

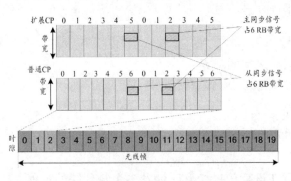

图 9-1　主同步 / 从同步信号物理资源分配

主同步信号发送三种序列组合中的一种，由小区配置的物理小区 ID 决定；

从同步信号发送 168 种序列组合中的一种，也是由小区配置的物理小区 ID 决定。从同步信号的接收依赖于主同步信号发送的序列。

通过识别主同步信号和从同步信号的序列号，UE 可以计算出小区的物理小区 ID，从而解扰小区的其他信道。

物理小区 ID 的范围是 0~503。504 个物理小区 ID 可以在小区间重复使用。物理小区 ID 用于对 LTE 下行信号加扰，由于 LTE 采用同频组网，因此必须采用加扰传送。基站是如何把物理小区 ID 传送给 UE 的呢？

基站对配置的物理小区 ID 经过模 3 运算后，结果分为两个部分，商值称为 NID（1），范围是 0~167；余数称为 NID（2），范围是 0~2。主同步信号的 3 个序列对应 3 个 NID（2），从同步信号的 168 个序列对应 168 个 NID（1）。物理小区 ID 与主同步信号和从同步信号的关系如下：

$$PCI = 3NID（1）+NID（2）$$

通过主同步信号的序列号和从同步信号的序列号，基站将 NID（2）及 NID（1）间接的指示给 UE，UE 便可以通过关系公式容易地计算出物理小区 ID，进而对小区的信号进行解扰。

9.1.2 参考信号

LTE 使用下行参考信号（Reference Signal，RS）实现导频的功能。

（1）下行小区参考信号（Cell RS）：下行小区参考信号属于公共信号，也叫公共参考信号，所有 UE 都可以测量评估。

（2）下行 UE 特定的参考信号（UE RS)（可选）：下行 UE 特定的参考信号属于某 UE 专用的参考信号。基站为调度的 UE 专门发送，用来实现对该 UE 的波束赋形。该信号只有对启用波束赋形功能的 UE 发送。

LTE 的 UE 也可以发送上行探测参考信号实现上行的信道估计。上行探测参考信号由 UE 发送，用以基站对该 UE 的上行信道进行评估。

参考信号在时域、频域资源上的分布如下。

（1）小区特定参考信号——单天线口配置

下行小区参考信号均匀地分布在整个下行子帧中。图 9-2 单天线口配置下的参考信号位置中 1 ms 的 RB 中有 8 个参考信号。

注意的是，参考信号的位置也取决于物理小区 ID 的值。系统通过对物理小区 ID 的值对 6 取模来计算正确的频域上的偏置。如图 9-3 参考信号偏置所示，给出物理小区 ID 分别取值 0 和 8 的参考信号位置。

图 9-2 中例子是物理小区 ID 值模 6 余数为 0 的情形。

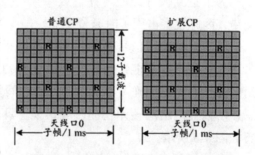

图 9-2 单天线口配置下的参考信号位置

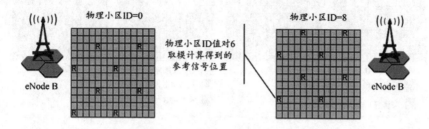

图 9-3 参考信号偏置

（2）小区特定参考信号——双天线口配置

为了实现 MIMO 或发射分集，LTE 设计了多发射天线功能。采用双天线发射，小区下行参考信号的分布如图 9-4 所示。

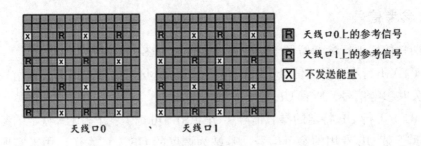

图 9-4　双天线口配置下 RS 位置

　　双天线口配置的情况下，小区参考信号在不同的端口发送时频位置也是不一样的，发送参考信号的 RE 时频上彼此交错。为了达到较好的信道评估效果，当一根天线正发射参考信号时，另一根天线的相应资源粒子RE 为空（不发送能量）。与单天线口配置相同，双天线口配置下的参考信号的位置按照物理小区 ID 设置偏置。

　　（3）小区特定参考信号——四天线口配置

　　为了达到较好的信道评估效果，4 个天线端口上参考信号的也需要相互交错，因此较多占用了时频资源。

　　为了减少参考信号开销，天线口 2 和天线口 3 上的参考信号较少。信号少也会影响系统功能，特别是在高速移动（即信道快速变化）的状态下，信道估计会变得不准确。不过，四天线空间复用 MIMO 一般适用于低速移动场景，所以对网络的整体功能影响不大。具体参考信号在四天线口配置下的位置如图 9-5 所示。

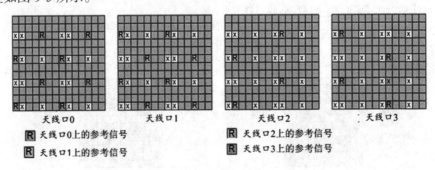

图 9-5　四天线口配置下参考信号位置

（4）UE 特定参考信号

在使用波束赋形时，不同的波束上会承载 UE 特定参考信号。

移动台特定指的是参考信号与一个特定的移动台对应，在天线端口 5 发送。其参考信号在时频资源分配上随普通 CP 和扩展 CP 的不同而有所不同，具体如图 9-6 所示。

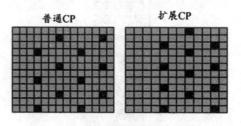

图 9-6　UE 特定参考信号资源分配

9.1.3 系统消息

系统消息分为主信息块（Master Information Block，MIB）和系统消息块（System Information Blocks，SIB）。MIB 的位置是固定的，承载在 PBCH 上，其他 SIB 承载在 PDSCH 上。

MIB 包括系统下行带宽、系统帧号、PHICH 配置。系统下行带宽和 PHICH 配置是 UE 读取其他公共信道的前提。

PBCH 映射到 40 ms 中的四个时隙上，占用每帧的 1 号时隙。在该子帧中占符号 0 至符号 3。在频域上和主同步信号 / 从同步信号一样，占用中间的 6 个 RB。PBCH 在时频资源占用情况，如图 9-7 所示。

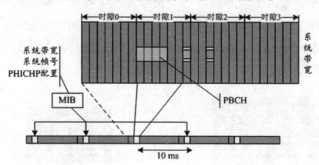

图 9-7　PBCH 时频资源分配

9.1.4 上行探测参考信号

当 UE 被在 PUSCH 上调度时，会一并发送参考信号，用以 PUSCH 的解调，但是 UE 无法通过该参考信号向基站报告未被调度频段的信道质量。即 UE 在上行被调度了资源，这时 eNode B 可以通过 DRS 对 UE 占用的 RB 进行信道估计，但无法通过 DRS 得知其他 RB 的信道质量，LTE 使用解决此问题。如图 9-8 所示，DRS 无法估计无信道信息部分的信道质量。

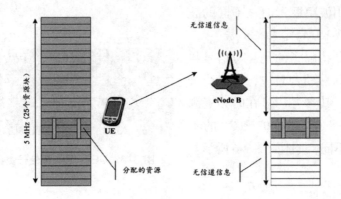

图 9-8　上行探测信号的意义

探测参考信号为 eNode B 提供了用于调度的上行信道质量信息（CQI）。当没有上行数据发送时，UE 在配置的带宽内发送探测参考信号。UE 可以在指定的带宽内，周期性地发送探测参考信号（高层配置）。

探测参考信号可通过两种方式发送，即固定宽带方式和跳频方式。宽带模式下，探测参考信号用所要求的带宽发送。跳频模式下，使用窄带发送探测参考信号，长远来看，这种模式相当于占用所有带宽，如图 9-9 所示。

探测参考信号的配置，如带宽、时长、周期由上层提供。

探测参考信号由子帧的最后一个符号发送（特殊子帧除外），多个用户可以通过时分（配置不同的子帧）、频分（配置不同的频段）、奇偶子载波区分（也叫梳状区分）、码分（使用序列的不同循环移位）的方式，复用一段探测参考信号时频资源，如图 9-10 所示。

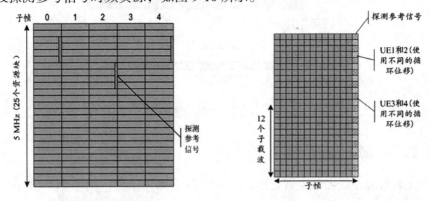

图 5-9　SRS 信号发送　　　　图 5-10　SRS 资源占用

小区中用于探测参考信号的时频资源通过系统消息广播，原因是探测参考信号不能和 UE 在 PUSCH 或 PUCCH 上发送的信号冲突，所以必须让所有

的 UE 知道探测参考信号什么时候发送，以便被调度到相应 RB 发送时，能避开探测参考信号的发送。

9.2　信道与信号之间的关系

9.2.1 PDCCH 与调度信息的关系

调度信息也被称为下行控制信息（Downlink Control Information，DIC）。在物理下行控制信道（PDCCH）中传递，同时还有一个或多个 UE 上的资源分配和其他的控制信息。在 LTE 中上下行的资源调度信息都是由 PDCCH 来承载的。一般来说，在一个子帧内，可以有多个 PDCCH。UE 需要先解调 PDCCH 中的调度信息，然后才能够在相应的资源位置上解调属于 UE 自己的 PDSCH（包括广播消息、寻呼、UE 的数据等）。

PDCCH 只出现在下行子帧和下行导频时隙上，频域上分布在整个小区带宽上，时域上占用每个子帧（1 ms）的前 1/2/3 个符号，可以根据调度量的多少，进行动态的调整。PDCCH 在时频资源上的分配如图 9-11 所示。

PDCCH 在每个子帧所占的符号数通过物理控制格式指示信道指示。

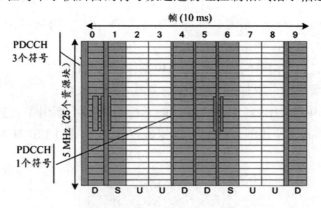

图 9-11　PDCCH 时频资源分配

9.2.2 PCFICH 与 OFDM 符号的关系

PCFICH 用于告知 UE 一个子帧中用于 PDCCH 传输的 OFDM 符号的个数，以帮助 UE 解调 PDCCH。

PCFICH 总是出现在子帧的第一个符号上，其占用 4 × 4=16 个 RE，频域上的位置由系统带宽和物理小区 ID 确定。一个 REG 由位于同一 OFDM 符号上的 4 个或 6 个相邻的 RE 组成，但其中可用的 RE 数目只有 4 个，6 个 RE

组成的 REG 中包含了两个参考信号，而参考信号所占用的 RE 是不能被控制信道的 REG 使用的。PCFICH 在时频资源上的分配情况如图 9-12 所示。

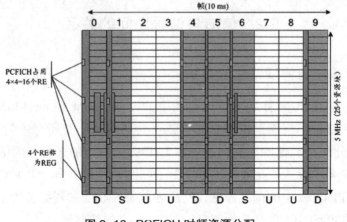

图 9-12　PCFICH 时频资源分配

9.2.3 物理 HARQ 指示信道

PHICH 用于承载 HARQ（Hybrid ARQ）的 ACK/NACK，对 UE 发送的数据进行 ACK/NACK 反馈。这些信息以 PHICH 组的形式发送，一个 PHICH 组包括 3 个 REG，包含至多 8 个进程的 ACK/NACK。同 PHICH 组中的各个 HI 使用不同的正交序列来区分。

PHICH 有如下两种配置：普通 PHICH 和扩展 PHICH。

图 9-13 所示为一组普通 PHICH 的情形（3 个 REG）。

TD-LTE 中的 PHICH 组数在不同的下行子帧中可能不同。这是通过使用不同的配置格式来实现的。PHICH 的组数在 MIB 中通过 PBCH 发送。

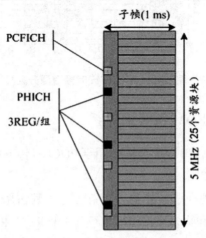

图 9-13　普通 PHICH 时频资源分配

对于扩展 PHICH，属于同一个 PHICH 组的不同 REG（3 个）可能在不同的符号上传送。扩展 PHICH 时频资源分配如图 9-14 所示。

PHICH 对于调度的成功率很重要，通过配置扩展 PHICH，可以实现频率和时间上的分集增益。

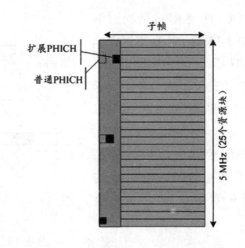

图 9-14　扩展 PHICH 时频资源分配

9.2.4 PDCCH、PCFICH、PHICH 的符号映射

LTE 中 PDCCH 在一个子帧内（注意，不是时隙）占用的符号个数，是由 PCFICH 中定义的 CFI 确定的。UE 通过主、辅同步信道，确定了物理小区 ID，通过读取 PBCH，确定了 PHICH 占用的资源分布、系统的天线端口等内容。UE 就可以进一步读取 PCFICH，了解 PDCCH 等控制信道所占用的符号数目。在 PDCCH 所占用的符号中，除了 PDCCH，还包含 PCFICH、PHICH、参考信号等的内容。其中 PCFICH 的内容已经解调，PHICH 的分布由 PBCH 确定，参考信号的分布取决于 PBCH 中广播的天线端口数目。至此，（全部的）PDCCH 在一个子帧内所能占用的 RE 就得以确定了。

由于 PDCCH 的传输带宽内可以同时包含多个 PDCCH，为了更有效地配置 PDCCH 和其他下行控制信道的时频资源，LTE 定义了两个专用的控制信道资源单位：REG 和控制信道单元（Control Channel Element，CCE）。REG 前面已经介绍过，这里不再赘述。一个 CCE 由 9 个 REG 构成。

定义 REG 这样的资源单位，主要是为了有效地支持 PCFICH、PHICH 等数据率很小的控制信道的资源分配，也就是说，PCFICH、PHICH 的资源分配是以 REG 为单位的；而定义相对较大的 CCE，是为了用于数据量相对较大的 PDCCH 的资源分配。CCE 是调度信令所需要资源的最小单位。基站可动态决定使用 CCE 的数量进行调度命令的发送。

PDCCH 至 REG 的映射举例如图 9-15 所示。在本例中，PCFICH 指示了 PDCCH 占用两个符号发送，从参考信号看出，使用两根天线和 PHICH 位于第一个符号上。

图中控制区域里的数字表示了 PDCCH 的 RE 组成的 REG。9 个 REG 聚合成 1 个 CCE。

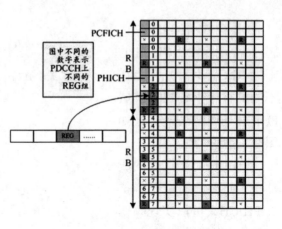

图 9-15　PDCCH 至 REG 映射举例

PDCCH 在一个或多个连续的 CCE 上传输，LTE 中支持四种不同类型的 PDCCH，如表 9-1 所示。

表 9-1　PDCCH 四种格式

PDCCH 格式	CCE 数量	REG 数量
0	1	9
1	2	18
2	4	36
3	8	72

PDSCH 是唯一用来承载高层业务数据及信令的物理信道，因此它是 LTE 最重要的物理信道。PDSCH 用于承载多种传输信道，包括 DL-SCH 及 PCH 等。在高层数据向 PDSCH 上进行符号映射时，避开控制区域（如 PDCCH 等）和参考信号、同步信号等预留符号。PDSCH 时频资源分配如图 9-16 所示。

不同 RB 上的 PDSCH 可以被调度给不同的 UE，因此不同 RB 上的 PDSCH 可能采用不同的调制方式、MIMO 模式等。

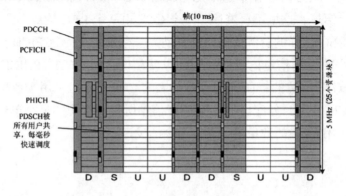

图 9-16　PDSCH 时频资源分配

9.3 小区搜索流程

9.3.1 小区搜索概述

通过小区搜索的过程，终端与服务小区实现下行信号时间和频率的同步，并且确定物理小区 ID。

在用户开机和小区切换两种情况下，终端必须进行小区搜索。

用户开机和小区切换

小区搜索过程中，UE 需要达到以下三个目的。

①下行同步：符号定时、帧定时、频率同步。

②小区标识号的获取。

③广播信道的解调信息获取。

广播信道广播的信息有小区的带宽、发送天线的配置信息、循环前缀的长度等。

9.3.2 小区搜索的信道、信号及步骤

LTE 的 UE 在完成小区搜索过程时主要涉及以下信号及信道：主同步信号和从同步信道、参考信号、广播信道。

这几个信号和信道中的信息对于 UE 来说非常重要，UE 需要完整、准确地解调出来，以便完成小区搜索。

小区搜索的过程类似我们用收音机收听广播的过程。首先我们必须在适当的时间（时间同步）去调整收音机旋钮（频率同步），其次才能收听广播中的节目。当我们找到某一个频率收听节目的时候，通常声音中会有杂音，不会很清楚，这就需要手动进行微调消除杂音。类比小区搜索过程，找到频率的过程用的是同步信号，而进行微调消除杂音的过程用的是参考信号。

小区搜索过程遵循下面的先后顺序：先同步，再收听广播；先找到频率，再进行微调。

小区搜索过程分为四个步骤，如图 9-17 所示。

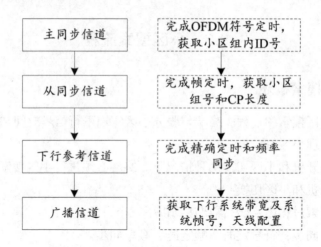

图 9-17　小区搜索的四大步骤

第一步：从主同步信号上获取小区的组内 ID。

第二步：从从同步信号上获取小区组号，小区组号多达 168 个，前文内容介绍了通过 NID（1）和 NID（2）可以计算出物理小区 ID，所以 UE 把主同步信号和从同步信号接收下来后，就可以确定物理小区 ID。

需要注意的是，这里先获取了组内的顺序号，再获取小区的顺序号，这个顺序和日常所见的顺序不太一样。

第三步：UE 接收下行参考信号，用于进行精确的时频同步。

下行参考信号是 UE 获取信道估计信息的指示灯。对于频率偏差、时间提前量、链路衰落情况，UE 通过参考信号了解清楚，然后在时间和频率上与基站保持同步。

第四步：UE 要接收小区广播信息。基站的广播消息是面向小区内所有 UE 发送的，有需要的 UE 就去接收解调。完成前面三步后，UE 和基站已经完成了时频同步，可以收听广播并解调主消息块，从而获取下行系统带宽及小区的系统帧号，天线配置。

9.4　寻呼流程

LTE 中网络寻找某个用户的过程称为寻呼。用户做被叫，网络侧发起的呼叫建立过程一定包括寻呼过程。

寻呼流程并不是一个纯粹的物理层过程，它也需要高层的配置和指示。

9.4.1 不连续接收机制

LTE 系统中，大部分时间 UE 处于休眠状态，只在特定的时间内醒来监听一下是否有属于自己的寻呼消息。这种睡眠 - 唤醒不连续接收的机制称为 DRX。

像其他 GSM、WCDMA 系统一样，LTE 系统在空闲态可以通过 UE 使用 DRX 功能减少功率消耗，增加电池使用寿命。为了达到这一目的，UE 从 SIB2（系统消息）中获取 DRX 相关信息，然后根据 DRX 周期监测 PD-CCH，查看是否有寻呼消息，如果 PDCCH 指示有寻呼消息，那么 UE 解调传输信道查看寻呼消息是否属于自己。

9.4.2 寻呼的发送及读取

1. 寻呼的发送

寻呼的发送由网络向空闲态或连接态的 UE 发起。

Paging 消息会在 UE 注册的所有小区（时间提前量范围内）发送。

①核心网触发：通知 UE 接收寻呼请求（被叫，数据推送）。

② eNode B 触发：通知系统消息更新以及通知 UE 接收 ETWS 等信息。

2. 寻呼的读取

UE 寻呼消息的接收遵循 DRX 的原则：① UE 根据 DRX 周期在特定时刻由 P-RNTI 读取 PDCCH；② UE 根据 PDCCH 的指示读取相应 PDSCH，并将解码的数据通过寻呼传输信道传到 MAC 层。寻呼传输信道传输块中包含被寻呼 UE 标识（IMSI 或 S-TMSI），若未在寻呼传输信道上找到自己的标识，UE 再次进入 DRX 状态。

寻呼读取的过程如图 9-18 所示。

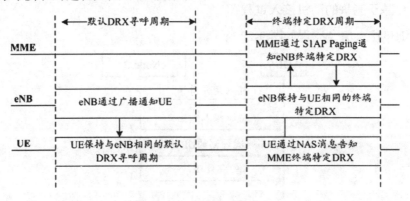

图 9-18　寻呼读取的流程

9.5 随机接入概述

随机接入用于终端接入网络的过程，包括与网络获得上行同步以及接入网络过程中的控制信令交互。

通过小区搜索，用户知道网络侧的信息；而通过随机接入，网络侧又知道了用户的必要信息。如果说我们上大学收到录取通知书的过程是一个小区搜索过程，那么我们到学校去报到的过程就类似随机接入过程。

LTE 系统中，上行时频同步和重新申请上行带宽资源，都需要启动随机接入过程来完成。

一般来说，启动随机接入过程的场景有三种：开机、UE 从空闲状态到连接状态、发生切换。

随机接入过程分为竞争性接入过程和非竞争性接入过程。各自的使用场景如图 9-19 所示。

图 9-19　随机接入的使用场景

1. 基于竞争的随机接入过程

随机接入信令流程如图 9-20 所示。

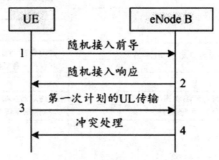

图 9-20　随机接入信令流程

UE 随机选择 Preamble 码发起。

① Msg1：发送 Preamble 码。

eNB 可以选择 64 个 Preamble 码中的部分或全部用于竞争接入；Msg1 承载于 PRACH 上。

② Msg2：随机接入响应。Msg2 由 eNB 的 MAC 层组织，并由 DL_SCH 承载；一条 Msg2 可同时响应多个 UE 的随机接入请求；eNB 使用 PDCCH 调度 Msg2，并通过 RA-RNTI 进行寻址，RA-RNTI 由承载 Msg1 的 PRACH 时频资源位置确定。

③ Msg3：第一次调度传输。

a. UE 在接收 Msg2 后，在其分配的上行资源上传输 Msg3。

b. 针对不同的场景，Msg3 包含不同的内容。

c. 初始接入：携带 RRC 层生成的 RRC 连接请求，包含 UE 的 S-TMSI 或随机数。

d. 连接重建：携带 RRC 层生成的 RRC 连接重建请求，包含 C-RNTI 和物理小区 ID。

e. 切换：传输 RRC 层生成的 RRC 切换完成消息以及 UE 的 C-RNTI。

f. 上 / 下行数据到达：传输 UE 的 C-RNTI。

④ Msg4：竞争解决。

2. 基于非竞争的随机接入过程

UE 根据 eNB 的指示，在指定的 PRACH 上使用指定的 Preamble 码发起随机接入。

① Msg0：随机接入指示。对于切换场景，eNB 通过 RRC 信令通知 UE 对于下行数据到达和辅助定位场景，eNB 通过 PDCCH 通知 UE。

② Msg1：发送 Preamble 码。UE 在 eNB 指定的 PRACH 信道资源上用指定的 Preamble 码发起随机接入。

③ Msg2：随机接入响应。Msg2 与竞争机制的格式与内容完全一样，可以响应多个 UE 发送的 Msg1。

附 录

附录 1 单站单小区规划数据

1. 单站模式

单站模式下，配置一个站点。

2. 基站配置信息

* 基站名称	* eNode B 标识	* 产品类型	* 站点位置	GPS 时钟编号	馈线类型	馈线长度 /m	GPS 工作模式	优先级
4 个通信基站	1310	DBS_LTE	实验室	0	COAXIAL	20	GPS(全球定位系统)	4

3. 运营商、跟踪区域信息

* 运营商索引值	运营商名称	* 运营商类型	* 移动国家码	* 移动网络码	跟踪区域标识	运营商索引	跟踪区域码
1	讯方通信	CNOPERATOR_PRIMARY	460	20	3	1	321

4. 传输及网元信息

基站设备 IP	155.155.155.2/24
S1—MME	160.160.160.10/24
S1—U	160.160.160.11/24
本端端口号	1500
对端端口号	1500
下一跳	155.155.155.3/24
基站操作维护 IP	180.180.180.4/24
维护操作终端 OMC	190.190.190.5/24
X2 端口号	36540

5. BS1 扇区基本参数信息

扇区号	地理坐标数数据格式	经度	纬度	扇区模式	天线模式	合并模式	扇区名称	扇区位置高度值
10	DEG	0	0	NormalMIMO	1T1R	COMBTYPE	SEC0	30

6. BS1 小区基本参数

*本地小区标识	*小区名称	*小区标识	Csg 指示	上行循环前缀长度	下行循环前缀长度	*频带	上行频点配置指示	*下行频点	*下行带宽/MB	*上行带宽/MB	*物理小区标识	*小区双工模式	*上下行子帧配比	*特殊子帧配比	*根序列索引	*小区发送和接收模式
0	4G通信基站_0	110	BOOLEAN_FALSE	NORMAL_CP	NORMAL_CP	39	NOT_CFG	38250	20	20	0	CELL_TDD	SA5	SSP7	0	1T1R

330

附录 2 单站故障规划数据

1. 单站模式

单站模式下，配置一个站点。

2. 基站配置信息

* 基站名称	* eNode B 标识	* 产品类型	* 站点位置	GPS 时钟编号	馈线类型	馈线长度 /m	GPS 工作模式	优先级
4 个通信基站	1310	DBS_LTE	实验室	0	COAXIAL	20	GPS(全球定位系统)	4

3. 运营商、跟踪区域信息

* 运营商索引值	* 运营商名称	* 运营商类型	* 移动国家码	* 移动网络码	跟踪区域标识	运营商索引	跟踪区域码
1	讯方通信	CNOPERATOR_PRIMARY	460	20	3	1	321

4. 传输及网元信息

基站设备 IP	130.130.130.2/24
S1-MME	131.131.131.10/24
S1-U	131.131.131.11/24
本端端口号	1500
对端端口号	1500
下一跳	130.130.130.3/24
维护终端 OMC	136.136.136.5/24
X2 端口号	36540
X2 端口号	36540

5. BS1 扇区基本参数信息

扇区号	地理坐标数据格式	经度	纬度	扇区模式	天线模式	合并模式	扇区名称	扇区位置高度值
10	DEG	0	0	NormalMIMO	1T1R	COMBTYPE	SEC0	30

6. BS1 小区基本参数

*本地小区标识	*小区名称	*小区标识	Csg 指示	上行循环前缀长度	下行循环前缀长度	*频带	上行频点配置指示	*下行频点	*下行带宽/MB	*上行带宽/MB	*物理小区标识	*小区双工模式	*上下行子帧配比	*特殊子帧配比	*根序列索引	*小区发送和接收模式
0	4G通信基站_0	110	BOOLEAN_FALSE	NORMAL_CP	NORMAL_CP	39	NOT_CFG	38250	20	20	0	CELL_TDD	SA5	SSP7	0	1T1R

332

附录 3 单站 3 小区规划数据

1. 单站模式

单站模式下，配置一个站点，3 个小区。

2. 基站配置信息

*基站名称	*eNode B 标识	*产品类型	*站点位置	GPS 时钟编号	馈线类型	馈线长度 /m	GPS 工作模式	优先级
4G 通信基站	1310	DBS_LTE	实验室	0	COAXIAL	20	GPS(全球定位系统)	4

3. 运营商、跟踪区域信息

*运营商索引值	*运营商名称	*运营商类型	*移动国家码	*移动网络码	跟踪区域标识	运营商索引	跟踪区域码
1	讯方通信	CNOPERATOR_PRIMARY	460	20	2	1	221

4. 传输及网元信息

基站设备 IP	110.110.110.2/24
S1-MME	134.134.134.10/24
S1-U	135.135.135.11/24
本端端口号	1500
对端端口号	1500
下一跳	110.110.110.3/24
维护终端 OMC	172.110.110.16/24
X2 端口号	36540
X2 端口号	36540

5. BS1 扇区基本参数信息

扇区号	地理坐标数据格式	经度	纬度	扇区模式	天线模式	合并模式	扇区名称	扇区位置高度值
2	DEG	20	60	NormalMIMO	1T1R	COMBTYPE	SEC0	25

6. BS1 小区基本参数

*本地小区标识	*小区名称	*小区标识	Csgw指示	上行循环前缀长度	下行循环前缀长度	*频带	上行频点配置指示	*下行频点	*下行带宽/MB	*上行带宽/MB	*物理小区标识	*小区双工模式	*上下行子帧配比	*特殊子帧配比	*根序列索引	*小区发送和接收模式
1	4G通信基站_0	110	BOOLEAN_FALSE	NORMAL_CP	NORMAL_CP	39	NOT_CFG	38250	20	20	0	CELL_TDD	SA5	SSP7	0	1T1R
2	4G通信基站_0	110	BOOLEAN_FALSE	NORMAL_CP	NORMAL_CP	39	NOT_CFG	38250	20	20	0	CELL_TDD	SA5	SSP7	0	1T1R

附录 4 规划模式规划数据

1. 规划模式——场景图

规划模式密集城区见 3 个站点，3 站点 6 表点小区配置。

2. 基站配置信息

基站标识	编号	基站名称	基站类型	基站小区站型	小区数量	小区下倾角	小区方位角	基站高度
7	4	BS1	DBS3900_LTE	全向	1	1	40	40
8	5	BS2	DBS3900_LTE	定向	2	2	40	50
						1	100	
9	6	BS3	DBS3900_LTE	定向	3	2	60	60
						3	120	
						1	240	

3. 运营商、跟踪区域信息

*运营商索引值	*运营商名称	*运营商类型	*移动国家码	*移动网络码	跟踪区域标识	运营商索引	跟踪区域码
0	CMCC	CNOPERATOR_PRIMARY	460	17	7	0	17

4. 传输及网元信息

传输编号	所属基站	名称	IP 地址	掩码	RRU频带号	下行频点号	下行频点/MB	上行带宽/MB	下行带宽/MB	S1端口号	X2端口号
7		PTN-1	192.168.100.17	255.255.255.0	0.0	0.0	0.0	0.0	0.0	0	0
8		PTN-2	192.168.110.18	255.255.255.0	0.0	0.0	0.0	0.0	0.0	0	0
9		PTN-3	192.168.120.17	255.255.255.0	0.0	0.0	0.0	0.0	0.0	0	0
10		CE-1									

传输	编号	所属基站	名称	IP 地址	掩码	RRU 频带号	下行频点 /MB	上行带宽 /MB	下行带宽 /MB	S1 端口号	X2 端口号
	11		OMC-1	129.9.2.117	255.255.255.0	0.0	0.0	0.0	0.0	0	0
	12		HSS-1								
	13		SGW-1	161.161.162.17	255.255.255.0	0.0	0.0	0.0	0.0	0	0
	14		MME-1	161.161.163.17	255.255.255.0	0.0	0.0	0.0	0.0	3000	0
BS1	1	BS1	RRU3151–fa–1			39.0	38300	20.0	20.0		
	15	BS1	L3BP								
	16	BS1	UMPT	192.168.162.17	255.255.255.0					3000	36422
	17	BS1	UPEU								
	18	BS1	UPEU								
	19	BS1	FAN								
BS2	2	BS2	RRU3151–fa–2			39.0	38350	20.0	20.0		
	3	BS2	RRU3151–fa–3			39.0	38350	20.0	20.0		
	20	BS2	L3BP								
	21	BS2	UMPT	192.168.163.17	255.255.255.0					3000	36422
	22	BS2	UPEU								
	23	BS2	UPEU								
	24	BS2	FAN								
BS3	4	BS3	RRU3151–fa–4			39.0	38400	20.0	20.0		
	5	BS3	RRU3151–fa–5			39.0	38400	20.0	20.0		
	6	BS3	RRU3151–fa–6			39.0	38400	20.0	20.0		

传输	编号	所属基站	名称	IP地址	掩码	RRU频带号	下行频点/MB	上行带宽/MB	下行带宽/MB	S1端口号	X2端口号
	25	BS3	LBBP								
	26	BS3	UMPT	192.168.164.17	255.255.255.0					3000	36422
	27	BS3	UPEU								
	28	BS3	UPEU								
	29	BS3	FAN								

5. BS1 扇区基本参数信息

扇区号	地理坐标数据格式	经度	纬度	扇区模式	天线模式	合并模式	扇区名称	扇区位置高度值	天线端口1所在RRU的框号=60	天线端口1端口号
1	DEG	17	17	NormalMIMO	1T1R	COMBTYPE	SEC0	30	60	R0A

6. BS1 小区基本参数

*本地小区标识	*小区名称	*小区标识	Csg指示	上行循环前缀长度	下行循环前缀长度	*频带	上行频点配置指示	*下行频点	*下行带宽/MB	*上行带宽/MB	*物理小区标识	*小区双工模式	上下行子帧配比	*特殊子帧配比	*根序列索引	*小区发送和接收模式
1	xf-1-01	7	BOOLEAN_FALSE	NORMAL_CP	NORMAL_CP	39	NOT_CFG	38300	20	20	0	CELL_TDD	SA5	SSP7	0	1T1R

7. BS2 扇区基本参数信息

扇区号	地理坐标数据格式	经度	纬度	扇区模式	天线模式	合并模式	扇区名称	扇区位置高度值	天线端口1所在RRU的框号=60	天线端口1端口号
1	DEG	17	17	NormalMIMO	1T1R	CCMBTYPE	SEC0	15	60	R0A
2	DEG	17	17	NormalMIMO	1T1R	CCMBTYPE	SEC0	15	62	R0A

8. BS2 小区基本参数

本地小区标识	*小区名称	*小区标识	Csg指示	上行循环前缀长度	下行循环前缀长度	*频带	上行频点配置指示	*下行频点	*下行带宽/MB	*上行带宽/MB	*物理小区标识	*小区双工模式	*上下行子帧配比	*特殊子帧配比	*根序列索引	*小区发送和接收模式
1	xf1-01	20	BOOLEAN_FALSE	NORMAL_CP	NORMAL_CP	39	NOT_CFG	38350	20	20	0	CELL_TDD	SA5	SSP7	0	ITIR
2	xf01-1-1	21	BOOLEAN_FALSE	NORMAL_CP	NORMAL_CP	39	NOT_CFG	38350	20	20	1	CELL_TDD	SA5	SSP7	0	ITIR

9. BS3 扇区基本参数信息

扇区号	地理坐标数据格式	经度	纬度	扇区模式	天线模式	合并模式	扇区名称	扇区位置高度值	天线端口1所在RRU的框号=60	天线端口1端口号
1	DEG	17	17	NormalMIMO	1T1R	COMBTYPE	SEC0	10	60	R0A
2	DEG	17	17	NormalMIMO	1T1R	COMBTYPE	SEC0	11	62	R0A
3	DEG	17	17	NormalMIMO	1T1R	COMBTYPE	SEC0	12	81	R0A

10. BS3 小区基本参数

*本地小区标识	*小区名称	*小区标识	Csg指示	上行循环前缀长度	下行循环前缀长度	*频带	上行频点配置指示	下行频点	*下行带宽/MB	*上行带宽/MB	*物理小区标识	*小区双工模式	*上下行子帧配比	*特殊子帧配比	*根序列索引	*小区发送和接收模式
1	xf-1-7	30	BOOLEAN_FALSE	NORMAL_CP	NORMAL_CP	39	NOT_CFG	38400	20	20	0	CELL_TDD	SA5	SSP7	0	ITIR
2	xf01-8	31	BOOLEAN_FALSE	NORMAL_CP	NORMAL_CP	39	NOT_CFG	38400	20	20	1	CELL_TDD	SA5	SSP7	0	ITIR
3	xf01-9	32	BOOLEAN_FALSE	NORMAL_CP	NORMAL_CP	39	NOT_CFG	38400	20	20	2	CELL_TDD	SA5	SSP7	0	ITIR

附录 5 规划模式故障排查规划数据

1. 规划模式－场景图

规划模式密集城区见 3 个站点，3 站点 6 表小区配置。

2. 基站配置信息

基站标示	编号	基站名称	基站类型	基站小区站型	小区数量	小区下倾角	小区方位角	基站高度
7	4	BS1	DBS3900_LTE	全向	1	1	40	40
8	5	BS2	DBS3900_LTE	定向	2	2	40	50
						1	100	
9	6	BS3	DBS3900_LTE	定向	3	2	60	60
						3	120	
						1	240	

3. 运营商、跟踪区域信息

* 运营商索引值	* 运营商名称	* 运营商类型	* 移动国家码	* 移动网络码	基站	跟踪区域标识	运营商索引	跟踪区域码
0	cmcc	CNOPERATOR_PRIMARY	460	27	BS1	7	0	27
0	cmcc	CNOPERATOR_PRIMARY	460	27	BS2	8	0	27
0	cmcc	CNOPERATOR_PRIMARY	460	27	BS3	9	0	27

4. 传输及网元信息

传输	编号	所属基站	名称	IP 地址	掩码	RRU 频带号	下行频点	上行带宽/MB	下行带宽/MB	S1 端口号	X2 端口号
	7		PTN-1	192.168.162.28	255.255.255.0	0.0	0.0	0.0	0.0	0	0
	8		PTN-2	192.168.110.28	255.255.255.0	0.0	0.0	0.0	0.0	0	0
	9		PTN-3	192.168.120.28	255.255.255.0	0.0	0.0	0.0	0.0	0	0
	10		CE-1								
	11		OMC-1	129.9.2.127	255.255.255.0	0.0	0.0	0.0	0.0	0	
	12		HSS-1								
	13		SGW-1	161.161.162.27	255.255.255.0	0.0	0.0	0.0	0.0	0	
	14		MME-1	161.161.163.27	255.255.255.0	0.0	0.0	0.0	0.0	3000	
BS1	1	BS1	RRU3151-fa-1			39.0	38300	20.0	20.0		
	15	BS1	LBBP								
	16	BS1	UMPT	192.168.162.17	255.255.255.0					3000	36422
	17	BS1	UPEU								
	18	BS1	UPEU								
	19	BS1	FAN								
BS2	2	BS2	RRU3151-fa-2			39.0	38350	20.0	20.0		
	3	BS2	RRU3151-fa-3			39.0	38350	20.0	20.0		
	20	BS2	LBBP								
	21	BS2	UMPT	192.168.163.27	255.255.255.0					3000	36422
	22	BS2	UPEU								
	23	BS2	UPEU								
	24	BS2	FAN								
BS3	4	BS3	RRU3151-fa-4			39.0	38400	20.0	20.0		
	5	BS3	RRU3151-fa-5			39.0	38400	20.0	20.0		
	6	BS3	RRU3151-fa-6			39.0	38400	20.0	20.0		
	25	BS3	LBBP								

传输	编号	所属基站	名称	IP 地址	掩码	RRU 频带号	下行频点	上行带宽 /MB	下行带宽 /MB	S1 端口号	X2 端口号
	26	BS3	UMPT	192.168.164.27	255.255.255.0					3000	36422
	27	BS3	UPEU								
	28	BS3	UPEU								
	29	BS3	FAN								

5. BS1 扇区基本参数信息

扇区号	地理坐标数据格式	经度	纬度	扇区模式	天线模式	合并模式	扇区名称	扇区位置高度值	天线端口 1 所在 RRU 的框号 = 60	天线端口 1 端口号
1	DEG	27	27	NormalMIMO	1T1R	COMBTYPE	SEC0	30	60	R0A

6. BS1 小区基本参数

*本地小区标识	*小区名称	*小区标识	Csg 指示	上行循环前缀长度	下行循环前缀长度	*频带	上行频点配置指示	*下行频点	*下行带宽 / MB	*上行带宽 / MB	*物理小区标识	*小区双工模式	*上下行子帧配比	*特殊子帧配比	*根序列索引	*小区发送和接收模式
1	xf-1-01	7	BOOLEAN_FALSE	NORMAL_CP	NORMAL_CP	39	NOT_CFG	38300	20	20	0	CELL_TDD	SA5	SSP7	0	1T1R

7. BS2 扇区基本参数信息.

扇区号	地理坐标数据格式	经度	纬度	扇区模式	天线模式	合并模式	扇区名称	扇区位置高度值	天线端口1所在RRU的框号=60	天线端口1端口号
1	DEG	27	27	NormalMIMO	1T1R	COMBTYPE	SEC0	15	60	R0A
2	DEG	27	27	NormalMIMO	1T1R	COMBTYPE	SEC0	15	62	R0A

8. BS2 小区基本参数

本地小区标识	小区名称	*小区标识	Csg指示	上行循环前缀长度	下行循环前缀长度	*频带	上行频点配置指示	*下行频点	*下行带宽/MB	*上行带宽/MB	物理小区标识	*小区双工模式	*上下行子帧配比	特殊子帧配比	*根序列索引	*小区发送和接收模式
0	xf-1-01	0	BOOLEAN_FALSE	NORMAL_CP	NORMAL_CP	39	NOT_CFG	38350	20	20	0	CELL_TDD	SA5	SSP7	0	ITIR
1	xf01-1	1	BOOLEAN_FALSE	NORMAL_CP	NORMAL_CP	39	NOT_CFG	38350	20	20	1	CELL_TDD	SA5	SSP7	0	ITIR

9. BS3 扇区基本参数信息

扇区号	地理坐标数据格式	经度	纬度	扇区模式	天线模式	合并模式	扇区名称	扇区位置高度值	天线端口1所在RRU的框号=60	天线端口1端口号
1	DEG	27	27	NormalMIMO	1T1R	COMBTYPE	SEC0	10	60	R0A
2	DEG	27	27	NormalMIMO	1T1R	COMBTYPE	SEC0	11	62	R0A
3	DEG	27	27	NormalMIMO	1T1R	COMBTYPE	SEC0	12	81	R0A

10. BS3 小区基本参数

*本地小区标识	*小区名称	*小区标识	Csg 指示	上行循环前缀长度	下行循环前缀长度	*频带	上行频点配置指示	*下行频点	*下行带宽/MB	*上行带宽/MB	*物理小区标识	*小区双工模式	*上下行子帧配比	特殊子帧配比	*根序列索引	*小区发送和接收模式
1	xg-1-7	30	BOOLEAN_FALSE	NORMAL_CP	NORMAL_CP	39	NOT_CFG	38400	20	20	0	CELL_TDD	SA5	SSP7	0	ITIR
2	xf-1-8	31	BOOLEAN_FALSE	NORMAL_CP	NORMAL_CP	39	NOT_CFG	38400	20	20	1	CELL_TDD	SA5	SSP7	0	ITIR
3	xf-1-9	32	BOOLEAN_FALSE	NORMAL_CP	NORMAL_CP	39	NOT_CFG	38400	20	20	2	CELL_TDD	SA5	SSP7	0	ITIR

参考文献

[1] 沈嘉，索士强，全海洋，等. 3GPP 长期演进（LTE）技术原理与系统设计. 北京：人民邮电出版社，2008.

[2] 王映民，孙韶辉. TD-LTE 技术原理与系统设计. 北京：人民邮电出版社，2010.

[3] 孙宇彤. LTE 教程——原理与实现. 北京：电子工业出版社，2014.

[4] 何剑，杨哲. TD-LTE 网络规划原理与应用. 北京：人民邮电出版社，2013.

[5] 张守国，张建国，李曙海，等. LTE 无线网络优化实践. 北京：人民邮电出版社，2014.

[6] 何桂龙. TD-LTE 系统下行多用户波束赋形技术. 北京：北京邮电大学，2010.

[7] 华为技术有限公司. TD-LTE 技术原理. 深圳：华为技术有限公司，2012.

[8] 华为技术有限公司. LTE 空中接口 V1.0. 深圳：华为技术有限公司，2012.

[9] 华为技术有限公司. TD-LTE DBS3900 产品描述. 深圳：华为技术有限公司，2012.

[10] 华为技术有限公司. TD-LTE DBS3900 V100R005 操作维护. 深圳：华为技术有限公司，2012.

[11] 华为技术有限公司. eNode B 初始配置指南（V100R005C00_07）（CHM0）. 深圳：华为技术有限公司，2012.

[12] 华为技术有限公司. eNode B 配置调整指南（V100R005C00_04）（CHM）. 深圳：华为技术有限公司，2012.

[13] 华为技术有限公司. DBS3900 天馈故障分析. 深圳：华为技术有限公司，2012.

[14] 华为技术有限公司. TD-LTE 链路故障分析. 深圳：华为技术有限公司，2012.

[15] 华为技术有限公司. TD-LTE 小区建立失败故障分析. 深圳：华为技术有限公司，2012.